Die Elektronenröhre als physikalisches Meßgerät

Röhrenvoltmeter · Röhrengalvanometer Röhrenelektrometer

Von

Dr. Josef Schintlmeister

Dozent für Experimentalphysik an der Universität Wien

Vierte unveränderte Auflage

Mit 126 Abbildungen im Text

Springer-Verlag Wien GmbH

1945

© Springer-Verlag Wien 1942, 1943
Ursprünglich erschienen bei Springer-Verlag OHG. in Vienna 1943

ISBN 978-3-662-37273-9   ISBN 978-3-662-38002-4 (eBook)
DOI 10.1007/978-3-662-38002-4

Vorwort zur ersten Auflage.

Fast alle Bücher über Elektronenröhren sind für die Bedürfnisse der Hochfrequenz-Nachrichtentechnik oder der Elektroakustik zugeschnitten. Daneben wird aber die Elektronenröhre auch noch bei Messungen im Forschungs- und Betriebslaboratorium verwendet. Es fehlte bisher an einer zusammenfassenden, für die Laboratoriumspraxis bestimmten Darstellung, die auch jedem in Röhrenfragen weniger Bewanderten in die Hand gegeben werden kann und welche die besonderen Anforderungen darlegt, die an die Röhrengeräte als physikalische Meßinstrumente gestellt werden. Jeder Wissenschaftler, der die Röhren nur als Hilfsmittel benutzt und sich Röhrengeräte selbst zusammenstellen muß, ohne dabei die Zeit zu finden, allen Sonderfragen, wie z. B. der Verwendung von Elektrometerröhren, Verringerung der Nullpunktswanderungen bei Gleichspannungsverstärkung usw. im einzelnen nachzugehen, findet in dem Buche die gesuchte Auskunft. Auf praktische Angaben und Hinweise für die konstruktive Ausgestaltung wurde größter Wert gelegt. Wenn solche Einzelheiten manchmal den glatten Fluß der Darstellung unterbrechen, so möge dabei bedacht werden, daß das Buch nicht geschrieben ist, um beim Durchlesen einen allgemeinen Überblick über das Thema zu geben, sondern um den praktisch mit Elektronenröhren arbeitenden Wissenschaftlern ein erfolgreiches Arbeiten zu ermöglichen. Gerade dieser Leserkreis wird es begrüßen, wenn manche Schwierigkeit durch eine Bemerkung behoben wird. Trotz dieser Zielsetzung und der für den Nichtspezialisten gerichteten Schreibweise hoffe ich, daß auch der Röhren- und Verstärkerfachmann manche interessante Einzelheit bemerken wird.

Elektronenröhrenmeßgeräte sind bei vielen Untersuchungen verwendet worden. Das Buch kann deshalb nur eine Auswahl bringen. Da für jedes Gebiet eine eingehende Darstellung notwendig ist, habe ich mich entschlossen, nur folgende drei Geräte zu behandeln: Die Röhrenvoltmeter für Gleichspannungen, die Röhrengalvanometer und die Röhrenelektrometer. Vorangesetzt wurde ein Abschnitt über die Elektronenröhre und ihre Schaltung, der die notwendigen Voraussetzungen für das Verständnis von Elektronenröhrengeräten im allgemeinen vermittelt.

Bei der Besprechung der Röhrenvoltmeter für Gleichspannungen wurde die p_H-Messung und die acidimetrische Titration als Anwendungsbeispiel behandelt. Von verschiedensten Firmen werden dafür Röhrenvoltmeter auf den Markt gebracht. Diese Geräte abzubilden und zu besprechen, konnte ich mich nicht entschließen. Eine solche Aufzählung müßte wenigstens die deutsche Industrie vollständig umfassen. Auch hat der Leser von der Ansicht eines Gehäuses mit Drehknöpfen und eingebauten Meßinstrumenten nur einen sehr geringen Gewinn. Ich habe jedoch angestrebt, diesen Abschnitt so abzufassen, daß ein volles Verständnis für jedes beliebige käufliche Gerät beim Durchlesen vermittelt wird. Die Röhrenvoltmeter für Wechselspannungen fanden keine Aufnahme, da zusammenfassende Darstellungen darüber vorliegen. Auch werden mit ihnen meist hochfrequenztechnische und selten physikalische Messungen durchgeführt.

Bei den Röhrengalvanometern wurde die Messung von kleinen Photoströmen und von Ionisationsströmen durch radioaktive oder Röntgenstrahlen eingehender berücksichtigt.

Die Röhrenelektrometer schließlich gewinnen in der Atomkernforschung immer größere Bedeutung. Sie wurden besonders ausführlich auch nach der konstruktiven Seite hin behandelt, da Geräte für diesen Zweck bisher nicht im Handel sind. Jeder, der sich mit Kernforschung beschäftigt, muß also zur Zeit mit selbstgebauten Röhrenelektrometern arbeiten.

Viele Schaltungen, die in diesem Buche aufgenommen sind, wurden im Rahmen irgendeiner Experimentaluntersuchung veröffentlicht, deren Titel keinen Hinweis auf den röhrentechnischen Teil enthält. Dieser Umstand erschwerte sehr das Suchen nach Arbeiten, die zu berücksichtigen waren. Ich möchte daher bitten, von solchen neu erscheinenden Abhandlungen mir Mitteilung zu machen und gegebenenfalls Sonderabdrucke zu überlassen.

Fräulein Dr. LUPMILLA HOLIK danke ich für die Durchführung zahlreicher Messungen und die numerischen Berechnungen im vierten Abschnitt. Herrn Professor Dr. GEORG STETTER und Herrn Dr. WILLIBALD JENTSCHKE danke ich für eine kritische Durchsicht des Manuskripts.

<table>
<tr><td>Wien, im Oktober 1941.</td><td>J. Schintlmeister.</td></tr>
</table>

Vorwort zur dritten und vierten Auflage.

In der kurzen Zeit seit der Bearbeitung der zweiten Auflage sind keine Ergänzungen nötig geworden. Präziser dargelegt wurde nur auf Seite 8 der Begriff des Kontaktpotentials. Auf Seite 140 wurde die inzwischen gewonnene Erklärung für die Größenunterschiede der Eichausschläge verschiedener Richtung eingefügt.

Wien, im September 1943.

<table>
<tr><td>II. Physikalisches Institut der Universität,
Wien IX/66, Strudelhofgasse 4.</td><td>J. Schintlmeister.</td></tr>
</table>

Inhaltsverzeichnis.

Literaturübersicht.

Es ist nicht das Ziel des ersten Abschnittes dieses Buches, eine umfassende Darstellung der Elektronenröhren zu liefern. Er soll vielmehr nur das Wesentliche zum Verständnis der folgenden Abschnitte bringen und dem Nichtfachmann dazu verhelfen, unter der für ihn meist verwirrenden Vielzahl von Röhrentypen die jeweils beste für eine bestimmte Schaltung auszuwählen und sie auch richtig und sinngemäß zu benutzen. Dazu ist aber vor allem eine klare Einsicht in die Wirkungsweise der Elektronenröhren erforderlich. Es wird aber darüber hinaus nicht zu umgehen sein, in ausführlichen Werken Einzelfragen nachzuschlagen. Folgende Bücher seien hierzu empfohlen:

L. RATHEISER: *Rundfunkröhren*, 5. Aufl., Berlin: Union Deutsche Verlagsgesellschaft Roth & Co., 1942.

Philips Bücherreihe über Elektronenröhren, 1. Bd.: Grundlagen der Röhrentechnik, 1939; 2. Bd.: Daten und Schaltungen moderner Empfänger- und Kraftverstärkerröhren, 1940; (ohne Verfasserangabe). N. V. Philips' Gloeilampenfabrieken, Eindhoven, Holland.

Diese Werke enthalten eine ausführliche Beschreibung jeder einzelnen handelsüblichen Rundfunk-Empfängerröhre, alle für deren Betrieb erforderlichen technischen Angaben, wie Kennlinien, normale Betriebswerte, Höchstwerte usw., wie auch Hinweise für die Verwendung jeder Röhre. An Hand guter Bilder wird über den technischen Aufbau und die Herstellung der Röhren unterrichtet. In leichtfaßlicher Weise wird auch alles für die Benutzung der Röhren in der Praxis notwendige Wissen vermittelt.

H. ROTHE und W. KLEEN: *Grundlagen und Kennlinien der Elektronenröhren; Elektronenröhren als Anfangsstufen-Verstärker; Elektronenröhren als End- und Senderverstärker: Elektronenröhren als Schwingungserzeuger und Gleichrichter* (Bücherei der Hochfrequenztechnik, Bd. 2, 3, 4 und 5). Leipzig: Akademische Verlagsgesellschaft. 1940 und 1941.

Sämtliche grundsätzliche Fragen werden in diesen Büchern eingehend behandelt. Ein Verzeichnis der wichtigsten Arbeiten, vor allem aus neuerer Zeit, ist jedem Kapitel beigegeben.

H. BARKHAUSEN: *Lehrbuch der Elektronenröhren und ihrer technischen Anwendungen*, 4 Bände, 4. Aufl. Leipzig: S. Hirzel, 1931 bis 1937.

Eine umfassende lehrbuchartige Darstellung der Elektronenröhren. Was für die folgenden Abschnitte des vorliegenden Buches von Wichtigkeit ist, enthalten die beiden ersten, in technischen Einzelheiten allerdings schon etwas veralteten Bände.

M. J. O. Strutt: *Moderne Mehrgitter-Elektronenröhren*, 2. Aufl. Berlin: Springer, 1940.

Eine Zusammenfassung des neuesten Standes der Entwicklung, die besonders dem ausgesprochenen Röhrenfachmann von Nutzen ist. Ein gewisses Maß von Vorkenntnissen ist zum vollen Verständnis des Werkes unerläßlich.

Über einschlägige elektrotechnische Fragen im allgemeinen unterrichten:

F. Benz: *Einführung in die Funktechnik.* 2. Aufl. Wien: Springer, 1943,

und das umfangreichere Buch:

F. Vilbig: *Lehrbuch der Hochfrequenztechnik*, 3. Aufl. Leipzig: Akademische Verlagsgesellschaft, 1942.

Noch ausführlicher ist das

Lehrbuch der drahtlosen Nachrichtentechnik, herausgegeben von N. v. Korshenewsky und W. T. Runge, Berlin: Springer, von dessen 6 Bänden bisher vorliegen:

Bd. I. Hans Georg Möller: *Grundlagen und mathematische Hilfsmittel der Hochfrequenztechnik*, 1940.

Bd. II. L. Bergmann und H. Lassen: *Ausstrahlung, Ausbreitung und Aufnahme elektromagnetischer Wellen*, 1940.

Bd. IV. M. J. O. Strutt: *Verstärker und Empfänger*, 1943.

Die Elektronenröhre und ihre Schaltung.

1. Der Bau von Elektronenröhren.

Fast jede Hochvakuum-Verstärkerröhre enthält in der Mitte ihres Aufbaues eine elektrisch geheizte Glühkathode, aus der beim Glühen reichlich Elektronen austreten. Diese Elektronen werden durch ein elektrisches Feld zur Anode gezogen, ein Blech, das die Kathode umgibt und das an positiver Spannung gegen die Kathode liegt. Dieser Anodenstrom wird in seiner Stärke durch ein Gitter gesteuert, das zwischen Anode und Kathode seinen Platz hat und durch dessen Maschen also die Elektronen fliegen müssen. Das Steuergitter liegt an negativem Potential gegen die Glühkathode. Die Elektronen können dadurch nicht auf das Gitter selbst gelangen, da sie von den negativ geladenen Drähten abgestoßen werden. Bei genügend negativem Gitter fließt somit kein Gitterstrom. Dies ist für die Praxis von außerordentlicher Bedeutung, denn um das Gitterpotential zu ändern ist keine Leistung nötig, weil das Produkt aus Spannungsänderung mal Stromänderung Null ist.

Röhren ohne Gitter heißen Dioden oder Zweipolröhren. Sie dienen vor allem zur Gleichrichtung (Demodulation) von Wechselströmen, wobei der Umstand ausgenutzt wird, daß die Leitung des Stromes nur in einer Richtung erfolgt, da die Elektronen nur von der Kathode zur Anode, aber nicht in umgekehrter Richtung fliegen können (unipolare Leitung). Röhren mit einem Gitter werden Trioden oder Dreipolröhren genannt. Sie werden nur mehr in gewissen Fällen, z. B. als Endverstärkerröhren, verwandt. Eine Verbesserung der Röhreneigenschaften erhält man durch Einfügen von mehreren Gittern in den Weg der Elektronen. Von besonderer Wichtigkeit sind die Röhren mit drei Gittern, die Pentoden oder Fünfpolröhren, die also insgesamt fünf Elektroden besitzen. Der Zweck dieser verschiedenen Gitter wird im nachfolgenden noch erläutert werden. Auch bei Pentoden ist nur eines der Gitter, und zwar das der Kathode zunächst liegende, das negativ vorgespannte Steuergitter, doch gibt es auch Röhren mit zwei Steuergittern, wie z. B. die Oktoden, mit denen größere Rundfunkempfangsgeräte ausgestattet sind.

Je nach dem Verwendungszweck, dem ihr Bau angepaßt ist, unterscheidet man Röhren für Rundfunkempfänger, Senderöhren für die Erzeugung elektromagnetischer Wellen und Spezialröhren, wie Elektrometerröhren, Röhren für ultrakurze Wellen u. dgl. Die laboratoriumsmäßigen Verstärkerschaltungen werden wohl allgemein mit Empfängerröhren aufgebaut. Diese Röhren werden mit Anodenspannungen von einigen hundert Volt betrieben und geben Anodenströme in der Größenordnung von 1 bis 100 mA. Senderöhren sind für bedeutend größere Leistungen gebaut und die Anode ist oft mit Wasser gekühlt.

Empfängerröhren besitzen entweder direkt oder indirekt geheizte Kathoden. Bei den direkt geheizten Röhren ist ein Heizfaden unmittelbar mit der wirksamen Schicht überzogen, die die Elektronen emittiert. Es ist zu beachten, daß die Angabe der Spannungen von Anode, Steuergitter usw. bei direkt geheizten Röhren sich stets auf das negative Ende des Heizfadens bezieht. Direkt geheizte Röhren werden wegen der geringen erforderlichen Heizleistung in der Hauptsache für den Betrieb mit Heizakkumulatoren gebaut. Die meisten Röhren sind indirekt geheizt, um sie unempfindlicher gegen Erschütterungen und Störungen zu machen. Die wirksame Schicht der Glühkathode ist bei ihnen auf einem Nickelröhrchen aufgebracht, das durch Wärmeleitung oder Strahlung von einem Heizfaden erwärmt wird, der isoliert im Inneren des Röhrchens geführt ist. Das Nickelröhrchen hat überall dasselbe Potential, es ist daher eine Äquipotentialkathode. Die verschiedenen im Handel erhältlichen Serien von Röhrentypen unterscheiden sich hauptsächlich durch die vorgeschriebenen Heizspannungen oder Heizströme. Es gibt Röhren für 2, 4 und 6,3 Volt Heizspannung für Batteriebetrieb und für die Heizung aus Gleich- oder Wechselstromnetzen. Bei anderen Röhrentypen ist der Heizstrom und nicht die Heizspannung genau einzuhalten. Diese Röhren sind vor allem für eine Reihenschaltung der Heizfäden bestimmt, wenn eine hohe Heizspannung, z. B. 110 Volt, ausgenutzt werden soll.

Der Elektrodenaufbau ist im Inneren eines hochevakuierten Glaskolbens untergebracht, doch werden neuerdings auch Röhren mit einem Kolben aus Stahlblech, die „Stahlröhren", erzeugt. Beim Bau von Rundfunkempfängern werden vielfach Röhren benutzt, die in einem Kolben zwei Elektrodensysteme enthalten, die zwar über einer gemeinsamen Kathode aufgebaut, im übrigen jedoch elektrisch völlig unabhängig voneinander sind. Diese „Verbundröhren" stellen also eigentlich zwei Röhren in einem Kolben dar.

2. Der Elektronenübergang und die Röhrenkennlinie.

Bei festgehaltener Spannung des Steuergitters hängt der Anodenstrom ab von der Höhe der Spannung, die an der Anode liegt. Auch mit dem Steuergitter kann die Stärke des Anodenstromes geändert werden. Nimmt man also diese Abhängigkeit des Anodenstromes von der Steuergitter- und Anodenspannung mit einer Schaltung nach Abb. 1 auf, so kann man sie entweder in der in Abb. 2 dargestellten Art oder nach Abb. 3 zeichnerisch wiedergeben. Die einzelnen Kurven werden Kennlinien der Röhren, die ganze Darstellung das Kennlinienfeld genannt. Es fragt sich nun, wie kommt die Kennlinie zustande und wie hängt sie von den einzelnen Röhrendaten ab? Nehmen wir zunächst eine Röhre mit einem Gitter, also eine Triode, vor. Es ist klar, daß alle Elektronen, die durch die Maschen des Gitters schlüpfen, auch zur Anode gelangen.

Maßgebend für die Zahl der übergehenden Elektronen und damit auch für die Größe des Anodenstromes ist das mittlere Potential, das in der Ebene des Steuergitters zwischen dessen Maschen herrscht. Dieses effektive Steuerpotential wird einerseits von dem negativen Potential des Steuergitters selbst, anderseits auch von dem Potential der Anode abhängen. Denken wir uns nun in der Ebene des Gitters eine massive Elektrode, der wir eine Spannung geben, die dem effektiven Steuerpotential entspricht, so wird diese Ersatzdiode dieselbe Form der Kennlinie aufweisen wie

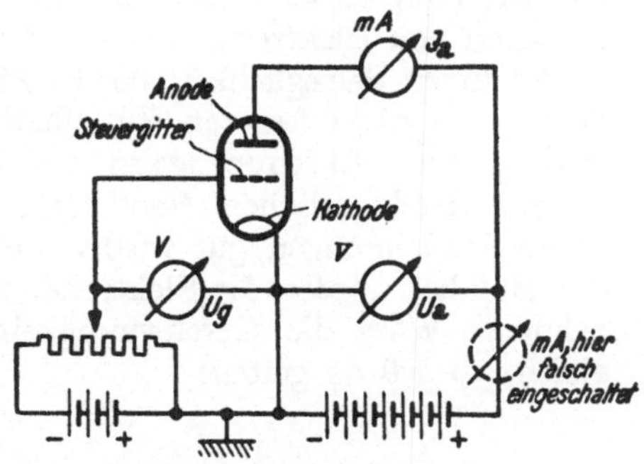

Abb. 1. Schaltschema für die Aufnahme von Kennlinien. Das Milliamperemeter in der gestrichelt eingezeichneten Stelle eingeschaltet, würde auch den Strom mitmessen, der durch das Voltmeter fließt. Da dieser Strom die Größenordnung des Anodenstromes haben kann, würde dadurch ein fehlerhaftes Meßergebnis erhalten werden.

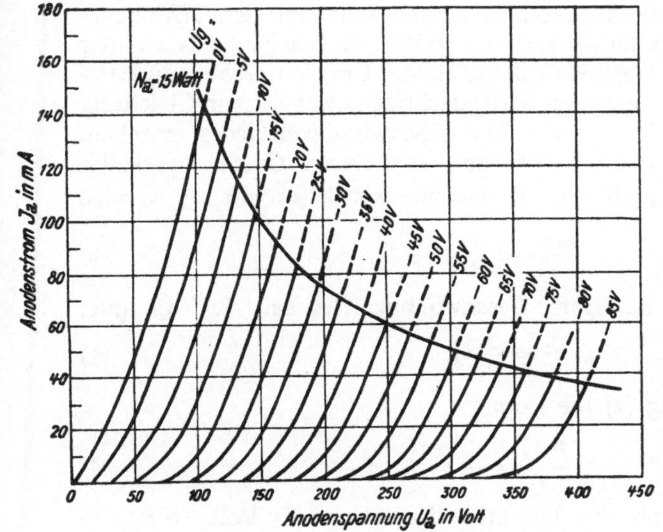

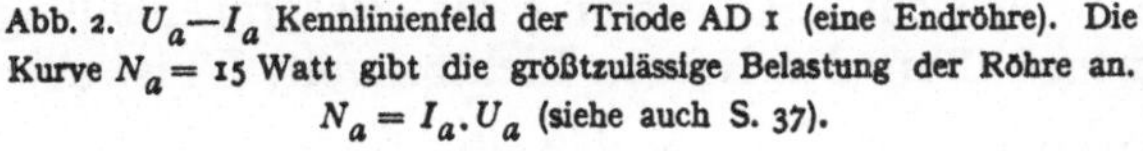

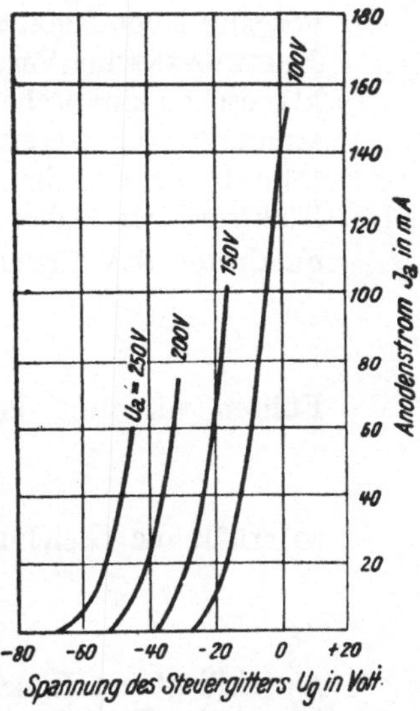

Abb. 2. U_a—I_a Kennlinienfeld der Triode AD 1 (eine Endröhre). Die Kurve N_a = 15 Watt gibt die größtzulässige Belastung der Röhre an. $N_a = I_a \cdot U_a$ (siehe auch S. 37).

Abb. 3. U_g—I_a Kennlinien der Triode AD 1. Die Kennlinien sind nur so weit gezeichnet, bis die größtzulässige Belastung der Röhre erreicht ist.

unsere wirkliche Röhre. Betrachten wir also zunächst einmal das Zustandekommen der Kennlinie einer Röhre, die nur aus Kathode und Anode besteht. Ist die Anodenspannung sehr hoch, so werden sämtliche Elektronen, die aus der Kathode austreten, auch zur Anode gelangen, es fließt der Sättigungsstrom, so genannt, weil eine weitere Erhöhung der Anodenspannung keine Erhöhung des Stromes mehr zur Folge hat. Um die Zahl dieser Elektronen zu finden, ist es nötig, die Ursache der Emission von Elektronen aus einer Glühkathode aufzudecken. Sie liegt in der freien Beweglichkeit der Elektronen in einem metallischen Leiter. Wenn man nicht feineren Einzelheiten nachgehen will, so gibt die Vorstellung eines Elektronengases im Inneren des Metalles, auf das die Gesetze der kinetischen Gastheorie anzuwenden sind, die grundsätzlichen Erscheinungen gut wieder. Je nach der absoluten Temperatur T des Metalles werden die Elektronen verschiedene Geschwindigkeiten annehmen. Wäre die Geschwindigkeit v aller Elektronen untereinander gleich, so würde gelten:

$$\frac{m\,v^2}{2} = \frac{3}{2}\,k\,T. \tag{1}$$

k ist dabei die BOLTZMANNsche Konstante $= 1{,}3708 \cdot 10^{-23}$ Watt·Sekunden·Grad^{-1}. Die Geschwindigkeiten der Elektronen sind in Wirklichkeit untereinander verschieden. Für die Streuung der Geschwindigkeiten gelten Wahrscheinlichkeitsgesetze, und zwar wäre nach der SOMMERFELDschen Theorie die sogenannte FERMI-Statistik anzuwenden, die ihre Grundlagen in der Quantentheorie hat. Das Wesen des Emissionsvorganges von Elektronen aus Metallen ist aber schon mit dem MAXWELL-BOLTZMANNschen Verteilungsgesetz verständlich zu machen, das aus der klassischen kinetischen Gastheorie bekannt ist.[1] Um die Geschwindigkeitsstreuung nach diesem Gesetz zu berücksichtigen, wenden wir Gleichung (1) auf das einzelne Elektron an. Die Geschwindigkeit jedes einzelnen Elektrons ist daher zu quadrieren und aus diesen Geschwindigkeitsquadraten das Mittel zu bilden. Bezeichnen wir dieses mit $\overline{v^2}$, so wird

$$\frac{m\,\overline{v^2}}{2} = \frac{3}{2}\,k\,T. \tag{2}$$

Führen wir nun die häufigste Geschwindigkeit v_h ein, für die gilt:

$$\overline{v^2} = \frac{3}{2}\,v_h^2, \tag{3}$$

so erhält die Gleichung (2) die Form:

$$\frac{m\,v_h^2}{2} = k\,T. \tag{4}$$

Durchfliegt ein Elektron eine Potentialdifferenz von U Volt, so ist die kinetische Energie, die es erreicht, $e\,U$, wenn e die Elektronenladung bedeutet. Dieses Energiemaß führt den Namen Elektronvolt. Es ist aber diese kinetische Energie weiters auch $\frac{m\,v^2}{2}$, so daß gilt

---

[1] Eine zusammenfassende Darstellung unserer theoretischen und experimentellen Erkenntnisse über die Glühemission von Elektronen liegt vor von G. HERRMANN und S. WAGENER: Die Oxydkathode, Leipzig, Verlag Joh. Ambr. Barth, 1943. — Siehe auch Handbuch d. Physik, XXIV/2; 2. Aufl. Berlin, Springer-Verlag 1933, Beitrag A. SOMMERFELD und H. BETHE, S. 333

$$e\,U = \frac{m\,v^2}{2}. \tag{5}$$

Die vorhergehende Gleichung kann also auch geschrieben werden:

$$\frac{m\,v_k^2}{2} = k\,T = e\,U_T. \tag{6}$$

U_T, also die Voltgeschwindigkeit der Elektronen bei der Kathodentemperatur T, führt den Namen die „Temperaturspannung". Es ist das heißt:

$$U_T = \frac{k\,T}{e} = \frac{T}{11\,613} = 8{,}5 \cdot 10^{-5}\,T, \tag{7}$$

$U_T = 1$ Volt bei $T = 11\,613°$ absolute Temperatur;

$U_T = 0{,}1$ Volt bei $T = 1161°$ (ungefähre Temperatur einer Bariumkathode);

$U_T = 0{,}2$ Volt bei $T = 2323°$ (ungefähre Temperatur einer Wolframkathode).

Die Elektronen sind nun zwar innerhalb des Metalles frei beweglich, soll aber eines aus der Oberfläche des Metalles austreten, so muß von ihm Arbeit aufgewendet werden. Diese Austrittsarbeit wird meist in Elektronvolt gemessen. Sie ist von Metall zu Metall stark verschieden und beträgt beispielsweise bei Barium $1{,}5$ eV, bei Thorium $3{,}3$ eV und bei Wolfram $4{,}5$ eV. Aus den bisherigen Darlegungen folgt, daß es auch bei einer verhältnismäßig niedrigen Temperatur der Kathode, bei der etwa die Elektronen eine Temperaturspannung von $0{,}1$ Volt besitzen, wegen der Geschwindigkeitsverteilung einige Elektronen geben wird, die eine größere Voltgeschwindigkeit als z. B. $1{,}5$ Volt erreichen. Aus Barium könnten diese Elektronen also austreten. Wolfram mit einer größeren Austrittsarbeit muß stärker als Barium erhitzt werden, damit die Glühemission von Elektronen halbwegs intensiv wird. Abb. 4 veranschaulicht diesen Vorgang. Die Kurve gibt die MAXWELL-Verteilung derjenigen Komponente der kinetischen Energie an, die senkrecht zur Oberfläche der Kathode gerichtet ist.[1]

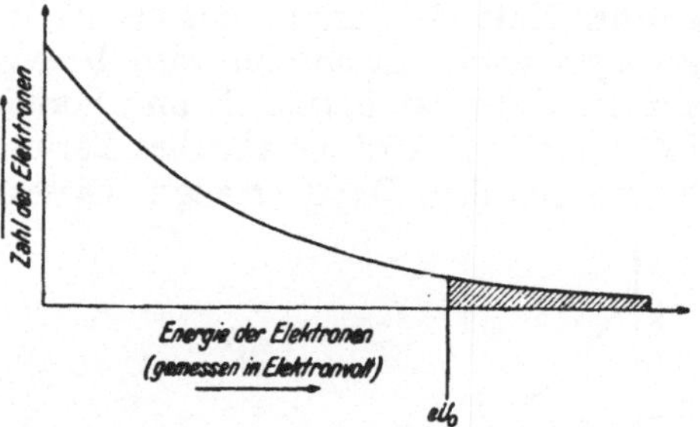

Abb. 4. Zur Erklärung des Sättigungsstromes. Der Kurve ist das MAXWELLsche Verteilungsgesetz zugrunde gelegt. Sie gibt für eine bestimmte Temperatur an, wieviele Elektronen eines Volumelementes eine gewisse Größe derjenigen Komponente der kinetischen Energie haben, die senkrecht zur Oberfläche einer ebenen Kathode gerichtet ist. Mit eU_0 ist die Größe der Austrittsarbeit bezeichnet.

---

[1] Glockenförmige Verteilungskurven erhält man für die kinetische Energie (oder die Geschwindigkeit), wenn entweder von der Richtung der Bewegung von Elektronen innerhalb eines Volumelementes abgesehen wird oder wenn zwar Bewegungsrichtungen senkrecht zu einer ebenen Fläche betrachtet werden, aber gefragt wird, wieviele Elektronen durch die Fläche in der Zeiteinheit hindurchtreten.

Der gesamte Emissionsstrom der Glühkathóde wird erhalten, wenn man von rechts her bis zum Wert eU_0 integriert, also die Größe der schraffierten Fläche bestimmt. Ist der Kathode eine genügend positive Anode gegenübergestellt, so geben alle ausgetretenen Glühelektronen zusammen den Anoden-Sättigungsstrom, dessen Größe also durch die schraffierte Fläche gegeben ist. Die rechnerische Durchführung des geschilderten Gedankenganges gibt (mit der FERMI-Statistik):

$$I_S = 60,2\,T^2 e^{-\frac{b}{T}} = 0,80 \cdot 10^{-10}\,U_T^2 \cdot 10^{-0,43\frac{U_0}{U_T}}\ \text{A/cm}^2. \tag{8}$$

e ist dabei die Basis der natürlichen Logarithmen und b die in Temperaturgraden gemessene Austrittsarbeit, d. h. $b = 11613\,eU_0$ (e ist hiebei wieder die Elektronenladung). Da die Temperatur im Exponenten vorkommt, ändert eine geringfügige Temperaturschwankung der Kathode den Sättigungsstrom sehr stark. Auch erfolgt der Einsatz der Glühemission sehr scharf bei einer gewissen Kathodentemperatur.

Im Exponenten steht weiters auch die Voltzahl U_0 der Austrittsarbeit. Wählt man deshalb ein Material mit besonders niedriger Austrittsarbeit als Kathode, so wird der Sättigungsstrom auch bei niedriger Temperatur schcn sehr groß. Die modernen Röhren haben als wirksame Schicht auf der Kathode Barium, das als Oxyd in Mischung mit Strontium aufgetragen wird. Strontium wird beigegeben, damit die Schicht besser auf der Unterlage haftet. Beim „Formieren" nach dem Auspumpen des Röhrenkolbens wird metallisches Barium in sehr dünner Schicht elektrolytisch aus dem Oxyd erzeugt. Dieses metallische Barium ist bei den „Oxydkathoden" der eigentlich wirksame Stoff.

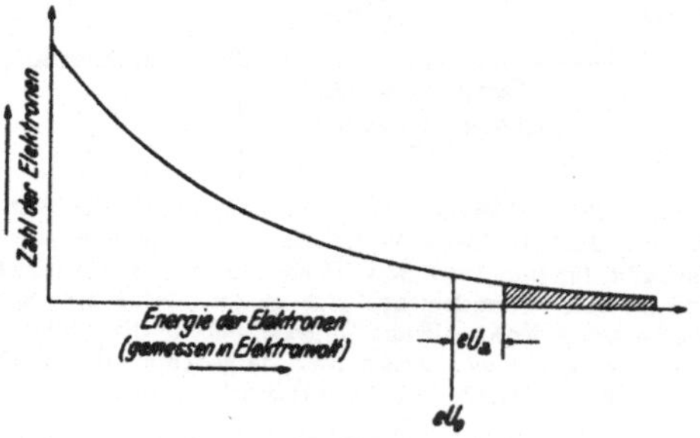

Die in Abb. 4 und 5 dargestellte Kurve ist eine Exponentialfunktion. Sie hat die Eigenschaft, daß nach Ausführen eines Schnittes, etwa an der Stelle eU_0, der verbleibende, nach rechts verlaufende Kurventeil wiederum eine e-Potenzkurve ist. Dies bedeutet im vorliegenden Fall, daß die emittierten Elektronen ebenfalls eine MAXWELLsche Verteilung der Geschwindigkeiten haben.

Abb. 5. Zur Erklärung des Anlaufstromes. Wie bei Abb. 4 zeigt die Kurve die Verteilung derjenigen Komponente der kinetischen Energie der Elektronen eines Volumelementes, die senkrecht zur Oberfläche der Kathode gerichtet ist. eU_0 gibt die Größe der Austrittsarbeit an, U_a ist die angelegte *negative* Anodenspannung.

Hat die Anode kein positives, sondern ein schwach negatives Potential, so können trotzdem immer noch Elektronen zu ihr gelangen. Alle diejenigen Elektronen nämlich, die durch die Temperatur der Kathode eine derart hohe Voltgeschwindigkeit erlangt haben, daß sie die Austrittsarbeit eU_0 leisten können, und die dann immer noch so viel kinetische Energie haben, daß ihre Voltgeschwindigkeit größer ist als die ebenfalls in Volt gemessene negative Spannung U_a der Anode, können gegen diese Gegenspannung anlaufen und die Anode erreichen. Es sind dies also alle Elektronen, die in Abb. 5 im schraffierten Gebiet liegen. Die Durchrechnúng gibt für diesen Anlaufstrom

$$I = I_S\, e^{\frac{U_a}{U_T}} . \tag{9}$$

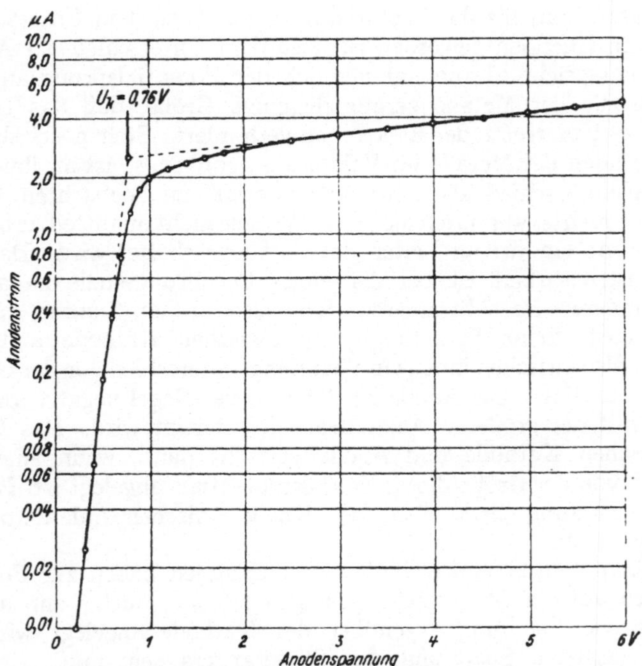

Abb. 6. Strom-Spannungskennlinie einer Diode mit stark unterheizter Kathode. Statt der vorgeschriebenen Spannung von 4,0 Volt betrug die Heizspannung der indirekt geheizten Oxydkathode 0,93 Volt.

Der Anlaufstrom nimmt also exponentiell mit wachsender negativer Spannung der Anode ab, auf Logarithmenpapier aufgetragen, gibt der Anlaufstrom eine Gerade.

Mißt man also den Anodenstrom in Abhängigkeit von der Anodenspannung, so sollte man bei negativen Spannungen eine schrägliegende Gerade erwarten, die genau bei der Anodenspannung Null in eine horizontale Gerade, den Sättigungsstrom, umknickt. Experimentell gemessen wird bei sehr wenig geheizter Kathode eine Kurve, wie sie Abb. 6 wiedergibt. Die auffallendste Abweichung von der Erwartung ist, daß der Knick nicht bei der Anodenspannung Null liegt. Dies hat seinen Grund im sogenannten „Kontaktpotential" zwischen Anode und Kathode, das auf die verschiedenen Austrittsarbeiten des Materials dieser Elektroden zurückzuführen ist.

Das Bestehen einer Austrittsarbeit bedeutet, daß die potentielle Energie der Elektronen im Inneren des Leiters kleiner ist als im Außenraum. Berühren sich zwei Metalle, so daß eine elektrisch leitende Verbindung besteht, so können die Leitungselektronen von einem Metall ungehindert in das andere übertreten. Da die potentiellen Energien der Leitungselektronen in den beiden Metallen verschieden sind, so fließen von dem Metall mit der größeren potentiellen Energie, also der kleineren Austrittsarbeit, so lange Elektronen in das andere über und laden es dabei negativ auf, bis die Potentialdifferenz gleich dem Unterschied der potentiellen Energien geworden ist, also dem Unterschied der Austrittsarbeiten entspricht. Dann hat nämlich der Potentialsprung an der Berührungsstelle der Metalle gerade diejenige Größe, daß das Gegenfeld ein weiteres Übertreten der Elektronen verhindert. Stehen sich die beiden anderen Enden der Metalle im Vakuum gegenüber, so ist an ihnen dieser Spannungsunterschied als „Kontaktpotential" zu beobachten. An ihm ändert sich nichts, wenn sich die beiden Metalle nicht unmittelbar berühren, sondern wenn ein dritter Leiter dazwischengeschaltet wird. Der Betrag seiner Austrittsarbeit ist bei der einen Berührungsstelle zu addieren, an der anderen zu subtrahieren, fällt also in der Summe schließlich heraus. Liegt keine Spannungsquelle zwischen Kathode und Anode, so besteht also zwischen ihnen ein Spannungsunterschied von der Größe des Kontaktpotentials. Die Anode ist dabei in der Regel negativ, da sie aus Material mit der größeren Austrittsarbeit gefertigt wird. Das Potential Null zwischen Kathode und Anode herrscht dann, wenn eine äußere Spannung von der Größe dieses Kontaktpotentials angelegt ist. Bei dieser äußeren Spannung liegt also der Knick zwischen Anlaufstrom und Sättigungsstrom.

Kontaktpotential und Anlaufstrom zusammen haben zur Folge, daß Elektronen auf ein Steuergitter gelangen können, auch wenn an dieses eine negative Spannung gegenüber der Kathode angelegt wird. Wie hoch die negative Spannung des Steuergitters sein muß, damit der Elektronen-Gitterstrom vernachlässigbar klein wird, läßt sich im Einzelfall nicht voraussagen, sondern nur experimentell bestimmen. Beim Betrieb der Röhren ist es sehr wichtig, darauf zu achten, daß unter allen Umständen das Potential des Steuergitters so hoch negativ bleibt, daß praktisch keine Elektronen in die Gitterdrähte eintreten können.

Einen scharfen Knick erhält man bei der Aufnahme von Anodenstrom-Anodenspannungskennlinien nur dann, wenn der Sättigungsstrom sehr gering ist. Bei höherer Emission der Kathode, also stärkerer Heizung, bildet sich eine schon in Abb. 6 angedeutete Abrundung aus, die auf eine Raumladungswolke in der Nähe der Kathode zurückzuführen ist. Technisch ist dieses Raumladegebiet am wichtigsten, da in ihm der Arbeitspunkt der Röhren liegt. Zur Bildung einer Raumladungswolke kommt es, wenn die Kathode kräftig Elektronen emittiert, die Anodenspannung jedoch nicht sehr hoch ist. Die ausgetretenen Elektronen haben eine negative Ladung. Das Potential an der Stelle des Raumes, in der zahlreiche Elektronen vorhanden sind, ist daher negativer, als es ohne diese Raumladung wäre. In der Nähe der Kathode sind besonders viele Elektronen anwesend. Das Potential an der Stelle dieser Elektronenwolke ist daher stärker negativ als das der Kathode. Dies bedeutet, daß Elektronen, die aus der Kathode austreten, von diesem negativen Potential zum Teil wieder zur Kathode zurückgetrieben werden und nicht die Anode erreichen. Die Raumladungswolke verhindert also, daß der Anodenstrom ebenso groß wird wie der Emissionsstrom der Kathode. Wird die Anodenspannung erhöht, so wird im entsprechenden Ausmaß auch das negative Potential an der Stelle der Raumladungswolke weniger negativ. Es werden dann weniger Elektronen als früher zur Kathode zurückgetrieben, um so mehr jedoch die Anode erreichen. Es läßt sich auf theoretischem Wege ableiten, daß der Strom zur Anode nur abhängt von der Anodenspannung und den geometrischen Abmessungen der Diode. Es gilt

$$I_a = K \cdot U^{\frac{3}{2}}. \tag{10}$$

K bezeichnet man als die „Raumladungskonstante". Sie ist bei einer ebenen Kathode, der eine ebene Anode gegenübersteht, gleich

$$K = \frac{\sqrt{2}}{9\,\pi} \sqrt{\frac{e}{m}}\, \frac{F}{a^2} \cdot 10^3 = 2{,}33 \cdot 10^{-3} \frac{F}{a^2}, \tag{11}$$

wenn der Strom in Milliampere und die Spannung in Volt gemessen wird. F bedeutet dabei die Fläche der Kathode in Quadratzentimetern und a den Abstand der Anode von der Kathode in Zentimetern (genauer den Abstand der Anode von der Stelle des Minimumpotentials der Raumladungswolke). Auffällig ist an der Gleichung für den Raumladungsstrom, daß die absolute Größe des Emissionsstromes, also insbesondere die Temperatur der Kathode, nicht eingeht. Es ist dies aber auch verständlich. Je höher die Kathode geheizt wird, um so mehr Elektronen treten zwar nach dem Sättigungsstromgesetz aus, diese Elektronen verstärken aber zunächst nur die Raumladungswolke um die Kathode und erhöhen damit das Minimumpotential an dieser Stelle. Je negativer das Potential in der Raumladungswolke wird, um so mehr Elektronen müssen aber im Verhältnis wieder zur Kathode zurückkehren. Die Zahl der Elektronen, die in der Zeiteinheit zur Anode übergehen, bleibt somit konstant. Praktisch findet man allerdings eine beträchtlich starke Abhängigkeit des Anodenstromes von der Heizung. Dies ist aber ausschließlich darauf zurückzuführen, daß bei einer höheren Temperatur der Kathode auch deren Enden, die sonst infolge der Wärmeableitung durch die Halterungsdrähte abgekühlt sind, nun so weit erhitzt werden, daß sie Elektronen zu emittieren anfangen. Durch eine stärkere Heizung der Kathode wird also ihre wirksame Fläche vergrößert. Damit muß dann aber selbstverständlich der Anodenstrom ebenfalls zunehmen.

Genau die gleiche Kennlinie wie eine Diode hat eine Röhre mit einem negativen Gitter am Ort der Anode der Diode. Maßgebend für die Zahl der Elektronen, die zur Anode der Gitterröhre gelangen, ist dann, wie schon erwähnt, das effektive Steuerpotential oder die Steuerspannung, das ist das Potential, das im Mittel zwischen den Gitterdrähten herrscht. Alle Elektronen, die zwischen die Gittermaschen durchtreten, gelangen zur Anode. Der Anodenstrom wird demnach von der Zahl der Elektronen abhängen, die die Gitterfläche erreichen können. Das Potential dieser Fläche steuert also, wie die Anodenspannung einer Diode, den Anodenstrom. Die Steuerspannung U_{st} setzt sich aus der Spannung des Steuergitters zusammen und weiters noch aus der Spannung der Anode. Diese ist jedoch nicht zur Gänze wirksam. Von den Kraftlinien, die von der Anode ausgehen, endet nämlich ein Teil schon auf den Gitterdrähten und der Rest auf der Kathode. Nur die Kraftlinien, die durch die Gittermaschen „durchgreifen", erhöhen die Kraftliniendichte im Raum zwischen Kathode und Gitter. Diese Kraftliniendichte gibt die Feldstärke an, die in Volt pro Zentimeter gemessen wird. Der Feldstärke proportional ist das Potential in der Steuergitterebene, so daß man also schreiben kann

$$U_{st} = U_g + D U_a. \tag{12}$$

Der Faktor D, der kleiner als 1 ist, wird Durchgriff genannt und gibt somit den Bruchteil der Kraftlinien an, die von der Anode ausgehend auch die Kathode erreichen. Dieser Bruchteil ist übrigens gleich dem Verhältnis der Kapazität zwischen Anode und Kathode und der Kapazität zwischen Gitter und Kathode. Die streng durchgeführte Theorie liefert, wie nebenbei bemerkt sei, für die Größe der Steuerspannung die genauere Formel

$$U_{st} = \frac{U_g + D U_a}{1 + D}, \tag{13}$$

doch ist der Faktor $\dfrac{1}{1 + D}$ meist so nahe an 1, daß er für die Praxis unbedenklich weggelassen werden kann.

Es ist zu beachten, daß die Spannung des Steuergitters negativ ist, die Steuerspannung selbst aber positiv sein muß, soll ein Anodenstrom fließen. Die Anodenspannung ist also so hoch zu wählen, daß $D \cdot U_a$ größer als $- U_g$ wird.

Von der Größe der Steuerspannung ist der Anodenstrom abhängig. Einen bestimmten Anodenstrom kann man also sowohl durch Ändern der Steuergitterspannung U_g als auch durch Ändern der Anodenspannung U_a einstellen. Dieselbe Steuerspannung läßt sich demnach auf zwei Wegen erreichen, nämlich

$$U_{st} = U_{g_1} + D U_{a_1}$$

und
$$\frac{U_{st} = U_{g_2} + D U_{a_2} = (U_{g_1} + \Delta U_g) + D (U_{a_1} - \Delta U_a)}{}$$

subtrahiert gibt dies: $0 = \Delta U_g - D \cdot \Delta U_a$

oder als Differential geschrieben:

$$D = \left. \frac{\partial U_g}{\partial U_a} \right|_{I_a = \text{const.}} \tag{14}$$

Der Durchgriff ist eine wichtige Kenngröße der Röhre. In neuerer Zeit wird vielfach sein reziproker Wert angegeben, der den Namen Verstärkungsfaktor (richtiger Leerlauf-Verstärkungsfaktor) führt und mit dem Buchstaben $\mu = \dfrac{1}{D}$ (griechisch My) bezeichnet wird.

Außer dem Durchgriff ist auch die Steilheit S einer Kennlinie nach Abb. 3 von Bedeutung. Wie schon der Name sagt, versteht man darunter ihre Neigung, die durch das Verhältnis der Anodenstromänderung zur Gitterspannungsänderung zahlenmäßig erfaßt werden kann. Formelmäßig niedergeschrieben gilt daher:

$$S = \frac{\partial I_a}{\partial U_g}\bigg|_{U_a = \text{const.}} \tag{15}$$

Nun kann man auch die Kennlinien nach Abb. 2 betrachten und nach dem Verhältnis fragen, in dem eine Änderung des Anodenstromes zu einer Änderung der Anodenspannung steht, wenn die Gitterspannung konstant gehalten wird. Dieses Verhältnis wird durch den Tangens des Neigungswinkels gegeben, den die Anodenstrom-Anodenspannungs-Kennlinie hat. Der Quotient Spannungsänderung durch Stromänderung hat die Dimension eines Widerstandes. Der Cotangens des Neigungswinkels wird daher innerer Widerstand R_i der Röhre genannt. Es ist also

$$R_i = \frac{\partial U_a}{\partial I_a}\bigg|_{U_g = \text{const.}} \tag{16}$$

Der innere Widerstand einer Röhre darf nicht dem Widerstand z. B. eines Kupferdrahtes gleichgesetzt werden. Dies folgt allein schon daraus, daß der innere Widerstand entsprechend der Krümmung der Kennlinie für jeden Wert der Anodenspannung oder des Anodenstromes ein anderer ist. Der Begriff des inneren Widerstandes ist nur für kleine *Änderungen* der Strom- und Spannungswerte dem üblichen Begriff eines sogenannten „OHMschen Widerstandes" äquivalent oder genauer ausgedrückt, für ihn gilt das OHMsche Gesetz nur in der differentiellen Form $R = \frac{dU}{dI}$, nicht in der üblichen $R = \frac{U}{I}$. Gänzlich unsinnig wäre es z. B. aus dem inneren Widerstand und der Höhe der angelegten Anodenspannung etwa die Größe des bei dieser Spannung fließenden Anodenstromes ausrechnen zu wollen.

Steilheit, Durchgriff und innerer Widerstand einer Röhre sind nicht unabhängig voneinander. Wie aus den Definitionen sofort zu ersehen ist, muß ihr Produkt gleich 1 sein. Also

$$S \cdot D \cdot R_i = 1 \quad \text{oder} \quad \mu = S \cdot R_i \tag{17}$$

(BARKHAUSENsche Röhrengleichung).

3. Die Elektronenröhre als Verstärker.

Wird die Spannung des Steuergitters einer Röhre geändert, so nimmt zunächst die Größe des Anodenstromes einen anderen Wert an. Es ist aber in vielen Fällen erwünscht, wieder Spannungsänderungen, und zwar möglichst hoch verstärkte Spannungsänderungen als Ergebnis zu erhalten. Diese können dann nämlich wieder dem Gitter einer zweiten Röhre zugeführt werden, die abermals eine Spannungsverstärkung liefert usw. Die Stromänderungen können nun ganz einfach so in Spannungsänderungen umgeformt werden, daß der veränderliche Strom einen Widerstand durchfließt. An diesem entsteht ein Spannungsabfall, dessen Größe mit der Größe des Stromes schwankt. Man erhält also die Schaltung der

Abb. 7, wenn ein Ohmscher Widerstand R_a im Anodenstromkreis zur Erzeugung des Spannungsabfalles benutzt wird. Bei den Schaltungen, die in diesem Buche beschrieben sind, kommen ausschließlich Ohmsche Widerstände in Verwendung. Bei der Verstärkung von Wechselströmen sind aber auch induktive Widerstände, Resonanzkreise u. dgl. verwendbar, deren Widerstandswert dann von der Frequenz abhängt. Ohmsche Widerstände haben denselben Widerstandswert bei allen Frequenzen, so daß mit ihnen eine weitgehend frequenzunabhängige Verstärkung erreichbar ist. Bei der Schaltung nach Abb. 7 liegt das eine Ende des Anodenwiderstandes R_a an festem Potential, nämlich an der Anoden-Speisespannung. Das andere Ende, nämlich der Punkt 1, hat ein um den Spannungsabfall des Anodenstromes weniger positives Potential. An ihm tritt die gesamte Schwankung des Spannungsabfalles auf. Diese kann nun nicht unmittelbar dem Gitter einer nächsten Röhre zugeführt werden, da dieses doch negativ gegen die Kathode sein muß. Die Gleichspannung wird daher bei der dargestellten Widerstands-Kapazitätskopplung durch den Kondensator C abgeriegelt. Dieser Kondensator muß so groß sein, daß er den Wechselspannungen nur einen kleinen Widerstand entgegensetzt. Der absolute Betrag dieses Widerstandes ist bekanntlich gegeben durch

$$|\Re_C| = \frac{1}{\omega C},\tag{1}$$

wobei ω die sogenannte Kreisfrequenz $2\pi\nu$ bedeutet. ν ist die Frequenz in Hz gemessen.

Das Gitter der Folgeröhre muß eine negative Vorspannung erhalten, die über den sogenannten Gitterableitwiderstand R_g zugeführt wird. Würde dieser Widerstand fehlen, so hätte das Gitter ein dauernd festes Potential und könnte also nicht Potentialänderungen aufgedrückt erhalten. Für den Wechselstrom bilden C und R_g zwei hintereinanderliegende Widerstände, die dem Widerstand R_a parallelgeschaltet sind. Man erhält also für den Wechselstrom das Widerstandsschema der Abb. 8. Die Anodenspannungsquelle und die Batterie für die Gittervorspannung stellen für den Wechselstrom keinen Widerstand dar und sind deshalb in diesem Ersatzschema weggelassen. Man sieht aus ihm deutlich, daß der Gitterwiderstand R_g immer größer sein muß als der Anodenwiderstand R_a, damit der tatsächlich wirksame Gesamtwiderstand, der maßgebend für den Spannungsabfall der Wechselstromkomponente des Anodenstromes ist, im wesentlichen durch den Anodenwiderstand R_a bestimmt wird.

$\Re_C$ wird immer sehr klein gegen R_g gewählt. Es entsteht dann durch den Spannungsteiler $\Re_C$ und R_g keine Verminderung der Verstärkung.

Statt die Gleichspannung der Anode durch einen Kondensator C abzuriegeln, kann man sie auch durch eine Gegenspannung kompensieren und erhält dann das in Abb. 9 dargestellte Schema einer sogenannten Gleichspannungskopplung, die auf S. 63 ff. ausführlicher behandelt wird. Der Name rührt davon her, daß die Spannung am Gitter der zweiten Röhre abhängig ist von der Gleichspannung, die als Gittervorspannung an der ersten Röhre liegt. Bei dieser Kopplung ist nur R_a maßgebend für den erreichbaren Faktor der Spannungsverstärkung, es fallen also die Komplikationen durch $\Re_C$ und R_g fort, so daß wir diese Verstärkerart einer kurzen mathematischen Betrachtung über den Verstärkungsvorgang zugrunde legen wollen.

Bei einer Diode ist die Anodenstromänderung gleich dem Produkt aus Steilheit mal Steuerspannungsänderung. Bei einer Gitterröhre wird daher

$$d\,I_a = S\,(d\,U_g + D\,d\,U_a).\tag{2}$$

Die Änderung der Anodenspannung, die tatsächlich an der Anode liegt, ist gleich der Änderung des Spannungsabfalles am Widerstand R_a, also $-\,d\,U_a = R_a\,d\,I_a$. Das Minuszeichen ist deshalb zu setzen, weil eine Erhöhung des Stromes eine Vergrößerung des Spannungsabfalles und damit ein Kleinerwerden der Anodenspannung zur Folge hat. Es gilt demnach

$$d\,I_a = S\,d\,U_g - S\,D\,R_a\,d\,I_a.\tag{3}$$

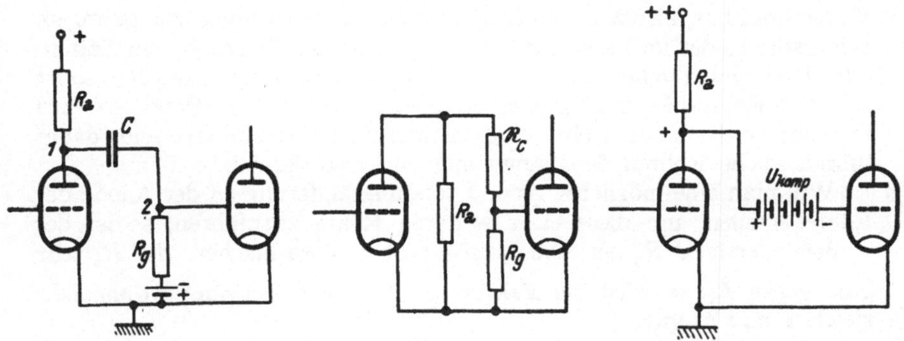

Abb. 7. Widerstands-Kapazitätskopplung von Röhren für Spannungsverstärkung.

Abb. 8. Ersatzschaltbild für den Wechselstrom einer Widerstands-Kapazitätsgekoppelten Verstärkerstufe nach Abb. 7.

Abb. 9. Prinzip einer Gleichspannungskopplung.

$S\,D$ ist nun gleich $\dfrac{1}{R_i}$ (S. 11), so daß wird

$$d\,I_a = S\left(\frac{R_i}{R_a + R_i}\right) d\,U_g.\tag{4}$$

Man kann auch $d\,I_a$ durch $d\,U_a$ ausdrücken und erhält dann als Ausgangsgleichung:

$$-\frac{d\,U_a}{R_a} = S\,d\,U_g + S\,D\,d\,U_a,\tag{5}$$

daraus wird

$$d\,U_a\left(\frac{1}{R_a} + \frac{1}{R_i}\right) = S\,d\,U_g\tag{6}$$

und weiter

$$-\,d\,U_a = \frac{S\,R_a\,R_i}{R_a + R_i}\,d\,U_g.\tag{7}$$

Da nun $S\,R_i = \dfrac{1}{D}$ ist, kann man dies auch schreiben

$$-\,d\,U_a = \frac{1}{D}\left(\frac{R_a}{R_a + R_i}\right) d\,U_g.\tag{8}$$

Die Anodenspannungsänderung $- dU_a$ ist um den Faktor $\dfrac{1}{D}\left(\dfrac{R_a}{R_a + R_i}\right)$ größer als die Gitterspannungsänderung dU_g. Er führt deshalb den Namen Spannungsverstärkungsfaktor V_u. Man kann daher für Gleichung (8) auch schreiben

$$dU_a = - V_u \, dU_g. \tag{9}$$

Die wichtigen Gleichungen (4) und (8) seien nun kurz besprochen. Machen wir zunächst den äußeren Widerstand R_a gleich Null, so liegt an der Anode der Röhre die konstante Anodenspeisespannung und $-dU_a$ ist ebenfalls Null. In der Gleichung (4) für dI_a wird der Faktor $\dfrac{R_i}{R_a + R_i}$ gleich 1, so daß gilt:

$$dI_a = S \, dU_g. \tag{10}$$

Die Stromänderung ist also nur abhängig von der Steilheit der Röhre, von sonst gar nichts. Es ist dieser Fall eines äußeren „Kurzschlusses" für die Praxis wichtig, wenn in die Anodenleitung der Röhre irgend etwas eingeschaltet ist, das auf Stromänderungen anspricht und einen kleinen Widerstand hat, also z. B. ein Lautsprecher mit einer Spule von geringem Widerstand oder im Laboratorium ein Schleifenoszillograph, ein Saiten- oder Drehspulgalvanometer. Sollen solche Geräte betätigt werden, so ist also eine Röhre möglichst großer Steilheit zu verwenden. Praktisch wird dies immer die letzte Röhre eines mehrstufigen Verstärkers sein, daher führen solche Röhren den Sammelnamen „Endröhren".

Will man eine möglichst große Spannungsänderung an der Anode der Röhre erzielen, um diese einer weiteren Röhre zuzuführen, so ist der Außenwiderstand R_a der Abb. 9 möglichst groß zu machen. Ist R_a sehr groß gegen R_i, so wird der Faktor $\dfrac{R_a}{R_a + R_i}$ der Gleichung (8) ungefähr gleich 1 und es gilt:

$$- dU_a = \frac{1}{D} \, dU_g = \mu \, dU_g. \tag{11}$$

Streng richtig ist diese Gleichung nur für den Extremfall $R_a = \infty$, der natürlich nicht zu verwirklichen ist. Die Röhre würde aber bei diesem „Leerlauf" die größten Spannungsschwankungen an der Anode führen. Die tatsächlich erreichte Verstärkung der Spannung V_u, die also nach Gleichung (9) gleich ist $- \dfrac{dU_a}{dU_g}$, wird in diesem äußersten Falle gleich dem reziproken Durchgriff, der deshalb den Namen „*(Leerlauf-) Verstärkungsfaktor*" führt. Will man eine möglichst große Spannungsverstärkung erreichen, so ist, wie Gleichung (8) also zeigt, eine Röhre mit möglichst großem μ (d. h. möglichst kleinem Durchgriff) zu wählen. Röhren für diesen Zweck sind die sogenannten Hochfrequenzpentoden. Sie haben ein μ von 800 bis 4000. Da R_i bei ihnen auch sehr groß ist, 1 bis 2 Megohm, kann der Außenwiderstand R_a nicht groß gegen den Innenwiderstand R_i genommen werden, so daß auch bei sorgfältigem Aufbau der Verstärkerstufe ein Verstärkungsfaktor V_u von höchstens 400, also etwa 10% des theoretisch möglichen Wertes, praktisch erreichbar ist. In den meisten Fällen wird man sich schon mit einem V_u von rund 200 begnügen.

Mit einer Eingitterröhre, einer Triode, ist kein besonders kleiner Durchgriff zu erreichen, so daß sich also solche Röhren schlecht für eine Spannungsverstärkung eignen. Wickelt man nämlich das Steuergitter sehr enge, so ist eine sehr hohe Anodenspannung nötig, um die effektive Steuerspannung $U_{st} = U_g + DU_a$ genügend positiv zu machen. Die

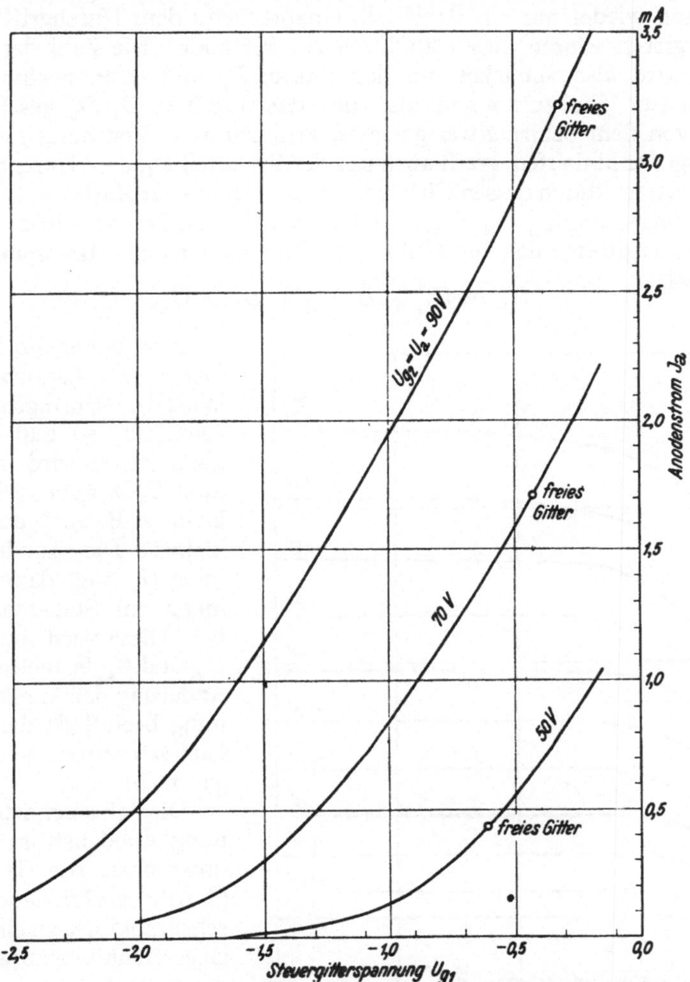

Abb. 10. U_{g1}—I_a Kennlinien der Penthode EF 7 (einer Hochfrequenzpentode) bei verschiedenen Schirmgitterspannungen U_{g2}. Die Anodenspannung U_a, die wegen des kleinen Durchgriffes der Röhre auf die Lage der Kurven so gut wie keinen Einfluß hat, ist gleich der Schirmgitterspannung gewählt worden.

Höhe der Anodenspannung, über die man nicht hinausgehen will, begrenzt also die Verkleinerung des Durchgriffes. Eine Abhilfe wurde hierfür im Schirmgitter gefunden, einem Gitter, das zwischen Anode und Steuergitter liegt und an einem konstanten positiven Potential gehalten wird. Der Durchgriff gibt den Bruchteil der Kraftlinien an, die von der Anode ausgehend durch die Gittermaschen hindurch zur Kathode laufen. Die übrigen Kraftlinien enden am Gitter. Liegt nun ein Schirmgitter zwischen Steuergitter und Anode, so gehen also bereits nur mehr so viele Kraftlinien von der Anode durch das Schirmgitter zum Steuergitter, als dem Durchgriff D_2 des Schirmgitters entspricht. Von diesen wenigen Kraftlinien geht nun wieder nur ein Bruchteil, entsprechend dem Durchgriff D_1 des Steuergitters, durch dieses hindurch zur Kathode. Die Zahl der Kraftlinien wird also zunächst um den Faktor D_2 und dann nochmals um den Faktor D_1, zusammen also um das Produkt $D_1 \cdot D_2$ geschwächt. Auch von dem Schirmgitter gehen Kraftlinien aus. Von denen, die zum Steuergitter hinlaufen, greift auch nur der Bruchteil D_1, dem Durchgriff des Steuergitters, durch dessen Gittermaschen hindurch zur Kathode. Die effektive Steuerspannung U_{st}, d. i. also das resultierende Potential in der Fläche des Steuergitters, das die Größe des Emissionsstromes bestimmt, wird demnach

$$U_{st} = U_{g_1} + D_1\, U_{g_2} + D_1\, D_2\, U_a. \tag{12}$$

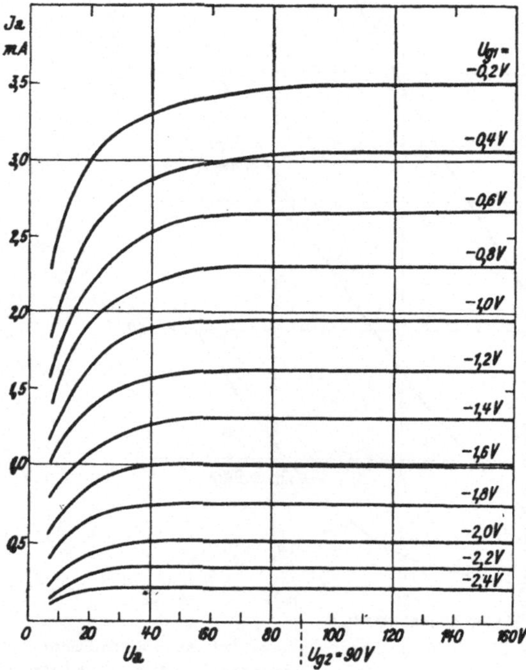

Abb. 11. U_a—I_a Kennlinienfeld der Penthode EF 7 bei einer Schirmgitterspannung von 90 Volt. Man vergleiche damit an Abb. 2 (S. 3) das grundsätzlich andere Aussehen des Kennlinienfeldes einer Triode.

Aus dieser Formel ist folgendes herauszulesen: Wird das Schirmgitter enge gewickelt, so daß D_2 sehr klein ist, so wird das Produkt $D_1 D_2$ außerordentlich klein, z. B. 10^{-3} und noch kleiner. Die Anodenspannung U_a trägt dann nichts mehr zur Steuerspannung bei. Diese wird nur durch U_{g_1} und U_{g_2} festgelegt. Eine Änderung der Anodenspannung beeinflußt daher den Emissionsstrom so gut wie gar nicht.

Die Steuergitterspannung-Anodenstrom-Kennlinienschar, wie sie Abb. 3 (S. 3) für eine Triode darstellt, schrumpft also zu einer einzigen Kennlinie zusammen, deren Lage nur von der Schirmgitterspannung abhängt. Durch diese kann also die Kennlinie parallel zu sich selbst auf der Abszissenachse verschoben werden.

$D_1 U_{g_2}$ heißt daher auch die „Verschiebungsspannung". Abb. 10 zeigt dieses Verhalten deutlich. Da die Anodenspannung den Anodenstrom nicht beeinflußt, laufen bei der Anodenstrom-Anodenspannungs-Kennlinienschar, die in Abb. 11 für eine bestimmte Schirmgitterspannung dargestellt ist, die Kennlinien beinahe parallel zu der Abszissenachse. Ein Vergleich mit den Kurven der Abb. 2 (S. 3), die an einer Triode gemessen wurden, zeigt das grundsätzlich andere Aussehen des Kennlinienfeldes.

Die Kennlinien, wie sie die Abb. 10 und 11 darstellen, werden allerdings nicht ohne weiteres mit einer Schirmgitterröhre erhalten. Die Elektronen, die auf der Anode aufprallen, lösen nämlich von dieser Sekundärelektronen aus. Ist die Anodenspannung U_a genügend hoch, so werden allerdings diese Sekundärelektronen wieder zur Anode zurückgezogen. Anders ist es jedoch, wenn unmittelbar vor der Anode ein Schirmgitter liegt, das eine höhere Spannung wie die Anode besitzt. Die Sekundärelektronen fliegen dann zu diesem Gitter und dies bedeutet, daß der vom Meßinstrument in der Anodenzuleitung angezeigte Anodenstrom entsprechend kleiner wird. Erhöht man die Anodenspannung, so treffen die Elektronen von der Kathode mit größerer kinetischer Energie auf der Anode auf und können dann erheblich mehr Sekundärelektronen als früher auslösen, so daß im Endeffekt der Anodenstrom sogar bei wachsender Anodenspannung abnehmen kann, wenn nämlich der Zuwachs an der Zahl der Elektronen, die von der Kathode stammen, geringer ist als die Zunahme der Zahl der Sekundärelektronen. Ohne daß dieser Sachverhalt noch näher besprochen wird, liegt schon klar auf der Hand, daß die Sekundärelektronen den ursprünglichen Kennlinienverlauf deformieren und daß Knicke in die Kennlinie kommen, was sehr unerwünscht ist, weil dadurch die Proportionalität der Verstärkung zerstört wird. Um diesen Schwierigkeiten zu begegnen, ist es das Einfachste, dafür zu sorgen, daß die Anodenspannung immer erheblich, etwa um 40 bis 60 Volt, höher liegt als die Schirmgitterspannung. Dabei bleibt aber die zulässige Anodenspannungsschwankung begrenzt, so daß die Röhre nicht sehr weit ausgesteuert werden kann. Alle Schirmgitterröhren haben deshalb heute zwischen diesem Gitter und der Anode ein weiteres Gitter, das sehr weitmaschig gewickelt ist und am Potential Null liegt, also mit der Kathode (oder dem Chassis des Apparates) verbunden wird. Damit hat die Röhre, wie Abb. 12 zeigt, drei Gitter, mit Anode und Kathode also fünf Elektroden, und wird deshalb Pentode oder Fünfpolröhre genannt. Dieses dritte Gitter führt die

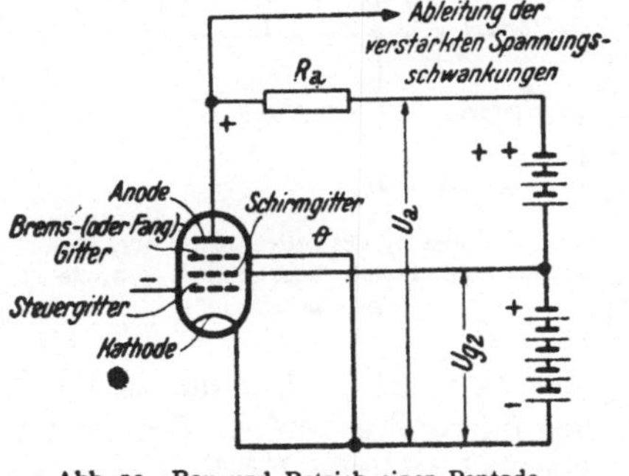

Abb. 12. Bau und Betrieb einer Pentode.

Bezeichnung Bremsgitter (oder Fanggitter). In seiner Fläche herrscht ein mittleres Effektivpotential, das gegenüber der Kathode positiv ist, da es nicht nur durch das Potential des Bremsgitters selbst, sondern auch durch die Potentiale der benachbarten Elektroden Anode und Schirmgitter mitbestimmt ist. Dieses Effektivpotential ist aber doch niedriger als das Effektivpotential des Schirmgitters. Elektronen, die durch den vollen Spannungsunterschied Kathode-Schirmgitter beschleunigt sind, können gegen dieses schwache Gegenfeld ohne weiteres anlaufen und demnach ungehindert durch das Bremsgitter hindurch fliegen. Gegenüber dem Anodenpotential ist aber das Effektivpotential des Bremsgitters negativ. Sekundärelektronen, die von der Anode austreten, haben nun eine verhältnismäßig geringe Anfangsenergie und können daher dieses Gegenfeld nicht überwinden. Sie müssen also vor dem Bremsgitter umkehren und kommen wieder zur Anode zurück, auch wenn, und dies ist das Wesentliche, die Schirmgitterspannung höher ist als die Anodenspannung. Die Kennlinie einer Pentode zeigt daher keine Unregelmäßigkeiten und verläuft glatt. Die Anodenspannung kann niedriger werden als die Schirmgitterspannung. Das bedeutet, daß Pentoden in einem sehr viel größeren Bereich für die Verstärkung verwendet werden können als einfache Schirmgitterröhren.

4. Der Gitterstrom.

Auch wenn die Spannung des Steuergitters so hoch negativ gewählt wird, daß Elektronen nicht mehr auf die Gitterdrähte gelangen, ist noch immer ein sehr kleiner Gitterstrom nachweisbar. Schaltet man, wie es Abb. 13 zeigt, bei einer Rundfunk-Empfängerröhre in die Zuleitung der Vorspannung zum Steuergitter ein hochempfindliches Spiegelgalvanometer, bei dem ein Ausschlag über einen Skalenteil etwa 10^{-10} A entspricht, so erhält man nämlich die in dem unteren Teil der Abb. 14 wiedergegebenen eigentümlichen Kurven der Abhängigkeit des Gitterstromes von der Gittervorspannung. Da diese Gitterströme bei der Verwendung der Elektronenröhre als physikalisches Meßgerät von ausschlaggebender Bedeutung sind, sie begrenzen nämlich vielfach die Meßempfindlichkeit, ist es notwendig, von dem Zustandekommen dieser Kurven sich Rechenschaft zu geben.

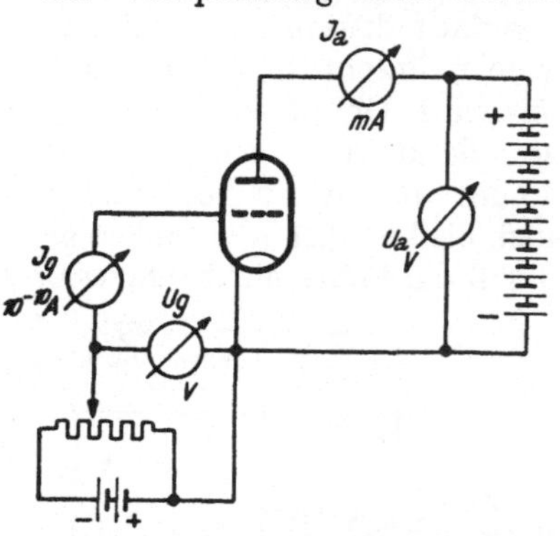

Abb. 13. Messung des Gitterstromes einer Verstärkerröhre mit einem hochempfindlichen Spiegelgalvanometer.

Abb. 14 zeigt die Gitterstromkennlinien einer Hochfrequenzpentode der Type AF 7. Der maximale Gitterstrom im negativen Gebiet beträgt bei ihr rund $2 \cdot 10^{-9}$ A. Dies ist auch ungefähr der durchschnittliche Wert, der bei anderen Hochfrequenzpentoden gefunden wird. Manche Röhre hat aber auch einen Gitterstrom von etwa 10^{-10} A, während bei Endröhren meist ein Gitterstrom fließt, der um eine Zehnerpotenz größer ist, also etwa 10^{-8} A beträgt. Wie aus der Abb. 14 zu ersehen ist, fließt bei einer negativen Gitterspannung bis etwa —1 Volt der Gitterstrom im gleichen Sinne wie der Anodenstrom. Es ist dies das Gebiet des positiven Gitterstromes. Bei höherer negativer Spannung kehrt sich seine Richtung um, es fließt ein negativer Gitterstrom. Dazwischen gibt es eine ganz gewisse Vorspannung, bei der der Gitterstrom Null ist, weil er gerade vom positiven in das negative Gebiet hinüberwechselt. Dieser Schnittpunkt der Gitterstromkennlinie mit der Abszissenachse stellt sich auch immer ein, wenn das Gitter freigelassen wird, denn von einem freien Gitter können ja nach außen Ströme nicht abfließen. Ein anfänglich fließender Gitterstrom ändert daher das Potential des Gitters so lange, bis ein stationärer Zustand erreicht ist, d. h. bis das Potential gerade den Wert hat, bei dem der Gitterstrom Null ist. Dieses Potential ist übrigens leicht aus der Kennlinie der Röhre abzulesen, wenn der Anodenstrom gemessen wird, der sich bei freiem Gitter einstellt.

Der positive Gitterstrom, der in Abb. 15a für sich allein herausgezeichnet ist, rührt von den Elektronen her, die auf die Gitterdrähte auftreffen, statt daß sie zur Anode fliegen. Das Gitter wirkt also wie eine Anode, und es gelten daher für diesen Teil des Gitterstromes alle Gesetzmäßigkeiten, die bei der Diode besprochen wurden. Der Gitterstrom setzt ein mit dem Anlaufstrom, er steigt daher exponentiell mit sinkender negativer Gittervorspannung an und folgt dem Gesetz:

$$I_{g+} = I_0 e^{\frac{U_g}{U_T}}. \qquad (\mathrm{1})$$

Es bedeutet darin:

I_0 den Strom bei Sättigung, also sehr hoher positiver Gitterspannung;

U_g die negative Gittervorspannung;

U_T die Temperaturspannung der Elektronen.

Maßgebend für den Einsatzpunkt ist dabei noch das Kontaktpotential zwischen Gitter und Kathode, das ihn oft beträchtlich verschiebt. Bei modernen Röhren liegt das Gitter außerordentlich nahe der Kathode.

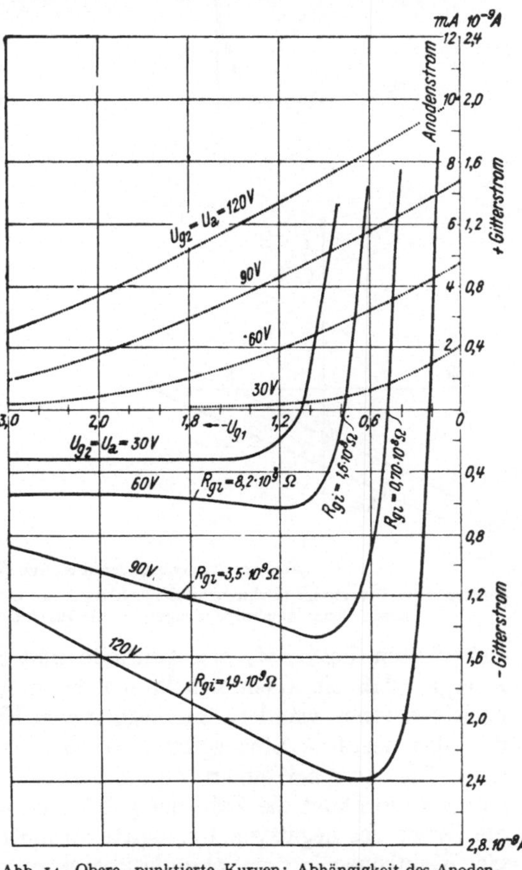

Abb. 14. Obere, punktierte Kurven: Abhängigkeit des Anodenstromes von der Steuergitterspannung bei einer AF 7 (eine Hochfrequenzpentode). Untere, ausgezogene Kurven: Abhängigkeit des Gitterstromes von der Steuergitterspannung (Gitterstromkennlinien).

Es beschlägt sich daher leicht mit Substanzen, die aus der Oxydkathode verdampfen, vor allem also mit Barium. Dies bewirkt, daß die Austrittsarbeit der Elektronen aus der Oberfläche der Gitterdrähte zeitlichen Verän-

derungen unterworfen ist. Demzufolge bleibt auch das Kontaktpotential und
der Einsatzpunkt des Gitterstromes bei ein und derselben Röhre nicht gleich.

Der negative Gitterstrom setzt sich aus mehreren Teilen zusammen.
Am bedeutendsten ist meist der Strom der positiven Ionen. Auch bei
bestem Vakuum enthält die Röhre doch noch eine sehr große Zahl von Gasmolekeln. Bei einem Druck von nur 10^{-6} Torr und bei 20° C sind es immer
noch 33 Milliarden im Kubikzentimeter. Die Elektronen erlangen nun im

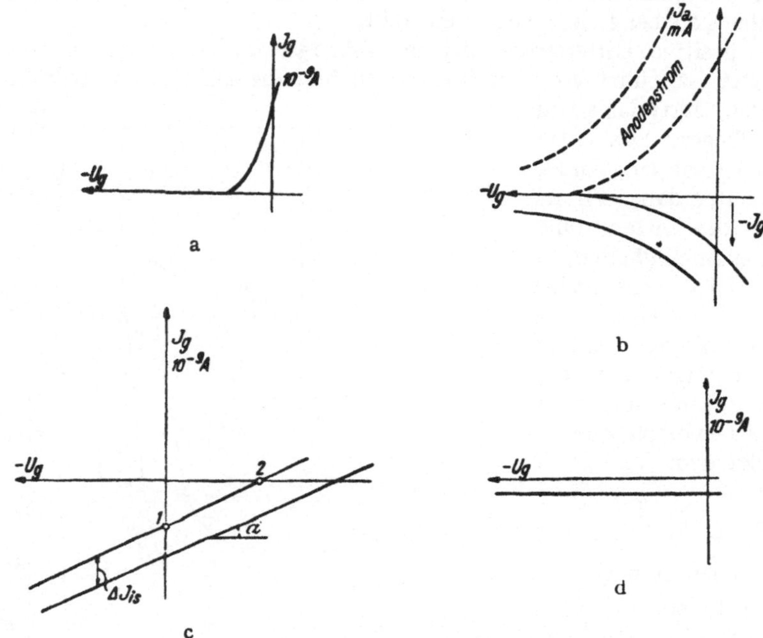

Abb. 15. Die verschiedenen Anteile des Gitterstromes.

a der positive Gitterstrom (Elektronenstrom), b der Ionen-Gitterstrom, c der Isolationsstrom bei zwei
verschiedenen Anodenspannungen, d der Reststrom (hauptsächlich Photoströme).

elektrischen Feld zwischen Kathode und Anode eine solche kinetische
Energie, daß sie Gasmolekeln bei einem Stoß ionisieren können. Die
positiven Ionen wandern zur negativsten Elektrode im Entladungsraum,
d. i. das negative Steuergitter. Ist die Anodenspannung so hoch, daß
jedes Elektron bei einem Zusammenstoß mit einer Gasmolekel auch
ionisiert, so hängt die Zahl der gebildeten positiven Ionen und demnach
die Größe des negativen Ionengitterstromes offenbar nur davon ab, wieviel Elektronen in der Sekunde übergehen, d. h. also von der Größe des
Anodenstromes, weiters, wie lang der Weg zwischen Kathode und Anode
ist, und drittens vom Gasdruck. Trifft im Mittel beispielsweise jedes
tausendste zur Anode fliegende Elektron ein Gasmolekel, so ist die
mittlere freie Weglänge in dem Gas tausendmal so groß wie die wirklich
durchlaufene Strecke. Bei einer Röhre mit einem Abstand von $^1/_2$ cm
zwischen Kathode und Anode wäre sie also 500 cm. Die mittlere freie

Weglänge ist nun umgekehrt proportional dem Gasdruck. Sie beträgt bei 760 Torr rund 10^{-5} cm. Mißt sie 500 cm, so herrscht ein Druck von $\frac{760}{500 \cdot 10^5} = 1{,}5 \cdot 10^{-5}$ Torr. Trifft, wie angenommen, jedes tausendste Elektron ein Gasmolekel und ionisiert es, so ist das Verhältnis zwischen dem negativen Ionengitterstrom und dem Anodenstrom ebenfalls $^1/_{1000}$. Dieses Verhältnis gibt demnach bei einer bestimmten Röhrentype die Güte des Vakuums an und heißt

$$\text{Vakuumfaktor} = V = -\frac{I_g-}{I_a}. \tag{2}$$

Aus den bisherigen Darlegungen folgt, daß der Verlauf des negativen Ionengitterstromes ein getreues, nur um den Vakuumfaktor im Maßstab verkleinertes Abbild der Anodenstrom-Kennlinie ist. Ist der Anodenstrom Null, so wird daher auch der negative Ionengitterstrom Null, wie es Abb. 15b zeigt. Hat man übrigens den Vakuumfaktor bei Schirmgitterröhren zu messen, so verbinde man das Schirmgitter mit der Anode. Die Röhre wirkt dann so wie eine Triode, bei der die Anode am Ort des Schirmgitters liegt. Bei Rundfunk-Empfängerröhren wird im Durchschnitt ein Vakuumfaktor von 2 bis $3 \cdot 10^{-6}$ gemessen, wenn die Röhre wenigstens einen Tag unter Betriebsbedingungen eingeschaltet war. Der negative Gitterstrom steigt während eines Tages auf ungefähr das Dreifache des Wertes, den er unmittelbar nach dem Einschalten der Röhre hat, um dann annähernd konstant zu bleiben. Wahrscheinlich werden von der Anode und dem Schirmgitter okkludierte Gasreste bei der Erwärmung durch das Elektronenbombardement langsam wieder abgegeben, das Vakuum wird verschlechtert und der Ionenstrom steigt. Wird die Röhre, wenn auch kurzzeitig, überlastet, so hat dies regelmäßig eine Vergrößerung des Gitterstromes zur Folge. Auch dies ist durch das „Ausheizen" der Elektroden zu verstehen, das durch die Überlastung zustandekommt.

Neben dem Ionenstrom tragen auch die Isolationsströme zum negativen Gitterstrom bei. Glas ist ja kein besonders hochwertiger Isolator, das Gitter ist daher nicht ideal gegenüber den anderen Elektroden isoliert. Zwischen Gitter, Kathode und Anode haben wir uns daher nach Abb. 16 sehr hochohmige Widerstände eingeschaltet zu denken. Die Ströme, die durch diese Widerstände R_{gk} und R_{ga} fließen, sind proportional den Spannungen, die zwischen ihren Enden liegen. Zwischen Gitter und Kathode liegt die Gittervorspannung, zwischen Gitter und Anode die Anodenspannung plus der Gittervorspannung. Der Isolationsstrom des Gitters ist daher

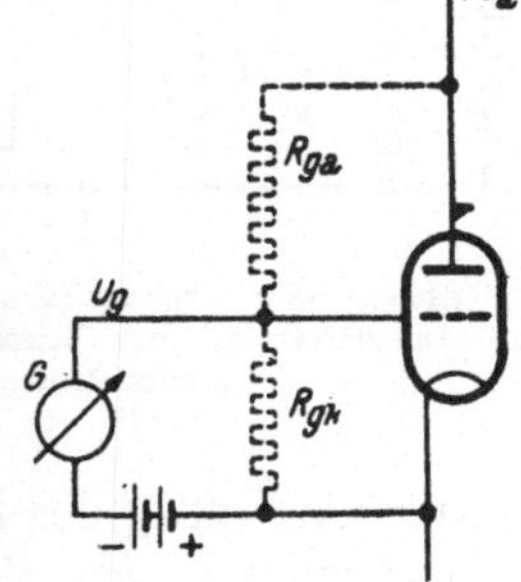

Abb. 16. Über die Isolationswiderstände des Gitters gegen Anode und Kathode R_{ga} und R_{gk} fließen Ströme, die als Gitterstrom im Galvanometer G gemessen werden.

$$I_{\text{is.}} = \frac{U_g}{R_{gk}} - \frac{U_a - U_g}{R_{ga}}. \tag{3}$$

U_g ist dabei mit seinem richtigen Vorzeichen, also meist negativ, einzusetzen.

Die graphische Darstellung der Abhängigkeit des Isolationsstromes von der Gittervorspannung mit der Anodenspannung als Parameter gibt Abb. 15c wieder. Für $U_g = 0$, also den Punkt 1, wird $I_{is.} = -\dfrac{U_a}{R_{ga}}$, also $R_{ga} = \dfrac{U_a}{-I_{is.}}$. Beim Punkt 2 ist $I_{is.} = 0$, daher gilt dafür:

$$\frac{U_g}{R_{gk}} = \frac{U_a - U_g}{R_{ga}}, \tag{4}$$

woraus bei bekanntem R_{ga} nunmehr R_{gk} bestimmt werden kann. Wie leicht nachzurechnen, ist der Neigungswinkel α gegeben durch die Gleichung:

$$\operatorname{tg} \alpha = \frac{R_{gk} + R_{ga}}{R_{gk} \cdot R_{ga}}, \tag{5}$$

und für den Unterschied im Isolationsstrom bei verschiedenen Anodenspannungen aber gleicher Steuergitterspannung gilt:

$$\Delta I_{is.} = \frac{\Delta U_a}{R_{ga}}. \tag{6}$$

Auch daraus können die Widerstände R_{gk} und R_{ga} errechnet werden. Die Messung der Isolationswiderstände auf diesem Wege ist aber nicht sehr genau. Es ist besser, die Formeln zu benutzen, um aus den bekannten Isolationswiderständen den Anteil des Isolationsstromes am Gitterstrom zu ermitteln. Ist übrigens noch ein weiteres Gitter vorhanden, z. B. wie bei vielen Elektrometerröhren ein Raumladegitter, so erweitert sich die Formel (3) für $I_{is.}$ noch um den Stromanteil, der über den Isolationswiderstand R_{gr} zwischen Steuergitter und Raumladegitter fließt, und sie lautet dann:

$$I_{is.} = \frac{U_g}{R_{gk}} - \frac{U_a - U_g}{R_{ga}} - \frac{U_r - U_g}{R_{gr}}. \tag{7}$$

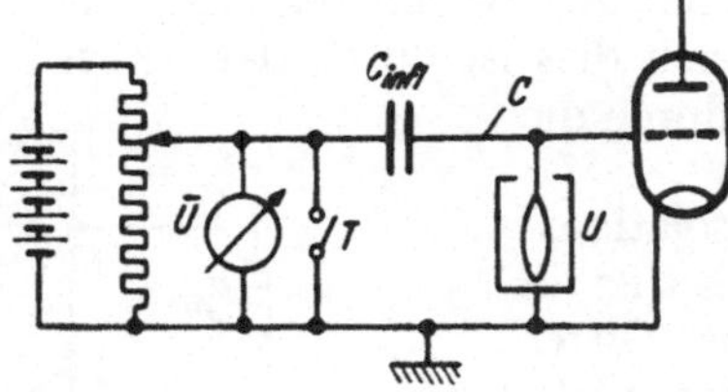

Abb. 17. Schaltung zur Messung des Isolationswiderstandes des Gitters bei nicht geheizter Röhre.

Zur Messung des Isolationswiderstandes des Gitters ist die Schaltung nach Abb. 17 zu empfehlen. Erforderlich dazu ist ein Zweifadenelektrometer und ein Kondensator $C_{infl.}$ bekannter Kapazität. Durch Schließen des Tasters T wird die Elektrizitätsmenge $\bar{U} \cdot C_{infl.}$ auf die mit dem Steuergitter verbundenen Teile influenziert. und bewirkt dort eine Spannungsänderung $U_0 = \dfrac{\bar{U} \cdot C_{infl.}}{C}$. An dem Ausschlag des Zweifadenelektrometers wird U_0 gemessen, so daß die Kapazität C des Steuergitters und der angeschlossenen Teile damit berechnet werden kann. Mit dem Elektrometer wird nun das Abfließen der Ladung beobachtet. Wie auf S. 105 näher ausgeführt ist, erfolgt dies nach dem Gesetz

$$U = U_0 \, e^{-\frac{t}{RC}}, \tag{8}$$

woraus sich für R ergibt:

$$R = \frac{t}{C} \cdot \frac{\log e}{\log \dfrac{U_0}{U}}. \tag{9}$$

Der Isolationswiderstand des Kondensators $C_{\text{infl.}}$ muß außerordentlich hoch, größer jedenfalls als 10^{15} Ohm sein. Er wird gemessen, indem das Absinken der Spannung bei abgeschalteter Röhre verfolgt wird. Damit vor allem die Kapazität der aufgeladenen Teile unverändert bleibt, müssen Kondensator und Röhre in einem geerdeten Metallkasten untergebracht und auch die Zuleitung zum Fadenelektrometer muß abgeschirmt sein. Die Röhre ist vor Tageslicht zu schützen, um die Ablösung von Photoelektronen zu verhindern.

Der Isolationswiderstand einer geheizten, also warmen Röhre ist meist niedriger als der einer kalten Röhre. Es ist natürlich möglich, mit der Schaltung nach Abb. 17 auch eine heiße Röhre zu messen. Es ist dazu nur erforderlich, die Röhre unter den Betriebsbedingungen längere Zeit eingeschaltet zu lassen und unmittelbar nach dem Abschalten der Spannungen den Isolationswiderstand zu messen.

Werden die bisher besprochenen Anteile des Gitterstromes von den experimentell aufgenommenen Kurven abgezogen, so verbleibt immer noch ein gewisser kleiner Rest, der unabhängig von der Gittervorspannung und der Anodenspannung ist. Dieser Reststrom (Abb. 15d) steigt mit wachsender Heizleistung der Kathode an, ist also von deren Temperatur abhängig. Er setzt sich zusammen aus verschiedenen Anteilen. Es sind dies einmal Photoelektronen aus dem Gitter. Der glühende Heizfaden sendet Licht aus, das vom Gitter Photoelektronen ablöst. Wirksam ist hauptsächlich das kurzwellige Spektralende der Strahlung der glühenden Kathode. Je stärker die Kathode geheizt wird, um so mehr kurzwelliges Licht steht zur Verfügung. Daneben ist noch die Oberfläche des Gitterdrahtes wichtig für die Zahl der lichtelektrisch abgelösten Elektronen. Bei Röhren mit Oxydkathoden verdampft immer etwas Barium aus der Kathode. Der Bariumdampf schlägt sich auf den anderen Elektroden nieder, vor allem auch auf dem Steuergitter, das in nächster Nähe der Kathode liegt, und überzieht es so mit einer Schicht, die bei Belichtung einen besonders großen lichtelektrischen Effekt gibt. Elektronen werden aber noch aus anderen Ursachen vom Gitter emittiert. Die Elektronen, aus denen der Anodenstrom besteht, erzeugen beim Auftreffen auf die Anode eine weiche Röntgenstrahlung, die aus dem Gitter Sekundärelektronen ablöst. Von größerer Bedeutung kann unter Umständen auch noch die sogenannte thermische Gitteremission werden. Durch den Überzug mit Barium wird das Gitter selbst mit einer aktiven Schicht bedeckt, die bei Erwärmung besonders leicht Glühelektronen aussendet. Die glühende Kathode heizt durch Strahlung das Gitter, das bei größerer Kathodentemperatur, also stärkerer Heizung, eine Temperatur erreichen kann, bei der die emittierten Glühelektronen einen merklichen Beitrag zum negativen Gitterstrom geben. Am Reststrom sind weiters auch noch positive Ionen beteiligt. Diese stammen einesteils aus der Kathode selbst, Wolframfäden z. B. emittieren Na- und K-Ionen,[1] zum anderen sind es auch Thermionen. Diese entstehen beim Auftreffen elektrisch neutraler

---

[1] L. P. Smith: Physic. Rev. 35, 381 (1930).

Gasmolekel, die auch im besten Vakuum zahlreich vorhanden sind, auf die heiße Kathode, wobei sie dissoziiert und ionisiert werden. Auch für die Zahl dieser Thermionen sowie für die positive Emission der Kathode ist deren Temperatur bestimmend.

Der tatsächlich gemessene Gitterstrom ist die Summe der einzelnen besprochenen Teilströme. Der Einsatzpunkt des Elektronenstromes (Abb. 15a) ist fast unabhängig von der Anodenspannung. Ionenstrom und Isolationsstrom (Abb. 15b und 15c) nehmen dagegen mit steigender Anodenspannung zu. Es ist daher klar, daß der so wichtige Schnittpunkt der Gitterstromkennlinie mit der Abszissenachse, der die sich einstellende Vorspannung bei freiem Gitter anzeigt, mit wachsender Anodenspannung, bei Pentoden hauptsächlich mit wachsender Schirmgitterspannung, nach rechts in das Gebiet geringerer negativer Gitterspannung rückt (Abb. 14). Wird eine Röhre nicht genau mit den vorgeschriebenen Daten verwendet, insbesondere also mit kleinen Schirmgitter- und Anodenspannungen betrieben, so sollte nie verabsäumt werden, den Anodenstrom bei freiem Gitter zu messen, um sich Klarheit zu verschaffen, ob man rechts oder links dieses Schnittpunktes arbeitet. Bei der AF 7, deren Kennlinien in Abb. 14 dargestellt sind, kann beispielsweise eine Schirmgitterspannung von 30 Volt nicht verwendet werden, denn im praktisch genügend steilen Teil dieser Kennlinie fließt bereits ein sehr beträchtlicher positiver Gitterstrom.

5. Elektrometerröhren.

Die üblichen Rundfunk-Empfängerröhren haben, wie schon erwähnt, einen negativen Gitterstrom in der Größenordnung von etwa 10^{-9} bis 10^{-8} A. Für manche Verwendungszwecke, die noch ausführlich besprochen werden, kommt es aber darauf an, einen möglichst geringen Gitterstrom zu haben. Gegenüber dieser Forderung treten alle sonstigen an eine Elektronenröhre gestellten Ansprüche, wie große Steilheit oder großer Verstärkungsfaktor, zurück. Spezialröhren, die einen äußerst geringen Gitterstrom aufweisen, führen den Namen Elektrometerröhren; allerdings nicht ganz mit Recht, denn die Aufgaben, die mit diesen Spezialröhren und anderseits mit Elektrometern gelöst werden können, die auf den ponderomotorischen Wirkungen der elektrischen Kräfte beruhen, unterscheiden sich doch einigermaßen.

Die Bedingungen, mit denen die geringsten Gitterströme erreicht werden können, haben als erste K. W. HAUSSER, R. JÄGER und W. VAHLE[1] aufgezeigt. Sie erreichten einen Gitterstrom von rund 10^{-11} A. Die Entwicklung wurde sodann von den Firmen AEG und Osram aufgenommen und weiter getrieben.[2] Sie stellen mit einigen konstruktiven Abänderungen die in Abb. 18 dargestellte ursprüngliche Röhre unter der Bezeichnung AEG-Osram T 115a her, erzeugen daneben aber noch die Röhren T 113 mit einem Gitterstrom von einigen 10^{-13} A und T 114 mit einem

---

[1] K. W. HAUSSER, R. JÄGER, W. VAHLE: Wiss. Veröff. Siemens-Konz. 2, 325 (1922).
[2] H. DAENE und W. HÜBMANN: AEG-Mitt. H. 10 (1937).

Strom von 10^{-14} A. Diese Röhren sind in den Abb. 19 und 20 dargestellt. In Nordamerika hat sich besonders die Firma General Electric Comp. in Schenectady, New York, mit der Entwicklung einer Elektrometerröhre befaßt und die Röhre „FP-54 Pliotron" auf den Markt gebracht.[1] Mit dieser Röhre sind zur Zeit die geringsten Gitterströme zu erreichen, man kommt mit ihr bis auf einige 10^{-15} A. Die Firma Philips erzeugt eine Elektrometertriode Type 4060, deren aus Abb. 21 ersichtliche Konstruktion bemerkenswert ist. Das „Gitter" besteht bei ihr aus einer

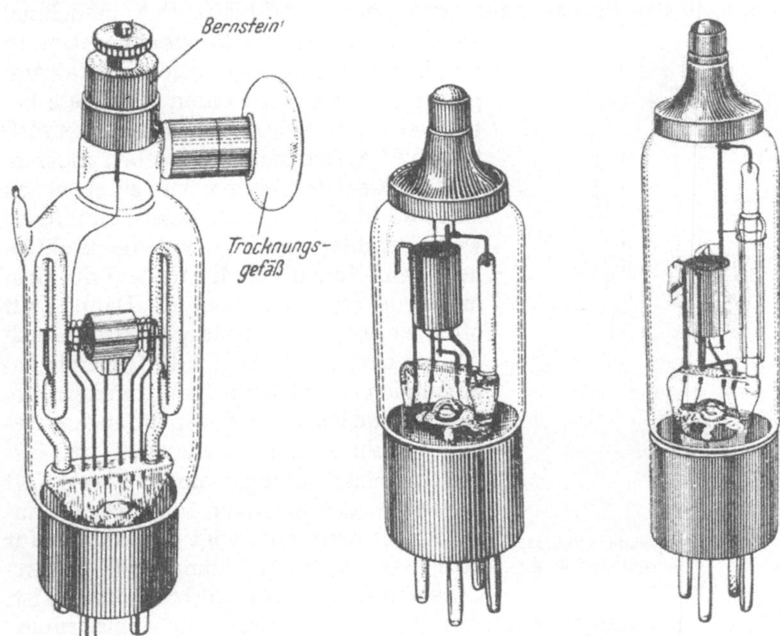

Abb. 18. Die erste Elektrometerröhre. K. W. HAUSSER, R. JÄGER und W. VAHLE 1922; Gitterstrom 10^{-11} A.

Abb. 19. Die Elektrometerröhre AEG-Osram T 113; Gitterstrom 10^{-13} A.

Abb. 20. Die Elektrometerröhre AEG-Osram T 114; Gitterstrom bis 10^{-14} A. Die Röhre hat allerdings kleinere Steilheit und größeren Durchgriff als die Type T 113.

Platte von gleichem Ausmaß wie die Anode und ist dieser gegenübergestellt. Zwischen den beiden Platten ist der Heizfaden gespannt. Als eine der wenigen Elektrometerröhren hat diese „Zweiplattenröhre" nur drei Elektroden. Die meisten haben nämlich noch ein sogenanntes Raumladegitter außer dem Steuergitter nötig. Elektrometerröhren erzeugt weiters das Laboratorium Strauß in Wien. Diese Röhre wird im „Mekapion" der gleichen Firma (besprochen auf S. 97) eingebaut und fällt durch ihre besonders kleinen Abmessungen auf. Ferner bringen noch Elektrometerröhren auf den Markt die Firmen Löwe Radio A. G. in Berlin unter der Bezeichnung Indikatorröhre Type LE 1 und LE 2; Western Electric Co., Typenbezeichnung D 96 475; Vatea in Budapest; Research-Laboratory El. Co., Tokyo unter dem Na-

[1] F. METCALF und J. THOMPSON: Physic. Rev. 36, 1489 (1930). Siehe hierzu auch DU BRIDGE: Physic. Rev. 37, 392 (1931).

men Mazda UX 54 sowie die Firma Westinghouse, Typenbezeichnung RH-507.[1] Die zuletzt genannte Elektrometerröhre ist eine Triode (Eingitterröhre), bei der das Gitter als Anode geschaltet wird. Die äußere Elektrode, die üblicherweise als Anode dient, bekommt eine negative Vorspannung und wird zum Steuern des Stromes benutzt.[2] Die Schaltung setzt einen sehr großen Durchgriff der Röhre voraus, außerdem gibt sie keine Verstärkung. Dafür setzt der Strom schon bei sehr niedriger positiver Spannung des Gitters ein. Die Gitterströme für alle diese Röhren betragen nach den Propagandaschriften etwa 10^{-13} bis 10^{-14} A, manchmal werden noch geringere Werte angegeben. In der Praxis wird man nach eigenen Erfahrungen bei den meisten Röhren mit einem betriebssicher erreichten Gitterstrom von 10^{-12} bis 10^{-13} A sich zufrieden geben müssen.

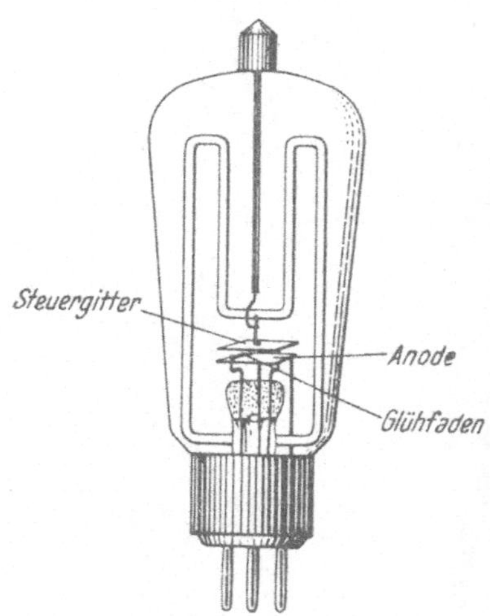

Abb. 21. Die Philips Elektrometertriode Type 4060, die als Zweiplattenröhre gebaut ist.

Um kleinste Gitterströme zu erreichen ist es wichtig, mit der Anodenspannung so weit herunterzugehen, daß die Elektronen keine Ionen durch Stoß auf die Gasmolekeln erzeugen können. Dann fällt offenbar der positive Ionengitterstrom nach Abb. 15 b fort. Abb. 22 gibt die Gitterstromkennlinien einer Philips Elektrometerröhre bei verschiedenen Anodenspannungen wieder. Aus ihr ist klar zu erkennen, daß erst bei Anodenspannungen unter 6 bis 7 Volt der Strom der positiven Ionen verschwindet. Noch deutlicher zeigt dies Abb. 23 für die FP-54, die der Mitteilung von G. F. METCALF und B. J. THOMPSON[3] entnommen ist.

Diese kleine Spannung liegt aber schon weit unter der Ionisierungsspannung von Luft, die man als Restgas der Röhren ansehen muß. Dieser experimentelle Befund ist wohi so zu verstehen, daß bei niederen Spannungen, die nicht zur Ionisation des Restgases durch Elektronenstoß ausreichen, die Molekeln des Gases zum Leuchten angeregt werden. Diese Lichtemission verursacht dann auf dem Steuergitter einen licht-

---

[1] R. H. CHERRY; Trans. Am. El. Soc. **72**, 173 (1937). L. SUTHERLIN und R. H. CHERRY: Electrochem. Soc. New York, Oktober 1940.

[2] Werden Rundfunk-Empfängerröhren in dieser Weise geschaltet, so können damit negative Spannungen von etwa 10 Volt bis 10.000 Volt ohne Stromverbrauch gemessen werden. Allerdings kommt es leicht zu Pendelungen der Elektronen um das Gitter, wodurch die sehr hochfrequenten Barkhausen-Kurz-Schwingungen erregt werden. „Umgekehrte" Röhrenvoltmeter haben beschrieben: L. WEISGLASS: Elektrot., ZS. **48**, 107 (1927). — E. HUGUENARD: Onde électr. **17**, 100 (1938). — O. H. SCHMITT: J. sci. Instrum. **15**, 136 (1938). — K. MELZER: Radio Amateur **19**, 266 (Folge 10, 1942).

[3] F. METCALF und J. THOMPSON: Physic. Rev. **36**, 1489 (1930). Siehe hierzu auch DU BRIDGE: Physic. Rev. **37**, 392 (1931).

elektrischen Effekt. Das lichtelektrische Ablösen von Elektronen gibt aber einen Gitterstrom im gleichen Sinne wie das Zuwandern positiver Ionen. Um den Einfluß des Restgases auf den Gitterstrom völlig auszuschalten, muß die Anodenspannung niedriger als die sogenannte „Anregungsspannung" des Restgases gehalten werden. Die kleinsten Gitterströme erreicht man demnach auch mit Anodenspannungen von etwa 4 Volt. Auf diese lichtelektrische Auslösung ist es auch zurückzuführen, daß die Philips-Elektrometerröhre auf eine Erhöhung der Anodenspannung besonders empfindlich ist, wie Abb. 22 zeigt, denn diese Röhre hat als „Gitter" eine Platte mit ziemlich großer Oberfläche. Bei den Röhren AEG-Osram T 113 und T 114, von denen Gitterstromkennlinien in den

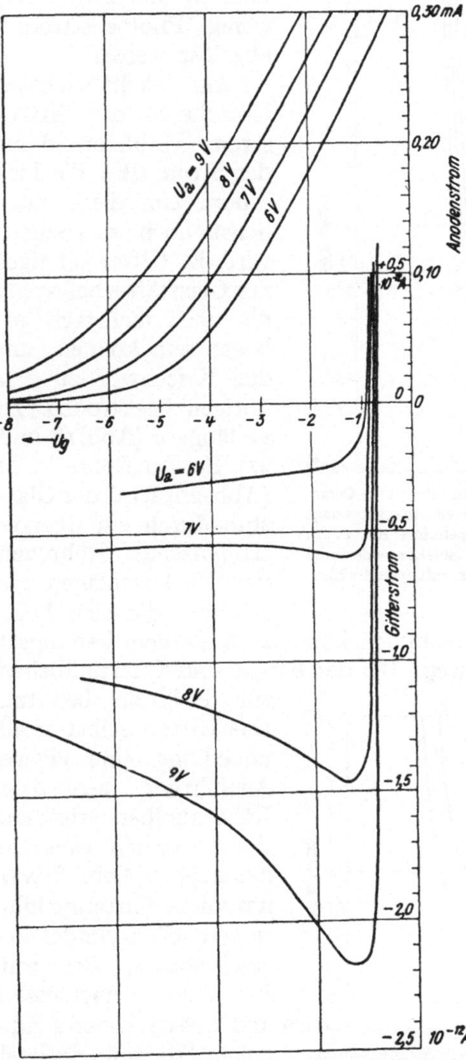

Abb. 22. Kennlinien einer Philips Elektrometertriode Type 4060. Obere Kurven: Der Anodenstrom. Untere Kurven: Der Gitterstrom.

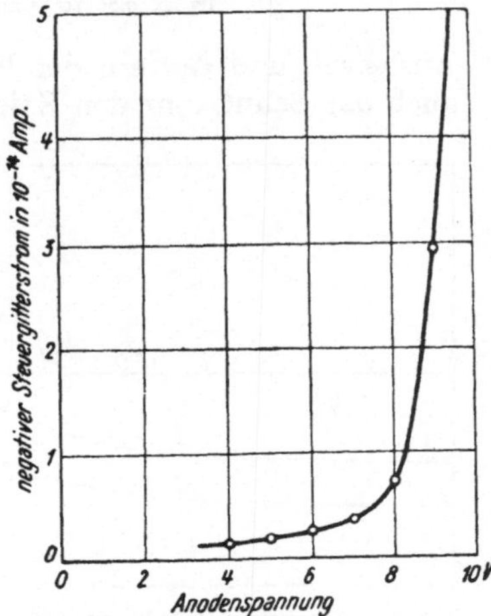

Abb. 23. Abhängigkeit des Gitterstromes von der Anodenspannung bei der Elektrometerröhre FP-54 Pliotron der Firma General Electric Comp. in USA. (nach F. METCALF und J. THOMPSON).

Abb. 24 und 25 wiedergegeben sind, kann die Anoden- und Raumladegitterspannung auf 12 bis 13 Volt gesteigert werden, ohne daß der Einfluß des Gasinhaltes in Erscheinung tritt. Lediglich der Isolationsstrom nimmt infolge der höheren Spannungen zu. Diese Röhren haben eine weitmaschige Wendel als Steuergitter, die eine geringe Oberfläche hat und an der somit auch wenig Photoelektronen abgelöst werden.

Als nächstwichtige Ursache für den Gitterstrom verbleibt dann der Strom über die Isolation. Um diese möglichst hoch zu treiben, wird das Gitter auf eigenen Glasstäben befestigt, die noch mehrfach gebogen sein können, um den Kriechweg zu den übrigen Elektroden zu verlängern (Abb. 18 und 21). Bei der Röhre T 114 (Abb. 20) wird der Glasstab durch ein übergeschmolzenes Röhrchen vor Niederschlägen geschützt, die sich beim Ausheizen und Gettern der Röhre bilden können. Außerdem verlängert auch das Schutzrohr den Kriechweg. Bei der FP-54 sind Quarzstäbchen zur Isolation benutzt. Das Gitter selbst muß unbedingt eine eigene Ausführung aus dem Röhrenkolben erhalten. Bei der ersten Elektrometerröhre (Abb. 18) war um diese Gitterausführung ein Glaszylinder angeschmolzen, der mit Bernstein verschlossen und dessen Inneres mit einem Trocknungsmittel (Na, $CaCl_2$ oder P_2O_5) getrocknet wurde. Damit sollte die Oberflächenleitfähigkeit des Glases her-

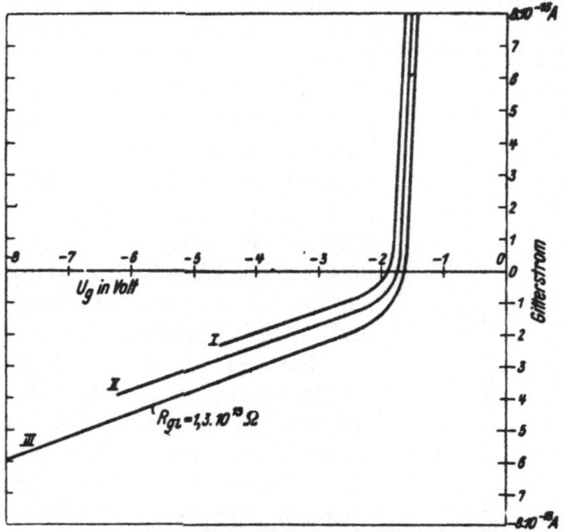

Abb. 24. Gitterstromkennlinien der Elektrometerröhre AEG-Osram T 113. Kurve *I*: 7,4 Volt Anoden- und Raumladegitterspannung; Kurve *II*: 10,4 Volt Anoden- und Raumladegitterspannung; Kurve *III*: 13,4 Volt Anoden- und Raumladegitterspannung. Isolationswiderstand des Steuergitters gegen die übrigen, miteinander verbundenen Elektroden 0,86.10¹⁴ Ohm.

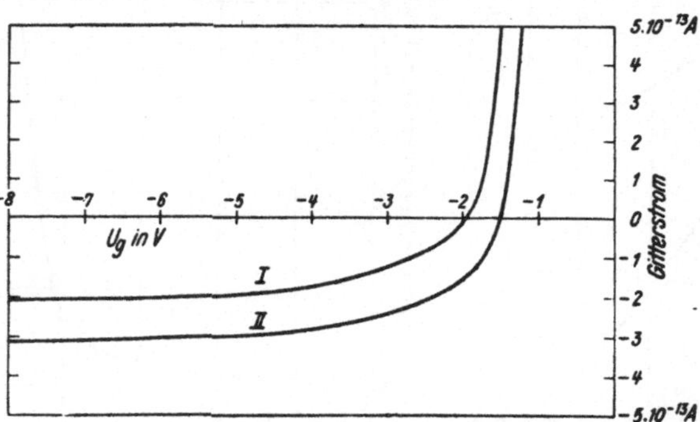

Abb. 25. Gitterstromkennlinien der Elektrometerröhre AEG-Osram T 114. Kurve *I*: 6,0 Volt Anodenspannung, 4,0 Volt Raumladegitterspannung; Kurve *II*: 13,0 Volt Anodenspannung, 13,0 Volt Raumladegitterspannung. Heizstrom 0,088 A, Heizspannung 1,54 Volt. Isolationswiderstand des Steuergitters gegen die übrigen, miteinander verbundenen Elektroden 1,6.10¹⁴ Ohm.

abgesetzt werden. Trotzdem war der Gitterstrom bei dieser Röhre noch zum erheblichen Teil durch die Leitfähigkeit des Glases bedingt. Für die heutigen Elektrometerröhren werden Sondergläser mit besonders geringer Leit-

fähigkeit verwendet. Damit wird eine Bernsteinisolation überflüssig. Es
ist aber unerläßlich, vor Gebrauch der Röhren den Kolben zunächst gut
mit Alkohol zu waschen um Fettspuren zu entfernen, mit destilliertem
Wasser nachzuwaschen und dann den Kolben gut trockenzureiben.
Hernach muß die Röhre noch einen Tag stehen oder in einem Trocken-
schrank getrocknet werden, damit die letzten Spuren von Feuchtigkeit an
der Glasoberfläche verschwinden können. Die Röhre selbst ist dann für
den Gebrauch am besten in ein Gehäuse einzubauen, dessen Luft
durch Trocknungsmittel (am bequemsten ist eine Silikagelpatrone) die
Feuchtigkeit entzogen wird. Der Isolationswiderstand des Gitters, gemessen bei heißer Röhre, wird durch diese Vorsichtsmaßregeln auf einige
10^{14} Ohm gebracht. Der Isolationsstrom wird klein, wenn die Anodenspannung niedrig ist. Auch aus diesem Grunde sind kleinste Anodenspannungen wichtig. Schutzringkonstruktionen zur Ausschaltung des
Isolationsstromes sind bei Elektrometerröhren noch nicht versucht
worden, wohl wegen der konstruktiven Schwierigkeiten.

. Der Gitterreststrom schließlich wird durch Herabsetzen der Kathodentemperatur und sorgfältige Wahl und Behandlung der Heizfäden
verringert. Um bei niedriger Temperatur des Heizfadens noch eine ge-
nügende·Emission zu erhalten, werden im allgemeinen thorierte Wolframfäden verwandt. Nur bei Röhren, wie die T 115a, von denen eine un-
gewöhnlich große Konstanz des Emissionsstromes über längere Zeit hindurch gefordert wird, werden reine Wolframfäden eingezogen. Der Gitter-

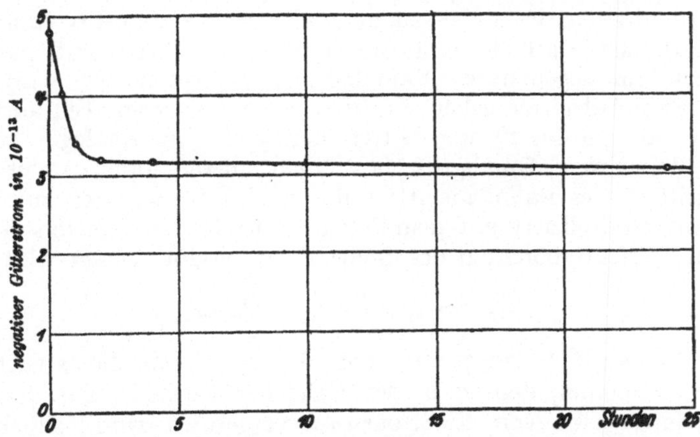

Abb. 26. Abhängigkeit des negativen Gitterstromes einer Elektrometerröhre (AEG-Osram T 113) von der
Einschaltdauer.

strom ist dann allerdings höher. Beim Unterheizen der Röhren, also dem
Betrieb mit kleineren Heizspannungen und·Heizströmen als vorgeschrieben, erhält man eine Verringerung der Gitterströme, aber es sinkt dadurch mitunter die Lebensdauer der Röhre. Der Gitterstrom selbst nimmt
übrigens bei Elektrometerröhren in den ersten Stunden nach dem Einschalten zunächst rasch, späterhin langsam ständig ab, vorausgesetzt,

daß Anoden- und Raumladegitterspannungen angelegt waren. Abb. 26 zeigt für eine T 113 diese Abnahme. Rundfunk-Empfängerröhren zeigen, wie erwähnt, das umgekehrte Verhalten. Es erklärte sich aus der langsamen Verschlechterung des Vakuums, da die Anode bei der Erwärmung Gas abgibt. Bei Elektrometerröhren ist die Anodenbelastung so gering, daß die Gasbeladung des Anodenbleches im Betrieb praktisch unverändert bleibt. Die Änderung des Isolationswiderstandes bei der Erwärmung, Gasabgabe des Heizfadens u. a. wird nunmehr beobachtbar.

Bei den niedrigen Anodenspannungen, den kurzen Heizfäden und der so schwach wie zulässig eingestellten Heizung ist naturgemäß die Steilheit der Elektrometerröhren durchwegs äußerst gering. Sie beträgt z. B. bei der Philips Elektrometertriode Type 4060 0,028 mA/V bei der AEG-Osram T 113 0,18 mA/V und bei der T 114 0,055 mA/V. Der Anodenstrom hat die Größe von 0,1 bis 0,5 mA.

Bei einer Anodenspannung in der Größe von 4 bis 10 Volt kann nur dann ein Anodenstrom fließen, wenn der Durchgriff außerordentlich hoch ist. Durchgriffe von 40 bis 100% sind üblich. Elektrometerröhren geben daher so gut wie keine Spannungsverstärkung, zumal sie alle kein Schirmgitter aufweisen. Bei manchen Typen ist sogar der Faktor der Spannungsverstärkung kleiner als 1, so daß die Röhre als „Abschwächer" wirkt.

Auch bei diesen großen Durchgriffen ist es meist nur, dann möglich, ein genügend positives Effektivpotential in der gedachten Fläche des Steuergitters zu erhalten, die Steuerspannung also genügend positiv zu machen, wenn zwischen Kathode und Steuergitter ein Gitter mit positivem Potential, ein sogenanntes Raumladegitter, eingeschoben wird. Von diesem Raumladegitter gehen Kraftlinien aus, die zum Teil auch zum Effektivpotential des zweiten Gitters beitragen. In Analogie zu dem früher definierten Durchgriff faßt man diesen Anteil unter einem Durchgriff D_r des Raumladegitters durch das Steuergitter zusammen, der somit multipliziert mit dem Potential des Raumladegitters den Beitrag zum Effektivpotential des Steuergitters ergibt. Dieses wird somit

$$U_{st} = U_{g_2} + D_r\, U_{g_1} + D_a\, U_a.$$

Der Name „Raumladegitter" rührt davon her, daß dieses Gitter das negative Minimumpotential in der Nähe der Kathode, das durch die Raumladungswolke von Elektronen hervorgerufen wird, anhebt und nach außen verschiebt, denn es saugt Elektronen aus der Raumladungswolke weg. Dadurch erhöht es aber den Emissionsstrom.

Die Theorie des Raumladegitters schließt sich enge an die Theorie des Schirmgitters an. Wie eine Veränderung des Potentials des Schirmgitters, hat auch eine Änderung des Potentials des Raumladegitters eine Verschiebung der Kennlinie im Steuergitterspannung-Anodenstrom-Feld zur Folge. Das Raumladegitter fängt Elektronen aus der Entladungsbahn ein, da es an positiver Spannung liegt. Diese Elektronen fehlen im Anodenstrom. Das Steuergitter wirkt nun in der Weise steuernd auf den Anodenstrom ein, daß es auch die Verteilung des Emissionsstromes zwischen Anoden- und Raumladegitterstrom ändert, statt daß es lediglich die Verteilung zwischen den Elektronen, die von der Kathode zwar ausgesandt, aber wieder zu ihr zurückkehren müssen, und denen, die zur Anode gehen, beeinflußt. Mit einem Raumladegitter wird also die Steilheit der Kennlinie etwas erhöht.

Es ist übrigens interessant zu bemerken, daß der Raumladegitterstrom bei genügender Erhöhung seiner positiven Spannung abnimmt, wenn man in der Nähe des Sättigungsstromes arbeitet, also die effektive Steuerspannung nicht zu niedrig ist. Bleibt nämlich die Summe von Anoden- und Raumladegitterstrom fast gleich, und das ist in der Nähe des Sättigungsgebietes der Fall, so bedeutet eine Erhöhung der Raumladegitterspannung zugleich auch eine Erhöhung der effektiven Steuerspannung gemäß der vorstehenden Formel. Bei Vergrößerung der effektiven Steuerspannung fliegen aber mehr Elektronen als früher zur Anode und weniger kehren zum Raumladegitter zurück. Solche fallende Kennlinien zeigt z. B. die Kurvenschar der Abb. 36 (S. 42).

Das Raumladegitter hat bei Elektrometerröhren nicht allein den Zweck, bei kleinen Anodenspannungen und großen negativen Spannungen des Steuergitters einen genügenden Anodenstrom zu erhalten, sondern es dient auch zur Verringerung des negativen Gitterstromes. Alle positiven Ionen, die im Raume zwischen Kathode und Raumladegitter entstehen, also alle, die aus dem Heizdraht austreten und die durch Berührung mit dem glühenden Draht gebildet werden, müßten nämlich zunächst gegen das elektrische Feld des Raumladegitters anlaufen, und erst wenn sie durch dessen Maschen durchgetreten sind, können sie auf das negative Steuergitter zufliegen und den Gitterstrom vergrößern. Die positiven Ionen haben aber praktisch so gut wie keine Anfangsgeschwindigkeit, werden also von dem Raumladegitter zurückgetrieben, worauf sie in der Nähe der Kathode von den Glühelektronen neutralisiert werden und damit verschwinden. Vom Steuergitter werden sie ferngehalten. Das Raumladegitter wirkt also so auf diese Ionen wie das Bremsgitter einer Pentode auf die Sekundärelektronen aus der Anode.

6. Die Messung kleiner Gitterströme.

Die Messung des Gitterstromes von Elektrometerröhren ist nicht gerade einfach. In den Gitterkreis ein hochempfindliches Galvanometer einzuschalten ist nicht möglich, denn schon auf Ströme von 10^{-11} A spricht kein direkt zeigendes Galvanometer mehr an. Diese Methode genügt also nur zur Messung des Gitterstromes von Rundfunkröhren. Elektrometerröhren können dagegen gemessen werden, wenn die Röhre selbst als Meßinstrument benutzt wird. Es können alle Schaltungen dafür herangezogen werden, in denen die Elektronenröhre als Galvanometer dient, und die im Abschnitt III, S. 79, noch ausführlich besprochen werden, nur wird kein äußerer Strom über den Gitterkreis geführt.

Die älteste, auch heute noch oft benützte Methode ist, einen hochohmigen

Widerstand R_{ga} zwischen Gitter und Gittervorspannungsbatterie zu legen, wie es Abb. 27 zeigt.[1] Der Gitterstrom, der über diesen Widerstand fließt, erzeugt an ihm einen Spannungsabfall, um den das Gitter selbst ein anderes Potential hat, als das Voltmeter V anzeigt. Bei diesem Gitterpotential fließt ein bestimmter Anodenstrom, der abgelesen wird. Nunmehr wird mit dem Schalter S der Widerstand R_{ga} kurzgeschlossen. Die Gittervorspannung muß nun gerade um den Betrag geändert werden, den früher der Spannungsabfall an R_{ga} ausmachte, damit wiederum derselbe Anodenstrom wie früher fließt, das Gitter also wiederum das ursprüngliche Potential hat. Diese Spannungsänderung gibt, dividiert durch den Wert des Widerstandes R_{ga}, die Größe des Gitterstromes an.

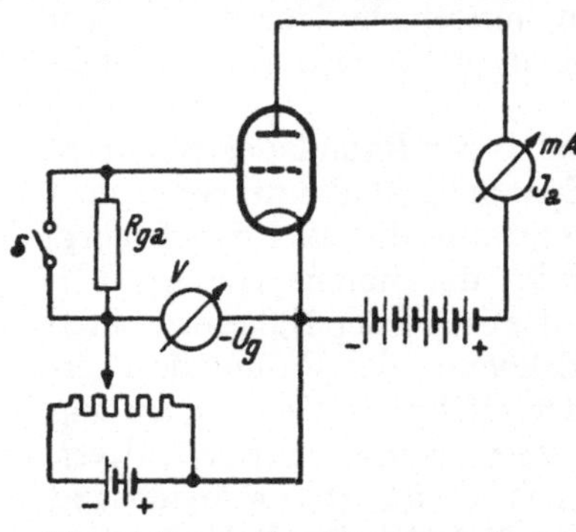

Abb. 27. Messung des Gitterstromes durch den Spannungsabfall an einem Hochohmwiderstand (Prinzipschaltung).

Bei der praktischen Ausführung dieser Schaltung nach Abb. 28 ist ein eigenes Millivoltmeter zum Ablesen der zusätzlichen Gittervorspannung vorgesehen. Der Widerstand R_{ga} liegt an der festen Vorspannung $-U_g$. Die zusätzliche Vorspannung wird bei

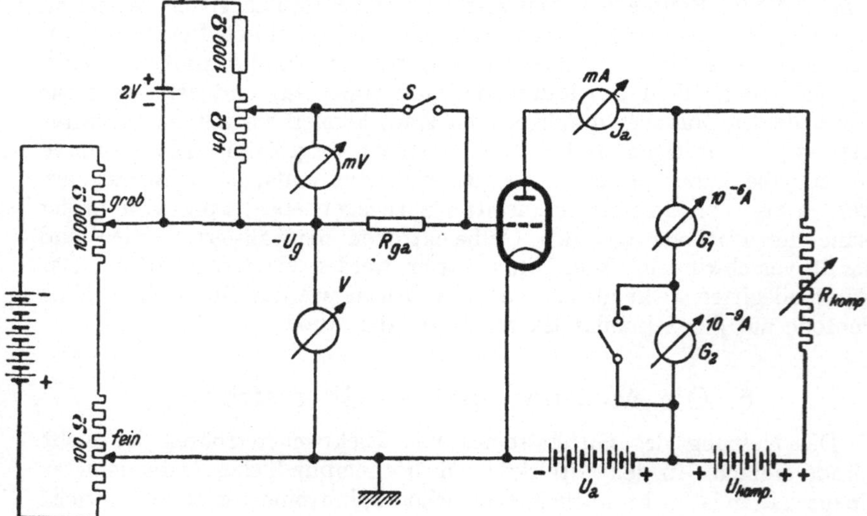

Abb. 28. Praktische Durchführung der Schaltung nach Abb. 27.

geschlossenem Schalter S unmittelbar zum Gitter geführt. Der Widerstand R_{ga} ist dabei praktisch kurz geschlossen. Ändert sich bei Betätigung des Schalters der Anodenstrom nicht, so hat die zusätzliche Vor-

[1] M. v. ARDENNE: Z. Hochfrequenztechn. **29**, 88 (1927). — E. RASMUSSEN: Ann. Physik (5), **2**, 357 (1929). — Fr. MÜLLER: Korrosion u. Metallschutz **14**, 193 (1938).

spannung die Größe des Spannungsabfalles des Gitterstromes am Widerstand R_{ga}. Die genaue Herstellung des früheren Anodenstromes wird durch empfindliche Nullinstrumente G_1 und G_2 überwacht. Der Anodenstrom selbst wird in diesen Instrumenten durch einen gleich großen, konstanten Gegenstrom aufgehoben. Diese Kompensation wird noch genauer besprochen werden (S. 49). Für die meisten Gitterstrommessungen genügt ein Zeigerinstrument mit einer Empfindlichkeit von etwa 10^{-6} A pro Skalenteil als Nullinstrument. Bei Elektrometerröhren ist aber ein Spiegelinstrument mit etwa 10^{-9} A Empfindlichkeit für die Durchführung der Messung nötig. Die Anzeige kann im übrigen auch durch ein Telefon im Anodenstromkreis erfolgen. Die eingezeichneten Nullinstrumente samt dem Kompensationsstromkreis können dann entfallen.

Mißt man Rundfunk-Empfängerröhren mit der Schaltung nach Abb. 28, so muß der Widerstand R_{ga} etwa 10 bis 100 Megohm betragen, je nach der Empfindlichkeit der Meßinstrumente und der Steilheit der Röhre. Bei Elektrometerröhren sind Widerstände von 10^{11} Ohm notwendig, um die Messung durchführen zu können, aber auch dann noch entziehen sich Gitterströme von 10^{-14} bis 10^{-15} A der Messung. Es ist dann vorteilhafter, zur Methode der Kompensation des Gitterstromes durch einen gleich großen influenzierten Strom zu greifen,[1] deren Empfindlichkeit außerordentlich hochgetrieben werden kann. Abb. 29 gibt die Schaltung hierfür. Mit dem Potentiometer P_1 wird bei geschlossenem Schalter S_1 an das Gitter eine bestimmte Vorspannung gelegt, die am Voltmeter V_1 abzulesen ist. Der Anodenstrom wird in gleicher Weise wie bei der Schaltung nach Abb. 28 kompensiert. Mit einem Schalter S_2 wird dabei anfänglich zu dem Nullpunktgalvanometer G ein Nebenschluß gelegt, um dessen Empfindlichkeit zunächst herabzusetzen. Der Schleifer des Potentiometers P_2 wird ganz nach unten geschoben, so daß das Voltmeter V_2 auf Null steht. Nun wird der Schalter S_1 geöffnet und gleichzeitig eine Stoppuhr in Gang gesetzt. Der Gitterstrom ändert nunmehr langsam die Ladung des Steuergitters und des Kondensators C_{infl} und damit auch das Potential des Steuergitters. Diese Potentialänderung zeigt das Galvanometer G im Anodenstromkreis an. Der Schleifer des Potentiometers P_2 wird nun von Hand so verschoben, daß über den Kondensator C_{infl} eine ebenso große Elektrizitätsmenge jeweils auf das Steuergitter influenziert wird,

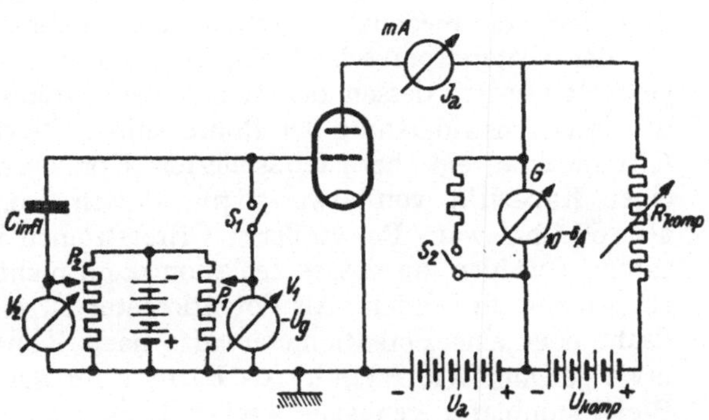

Abb. 29. Messung des Gitterstromes durch Kompensation mit Influenzladungen.

---

[1] L. Holik: Dissertation Universität Wien, 1941, bisher nicht veröffentlicht.

wie sie der Gitterstrom transportiert. Die beiden Elektrizitätsmengen heben sich gegenseitig auf, wenn dabei die influenzierte Ladung das umgekehrte Vorzeichen hat, und das Steuergitterpotential bleibt unverändert. Der Schleifer von P_2 muß also in dem Ausmaße stetig bewegt werden, daß das Galvanometer G auf Null stehen bleibt. Nach einer angemessenen Zeit t wird die Stoppuhr stillgesetzt. Das Voltmeter V_2 zeige dann die Spannung U an. Der Gitterstrom I_g führte in dieser Zeit die Elektrizitätsmenge $I_g \cdot t$. Sie ist gleich der influenzierten Elektrizitätsmenge $C_{\text{infl.}} \cdot U$. Der Gitterstrom berechnet sich also nach der Formel:

$$I_g = \frac{C_{\text{infl.}} \cdot U}{t}.$$

Wird C in Farad, U in Volt und t in Sekunden gemessen, so erhält man I_g in Ampere.

Diese Methode der Gitterstrommessung ist handlich, sehr genau und den verschiedensten Größen des Gitterstromes anpassungsfähig. Ist der Gitterstrom sehr klein, so muß ein kleiner Kondensator $C_{\text{infl.}}$ gewählt werden, dessen Isolation selbstverständlich größer sein muß als der Isolationswiderstand der Röhre selbst. Bewährt hat sich für kleinste Gitterströme ein bernsteinisolierter Kondensator nach HARMS[1] mit einer Kapazität von etwa 50 pF, dessen Isolationswiderstand größer als 10^{15} Ohm war. Bei größeren Gitterströmen ist ein größerer Kondensator zu wählen, an dessen Isolation dann nicht mehr so hohe Anforderungen gestellt werden. Als Potentiometer P_2 wird am besten ein Schleifdraht oder eine Potentiometerwalze nach KOHLRAUSCH genommen mit etwa 50 Ohm Widerstand. Als Batterie für das Potentiometer dient ein Bleiakkumulator genügend großer Kapazität. Auf eine gute Isolation des Schalters S_1, ebenso bei der Schaltung nach Abb. 28 auf die Isolation des Schalters S, ist sehr zu achten. Am besten wird ein bernsteinisolierter Schalter mit Platinkontakten benützt, wie er bei Arbeiten mit Quadranten- oder Fadenelektrometern üblich ist[2] . Die Röhre, der Kondensator und der Schalter ist in ein geerdetes Metallgehäuse zu setzen, damit nicht durch Annäherung des Körpers Kapazitätsänderungen im Steuergitterkreis hervorgerufen werden können, die sich sofort bemerkbar machen und die Messung fälschen. Das Gehäuse ist außerdem lichtdicht zu schließen, um Photoeffekten durch äußeres Licht zu entgehen. Photoelektronen können Gitterstrommessungen erheblich fälschen.

Der Gitterstrom kann schließlich auch gemessen werden, indem man das Potentiometer P_2 und den Influenzkondensator der Abb. 29 wegläßt und mit einer Stoppuhr lediglich das Maß der Änderung des Gitterpotentials nach Öffnen des Schalters S_1 verfolgt.[3] Es ist dann

$$I_g = C_g \frac{\Delta U_g}{\Delta t},$$

---

[1] F. HARMS: Physik. Z. **5**, 47 (1904).

[2] Über die Konstruktion eines solchen Schalters (mit Quarzglas-Isolation) siehe F R. MÜLLER: Korrosion u. Metallschutz **14**, 193 (1938).

[3] G. F. METCALF und B. J. THOMPSON: Physic. Rev. **36**, 1489 (1930).

wenn Δt die mit der Stoppuhr bestimmte Zeit und ΔU_g die Gitterspannungsänderung bezeichnet. C_g ist die Kapazität des Steuergitters samt der
angeschlossenen Leiterteile und muß auf irgendeinem Wege eigens,
womöglich unter den Betriebsbedingungen der Röhre, gemessen werden.
Die Röhre unter Strom hat nämlich wegen der Raumladungen, die die
Kathode umgeben, eine andere Kapazität (dynamische Kapazität), als
im kalten Zustande (statische Kapazität), Näheres hierüber siehe S. 117.
Diese Methode ist auch für größere Gitterströme verwendbar, wenn
zwischen Steuergitter und Kathode ein genügend großer Kondensator
gelegt wird. Wegen der Umständlichkeit der Kapazitätsmessung ist sie
jedoch kaum einfacher als die in Abb. 29 veranschaulichte Kompensationsmethode, deren Meßgenauigkeit außerdem erheblich besser ist.

Es ist nicht überflüssig, noch darauf hinzuweisen, daß der Gitterstrom
außerordentlich empfindlich gegen Änderungen der Betriebsbedingungen
der Röhre ist. Unterbrechung des Anodenstromes oder kurzzeitige
Überlastung ändern seine Größe oft erheblich. Nur bei einiger Geschicklichkeit, Schnelligkeit und sorgfältigem Vermeiden jeder Störung in der
Kontinuität der Betriebsbedingungen kommen die Meßpunkte auf einer
glatten Kurve zu liegen. Rückmessung von einzelnen Werten führt
fast immer zu abweichenden Meßergebnissen.

7. Der Betrieb von Elektronenröhren.

Schon die Gleichungen (4) und (8) auf S. 13 und die daraus abzu-
leitenden Folgerungen zeigen, daß für den richtigen Betrieb von Elektronenröhren nicht bloß die Höhe der Speisespannungen, sondern auch
die Größe des Widerstandes, der in der Anodenzuleitung liegt, von ausschlaggebender Bedeutung ist. Wie in der Praxis die günstigsten Werte
gefunden werden und welche Gesichtspunkte dabei zu beachten sind,
soll nunmehr gezeigt werden. Wir beschränken uns auf die drei wichtigsten Fälle, nämlich

a) auf die Ermittlung der tatsächlich bei einer Endröhre erreichten
Steilheit, der sogenannten Arbeitssteilheit;

b) auf die mit einer Hochfrequenzpentode erreichbare Spannungsverstärkung und deren Messung, und

c) auf die beste Einstellung einer Elektrometerröhre, wenn sie eine
möglichst hohe Spannungsverstärkung liefern soll.

a) Die Arbeitssteilheit einer Endröhre. Wir setzen den Fall, daß
am Ausgang eines Verstärkers ein Meßinstrument angeschlossen ist,
dessen Ausschlag nur von der Größe des Stromes abhängt, also
etwa ein Saiten- oder Drehspulgalvanometer oder ein Schleifenoszillograph. Der Widerstand dieses Instruments sei R_a. Gleichung (4) auf
S. 13 gab für die Größe der Anodenstromänderung dI_a den Ausdruck:

$$dI_a = S\left(\frac{R_i}{R_a + R_i}\right)dU_g.$$

Die Steilheit S der Röhre, womit die Stromänderung in mA bei 1 Volt
Gitterspannungsänderung ohne äußeren Widerstand bezeichnet wird, wird

also um den Faktor $\dfrac{R_i}{R_a + R_i}$ herabgesetzt. Man nennt $S_A = S\left(\dfrac{R_i}{R_a + R_i}\right)$ auch die Arbeitssteilheit, weil sie die tatsächliche Steilheit angibt, mit der die Röhre arbeitet. Aus der Gleichung sieht man, daß ein großer Außenwiderstand eine kleine Arbeitssteilheit zur Folge hat. Man wird also trachten, den Widerstand des Stromverbrauchers zumindest nicht erheblich größer als den inneren Widerstand R_i der Röhre zu machen und wählt Röhren, die von vornherein eine möglichst große Steilheit haben, also Endpentoden oder Endtrioden. Die Arbeitssteilheit der Endröhre ist bei der Berechnung der Gesamtsteilheit eines Verstärkers zugrunde zu legen. Sie wird am einfachsten ermittelt, indem bei eingeschaltetem Stromverbraucher die Anodenstrom-Gitterspannungs-Kennlinien aufgenommen werden. Doch auch aus einem Kennlinienfeld nach Abb. 2 (S. 3) läßt sich die Arbeitssteilheit graphisch leicht gewinnen. Der Widerstand des Strommeßgerätes betrage beispielsweise 2000 Ohm. Die Speisespannung habe eine Höhe von 300 Volt. In das Anodenstrom-Anodenspannungs-Kennlinienfeld wird nun zunächst, wie es Abb. 30 zeigt, die Widerstandsgerade des Verbrauchers eingezeichnet. Diese wird in folgender Weise gewonnen: Die Speisespannung betrug, wie angenommen, 300 Volt. Liegt nun auch an der Anode selbst eine Spannung von 300 Volt, so herrscht zwischen den Enden des Widerstandes, den der Verbraucher darstellt, offenbar keine Spannungsdifferenz und der Strom durch den äußeren Widerstand ist Null. Dies liefert den Punkt *1*. Liegt an der Anode eine Spannung von 100 Volt, so beträgt der Spannungsunterschied zwischen den Enden des äußeren Widerstandes 300—100 = 200 Volt. Bei einem Widerstand von 2000 Ohm fließt dann ein Strom von $\dfrac{200\,\text{V}}{2000\,\Omega} = 100\,\text{mA}$.

So wird der Punkt *2* der Abb. 30 erhalten. Die Gerade, eben die Widerstandsgerade, mit der beide Punkte verbunden werden, gibt dann zu jeder tatsächlich an der Anode liegenden Spannung den Strom an, der durch den äußeren Widerstand fließt. Genau derselbe Strom muß selbstverständlich auch durch die Röhre selbst als Anodenstrom fließen. Der Punkt, in dem sich die Kennlinie für eine bestimmte Gittervorspannung mit der Widerstandsgeraden schneidet, gibt daher den tatsächlich fließenden Anodenstrom und die tatsächlich sich einstellende Anodenspannung an. Trägt man diese Schnittpunkte in ein Gitterspannung-Anodenstrom-Diagramm ein, wie es der rechte Teil der Abb. 30 veranschaulicht, so stellt die Kurve durch diese Punkte die Arbeitskennlinie dar, an der dann die Arbeitssteilheit abgelesen werden kann. Es sei nur noch bemerkt, daß diese einfache Konstruktion der Arbeitskennlinie nur bei einem rein OHMschen Widerstand im Anodenstromkreis Berechtigung hat. Sind Induktivitäten und Kapazitäten eingeschaltet und gilt es, Wechselströme zu übertragen, so sind Strom und Spannung nicht mehr genau in Phase und die Arbeitskennlinie wird eine Ellipse. Da im vorliegenden Buche nur rein OHMsche Widerstände im Anodenstromkreis vorausgesetzt werden, sei dieser Fall nicht weiter behandelt. Es ist weiters besonders bei Endröhren sehr wichtig, daran zu denken, daß die Anode nur eine bestimmte Belastung aufnehmen darf, soll die Röhre nicht geschädigt oder zerstört werden. Diese maximale zulässige Anodenbelastung wird in Watt angegeben und ist gleich dem Produkt aus dem Anodenstrom in Ampere mal der an der Röhre liegenden Spannung in Volt. Die zulässige Höchstbelastung ist als Kurve, es ist eine Hyperbel, in den Abb. 2 und 30 eingetragen. Über sie darf weder im Betrieb noch bei der Aufnahme der Kennlinien hinausgegangen werden.

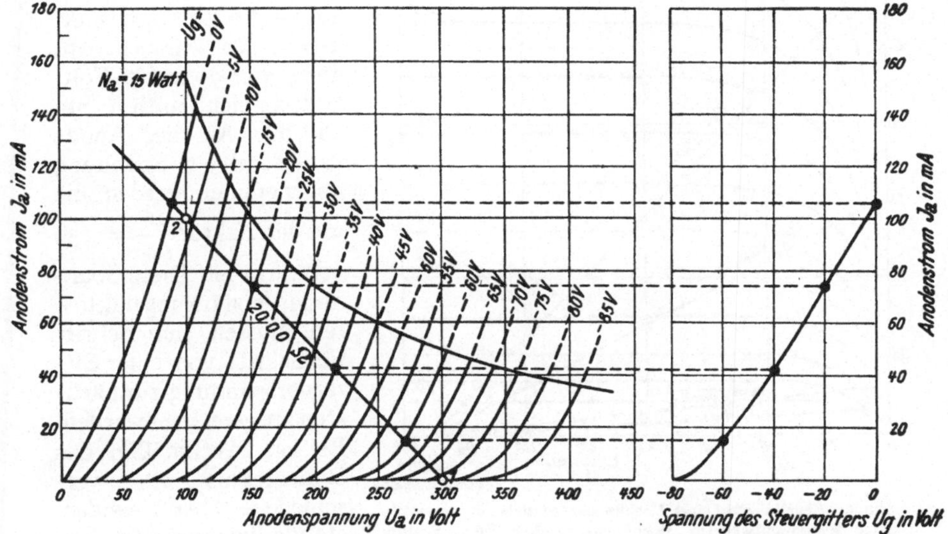

Abb. 30. Konstruktion der Arbeitskennlinie einer Endröhre (Endtriode AD 1 mit 2000 Ohm Widerstand im Anodenkreis). Vgl. auch Abb. 2 und 3 auf S. 3.

Unter Umständen kommt es nicht darauf an, daß im Außenkreis der Endröhre eine möglichst große Stromänderung wirkt, sondern daß eine möglichst große Leistung abgegeben wird, z. B. wenn ein Lautsprecher oder eine Schallplattenschneidevorrichtung betätigt werden soll. Es gilt dann das Produkt aus Stromänderung mal Spannungsänderung so groß wie möglich zu machen. Ohne darauf näher einzugehen, sei nur bemerkt, daß diese „Anpassung" des Verbrauchers an die Röhre dann erfüllt ist, wenn der Widerstand des Verbrauchers gleich dem inneren Widerstand der Röhre, also $R_a = R_i$ ist.

b) Die Spannungsverstärkung einer Hochfrequenzpentode. Hochfrequenzpentoden werden verwendet, wenn eine möglichst große Spannungsverstärkung angestrebt wird. Wir beschränken uns auf den im Rahmen des vorliegenden Buches wichtigen Fall, daß ein rein Ohmscher Widerstand im Anodenkreis liegt, der allein für die Spannungsänderung der Anode maßgebend sein soll, wie es bei einer Schaltung nach Abb. 12 (S. 17) verwirklicht ist. Die Höhe der Speisespannung ist fest vorgegeben, sie betrage z. B. 150 Volt. In einem Kennlinienfeld der Abb. 11 (S. 16) zeichnen wir nun, wie soeben erläutert, die Widerstandsgeraden für verschiedene Außenwiderstände ein und erhalten so die Abb. 31. Aus ihr läßt sich nun die erzielte Spannungsverstärkung ablesen. Verfolgen wir z. B. die Gerade für einen Außenwiderstand von 100.000 Ohm. Steigt die Gitterspannung von — 1,8 auf — 1,6 Volt, so sinkt damit die Anodenspannung von 76 auf 50 Volt, ändert sich mithin um 26 Volt. An der Anode kann somit eine Spannung abgenommen werden, die um den Faktor $\frac{26}{0,2} = 130$ verstärkt ist. Diese Spannungsverstärkungsfaktoren müssen nun Schritt für Schritt von einer Gittervorspannung zur nächsten ausgerechnet werden. Es ist zweckmäßig, das Endergebnis für verschiedene Außenwiderstände kurvenmäßig darzustellen.

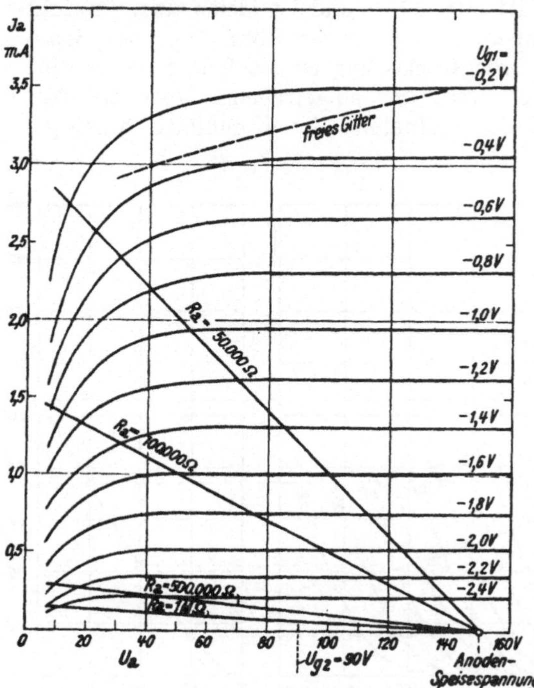

Abb. 31. Kennlinienfeld einer Hochfrequenzpentode mit eingezeichneten Widerstandsgeraden (Hochfrequenzpentode EF 7, Schirmgitterspannung U_{g_2} = 90 Volt).

Dieses Verfahren liefert zwar verhältnismäßig rasch eine gute allgemeine Orientierung, ist aber ziemlich ungenau. Man sollte sich daher die Mühe nicht verdrießen lassen, eine direkte Messung des Spannungsverstärkungsfaktors anzuschließen, die am bequemsten mit einem Zweifadenelektrometer nach der Schaltung der Abb. 32 vorgenommen wird. Das Fadenelektrometer gestattet ohne Stromverbrauch unmittelbar die Spannung zu messen, die an der Anode der Röhre jeweils tatsächlich liegt. Man erhält so Kurven der Abb. 33 der Abhängigkeit der Anodenspannung von der Steuergitterspannung.

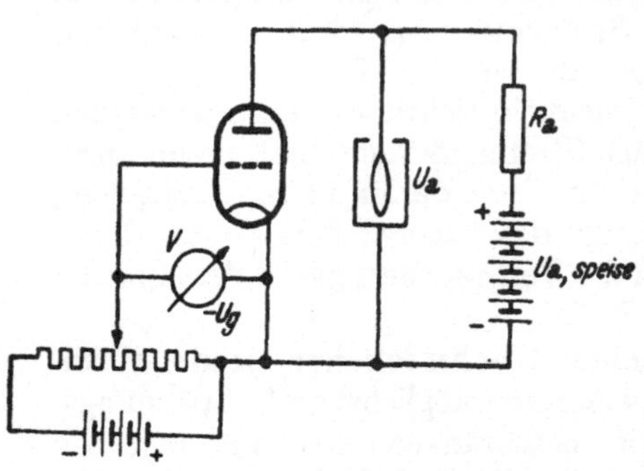

Abb. 32. Messung der Spannungsverstärkung mit einem Zweifadenelektrometer.

Die Neigung der Kurve gibt den Faktor der Spannungsverstärkung V_u an. Abb. 33 zeigt sehr deutlich, daß die Größe des Aussteuerbereiches, also des Teiles der Kurve, der als geradlinig angesehen werden kann und innerhalb dessen sich der Verstärkungsfaktor nicht ändert, sehr von der Höhe der Anodenspeisespannung abhängt. Änderung der Schirmgitterspannung (vergleiche die gestrichelt gezeichneten Kurven mit den ausgezogenen) hat praktisch nur eine Verschiebung der Kurven zu anderen Steuergitterspannungen zur Folge.

Besonders bei niedrigeren Schirmgitterspannungen sollte nicht verabsäumt werden, auch den Punkt in den Kurven zu bestimmen, der sich

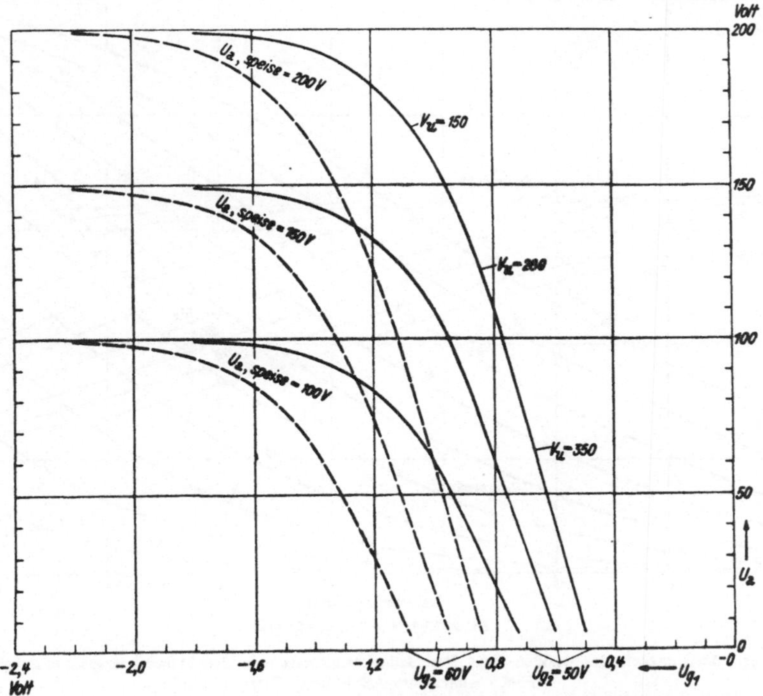

Abb. 33. Änderung der Anodenspannung mit der Steuergitterspannung bei Widerstandsverstärkung. Die Kurven wurden gemessen nach der Schaltung der Abb. 32 an einer Hochfrequenzpentode EF 7 mit einem Anodenwiderstand R_a = 0,5 Megohm mittels eines Zweifadenelektrometers.

Ausgezogene Kurven: Schirmgitterspannung U_{g2} = 50 Volt. Gestrichelte Kurven: Schirmgitterspannung U_{g2} = 60 Volt. V_u = Verstärkungsfaktor für die Spannung, ermittelt aus der Neigung der Kurve.

bei freigelassenem Gitter einstellt, damit man die Gewähr hat, daß der schließlich gewählte Arbeitspunkt nicht im Bereich des positiven Gitterstromes liegt. Nach dem Zusammenbau eines Gerätes stellt man den Arbeitspunkt selbst am bequemsten durch die Größe des Anodenstromes ein, der an einem Milliamperemeter abgelesen wird, das zwischen Spannungsquelle und Widerstand eingeschaltet wird, doch auch das Fadenelektrometer leistet bei der Überprüfung sehr gute Dienste.

Steht kein Zweifadenelektrometer zur Verfügung, so können die Kurven der Abb. 33 etwas umständlicher auch aus der Größe des Anodenstromes gewonnen werden, wenn der Wert des Widerstandes R_a genau bekannt ist. Das Produkt $I_a \cdot R_a$ gibt den Spannungsabfall an dem Widerstand. Dieser Spannungsabfall ist von der Speisespannung abzuziehen, um die tatsächliche Anodenspannung zu erhalten. Ein Bild darüber, ob der Arbeitspunkt nicht etwa in einem gekrümmten Teil der Kurve liegt und wie groß der Aussteuerbereich ist, vermittelt übrigens schon die Steuergitterspannung-Anodenstrom-Arbeitskennlinie, die mit eingeschaltetem Widerstand R_a aufgenommen wurde.

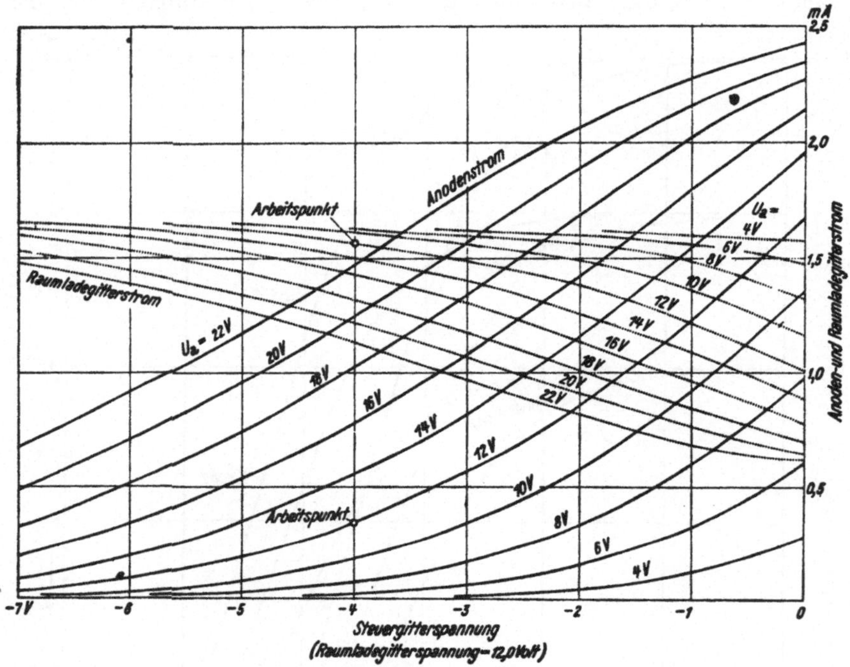

Abb. 34. Abhängigkeit des Anoden- und Raumladegitterstromes von der Steuergitterspannung bei der Elektrometerröhre AEG-Osram T 113.

c) Die Einstellung einer Elektrometerröhre auf Spannungsverstärkung. Etwas anders als bei einer ·Hochfrequenzpentode ist der Vorgang, wenn eine Elektrometerröhre auf möglichst große Spannungsverstärkung eingestellt werden soll. Die Höhe der Anodenspannung an der Röhre ist hier fest vorgegeben, während der Anodenwiderstand und die Speisespannung ermittelt werden sollen. Zunächst mißt man die Kennlinien ohne äußeren Widerstand, die von Röhre zu Röhre oft recht verschieden sind und auch von der Einstellung der Heizung abhängen. Abb. 34, 35 und 36 zeigen als Beispiel die Kennlinien einer T 113. Nun ist der Arbeitspunkt zu wählen, wobei besonders die Gitterstromkennlinie (Abb. 24, S. 28) zu beachten ist. Wir nehmen eine Anoden- und Raumladegitterspannung von 12 Volt, dem oberen zulässigen Wert. Um eine möglichst konstante Gittervorspannung zu haben, greifen wir sie von einem Bleiakkumulator genügend großer Kapazität ab. Eine Zelle liefert etwa — 2 Volt, dies ist aber zu wenig, denn bei dieser Vorspannung liegt der Arbeitspunkt zu nahe dem Einsatzpunkt des positiven Gitterstromes.

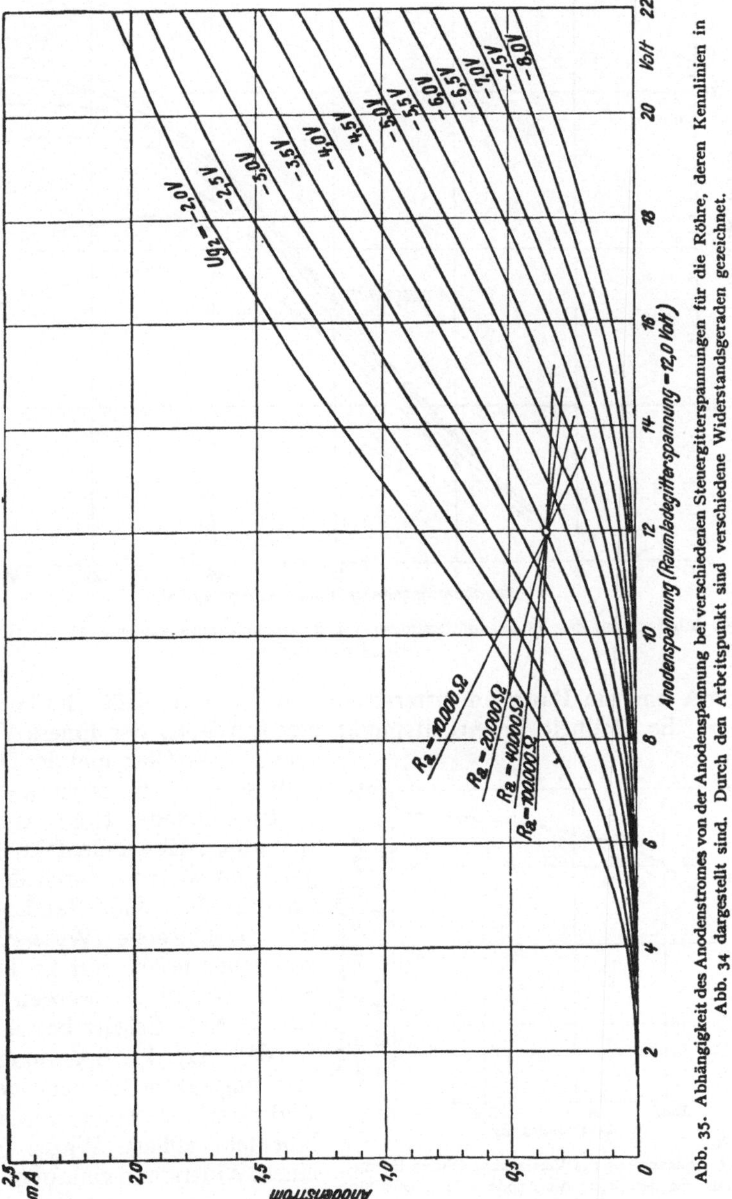

Abb. 35. Abhängigkeit des Anodenstromes von der Anodenspannung bei verschiedenen Steuergitterspannungen für die Röhre, deren Kennlinien in Abb. 34 dargestellt sind. Durch den Arbeitspunkt sind verschiedene Widerstandsgeraden gezeichnet.

Wie nehmen also zwei Zellen, die Gittervorspannung ist dann — 4 Volt. Der so festgelegte Arbeitspunkt ist in den Abb. 34, 35 und 36 durch einen Kreis hervorgehoben. Wir lesen ab, daß bei ihm ein Anodenstrom von

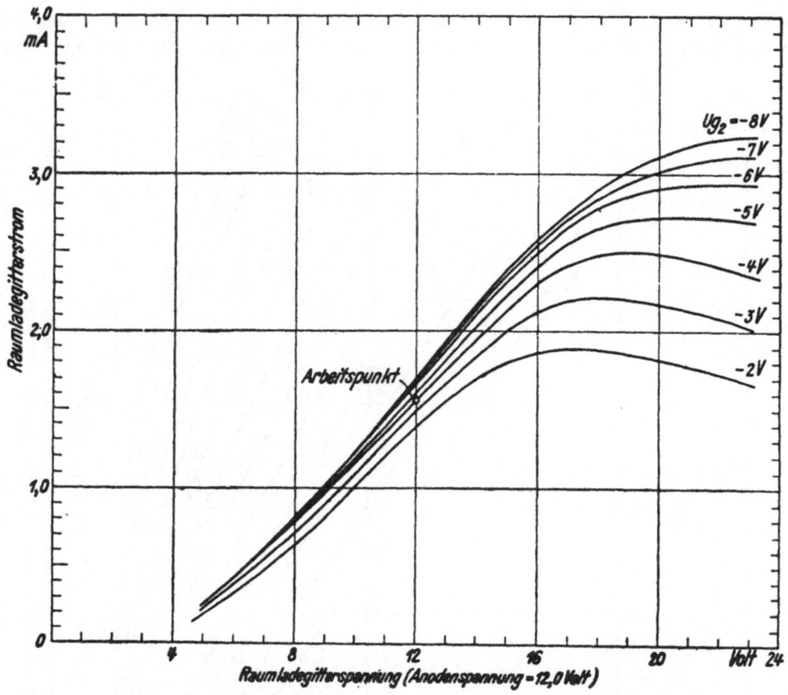

Abb. 36. Abhängigkeit des Raumladegitterstromes von der Raumladegitterspannung für die Röhre der Abb. 34 und 35.

0,35 mA und ein Raumladegitterstrom von 1,57 mA fließt. Es betragen weiters die Steilheit im Arbeitspunkt 0,20 mA/Volt, der innere Widerstand 10 000 Ohm und der Durchgriff 50%, d. h. es ist $\mu = 2{,}0$.

Im Anodenstrom - Anodenspannungs-Kennlinienfeld (Abb. 35) legen wir nun durch den Arbeitspunkt Widerstandsgerade für verschiedene Widerstände, von denen jeweils nur ein kleines Stück eingetragen werden muß. Der nächste Schritt besteht darin, daß man den Spannungsverstärkungsfaktor für verschiedene Widerstandswerte aus dem Kennlinienfeld abliest. Wird z. B. bei einem Widerstand von 20 000 Ohm die Gittervorspannung um 1 Volt geändert, so ändert sich die

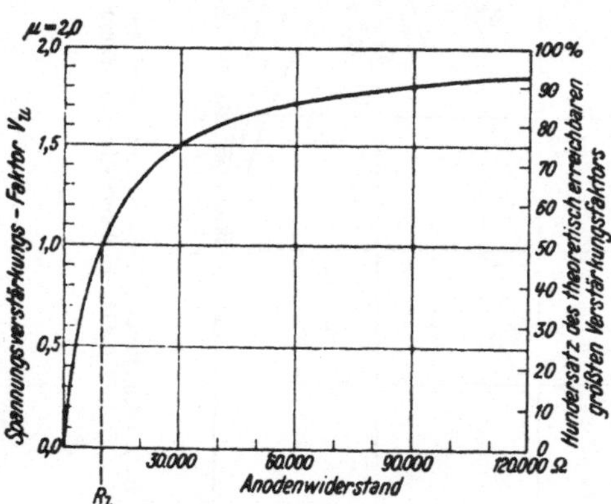

Abb. 37. Abhängigkeit des Verstärkungsfaktors für die Spannung von der Größe des Anodenwiderstandes für die Röhre der Abb. 34 bis 36.

Anodenspannung um 1,33 Volt, der Faktor der Spannungsverstärkung V_u beträgt mithin 1,33. Man erhält so die Kurve der Abb. 37 für

die Abhängigkeit des Verstärkungsfaktors für verschiedene Außenwi·
derstände bei fest gewähltem Arbeitspunkt. Die nach Gleichung (8)
von S. 13 berechnete Kurve deckt sich übrigens völlig mit der aus
dem Kennlinienfeld experimentell-graphisch gewonnenen. Es muß nun
noch die Höhe der Speisespannung für die Anode bei den einzelnen
Widerständen ermittelt werden. Im Arbeitspunkt floß ein Anodenstrom
von 0,35 mA. Beträg der Widerstand z. B. 10000 Ohm, so erreicht der
Spannungsabfall an ihm eine Höhe von $3,5 \cdot 10^{-4}$ A $\cdot$ 10^4 Ohm $= 3,5$ Volt.
Dazu kommen noch 12,0 Volt als tatsächliche Anodenspannung, so daß

mithin die Speisespannung eine
Höhe von 15,5 Volt haben muß.
Graphisch dargestellt führt diese
Überlegung zu der Abb. 38. Aus
ihr kann für jeden Widerstandswert
die zugehörige Anoden-Speisespannung abgelesen werden. Abb. 37 ist
nunmehr noch in der Weise umzu-
zeichnen, daß statt des Anodenwiderstandes die Höhe der Speisespannung als Abszissenachse aufgetragen wird. Dies ist in Abb. 39
geschehen. Die einzelnen Widerstandswerte sind als Parameter auf
der Kurve eingezeichnet. Um Zwi-
schenwerte von Widerständen auf
ihr festzulegen, bedient man sich
der Abb. 38, aus der man sofort
den einer bestimmten Speisespannung zugeordneten Widerstand
ablesen kann. Abb. 39 gibt das
endgültige Ergebnis der Auswertung der Kennlinie. Man sieht
aus ihr anschaulich, wie mit wachsendem Außenwiderstand auch
die Spannungsverstärkung steigt
und welche Speisespannung ein
bestimmter Widerstand erfordert.

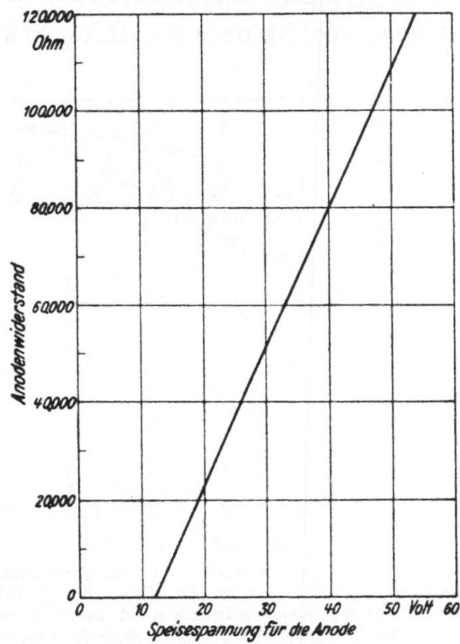

Abb. 38. Die Höhe der Speisespannung für die Anode
der Röhre der Abb. 34 bis 36 für verschiedene Anodenwiderstände, wenn die Höhe der Betriebsspannung
für die Anode 12,0 Volt betragen soll. Der Unterschied zwischen Speisespannung und Betriebsspannung
tritt als Spannungsabfall am Anodenwiderstand auf.

Es hat im behandelten Beispiel
praktisch wenig Sinn, den Anodenwiderstand größer als 100000 Ohm
zu wählen und demgemäß mit der Speisespannung über 50 Volt hin-
auszugehen. Die Kurve verläuft dann schon so flach, daß eine be-
trächtliche Erhöhung der Speisespannung nur eine unerhebliche Vergrößerung des Spannungsverstärkungsfaktors zur Folge hat.

Ein Abgriff der Anoden-Speisespannung von einer Trockenanodenbatterie in Stufen von 1,5 Volt, der Spannung der einzelnen Zellen, ist
praktisch ausreichend genau. Die Spannung für das Raumladegitter
wird zweckmäßig derselben Batterie entnommen. Bei der handelsüblichen
Ausführung der Trockenbatterien tritt dabei zunächst eine Schwierigkeit

auf, denn die höheren Spannungen sind nur in Stufen von 10 Volt abgreifbar und der Minuspol ist durch die Anodenspannung festgelegt. Um dennoch dem Raumladegitter den vorgeschriebenen Spannungswert zu geben, schaltet man, wie es Abb. 40 zeigt, einen Vorwiderstand ein, an dem der Raumladegitterstrom gerade einen so großen Spannungsabfall erzeugt, daß das Gitter selbst das richtige Potential, also z. B. 12 Volt, annimmt. Der Raumladegitterstrom betrug im Arbeitspunkt 1,57 mA. Um Spannungsstufen von 10 Volt zu überbrücken, muß der Widerstand $\dfrac{10}{1,57 \cdot 10^{-3}} = 6400$ Ohm messen. Die praktische Durchführung der Einstellung einer Elektrometerröhre geht also dann so vor sich: Nach der Wahl des Arbeitspunktes und dem Einbau des Anodenwiderstandes R_a wird mit einer

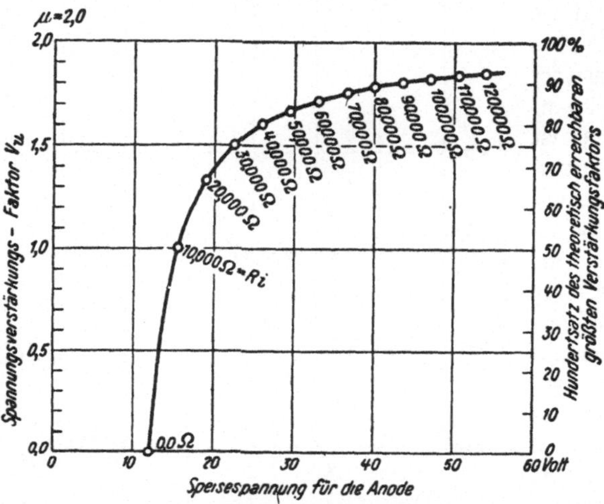

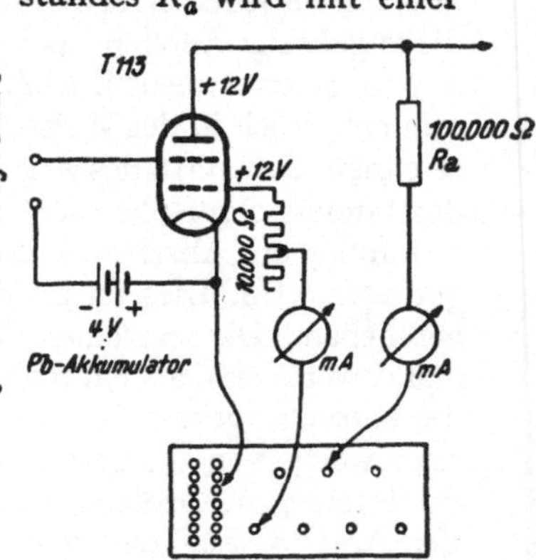

Abb. 39. Endgültiges Ergebnis der Auswertung des Kennlinienfeldes einer Elektrometerröhre (AEG-Osram T 113). Bei gegebener Höhe des Anodenwiderstandes ist unmittelbar die erreichte Spannungsverstärkung und die Größe der Anodenspeisespannung abzulesen, bei der die Anodenbetriebsspannung den vorgeschriebenen Wert von 12,0 Volt haben soll. Die Steuergittervorspannung wurde mit — 4,0 Volt festgelegt.

Abb. 40. Betriebsschaltung einer Elektrometerröhre mit Raumladegitter. Die Zahlenwerte sind angepaßt der Röhre AEG-Osram T 113.

Hilfsbatterie dem Raumladegitter die richtige positive Spannung gegeben. Nunmehr wird an der Anodenbatterie solange getöpselt, bis der richtige Anodenstrom und Raumladegitterstrom fließen. Dann hat man die Gewähr, daß die tatsächliche Anodenspannung die vorgeschriebene Höhe hat. Nunmehr wird die Hilfsbatterie für das Raumladegitter weggegeben und die Spannung dafür über einen Vorwiderstand ebenfalls der Anodenbatterie entnommen. Vom Vorwiderstand wird soviel abgegriffen, bis wieder dieselben Anoden- und Raumladegitterströme wie vorhin eingestellt sind. Die Röhre arbeitet dann am gewählten Arbeitspunkt. Der Vorwiderstand am Raumladegitter hat zwar zur Folge, daß bei Spannungsänderungen des Steuergitters das Raumladegitterpotential nicht genau denselben Wert beibehält, sondern ebenfalls schwankt, denn das Steuergitter beeinflußt ja nicht bloß den Anoden-, sondern auch den Raumladegitterstrom. Die dadurch hervorgerufene Veränderung im Verstärkungsfaktor fällt aber praktisch nicht ins Gewicht, wenn der Vorwiderstand nicht zu groß ist.

Zweiter Abschnitt.

Die Elektronenröhre als Voltmeter für Gleichspannungen.

1. Übersicht über die Verwendung, p_H-Messung und Titration.

Verstärkerröhren wurden frühzeitig als Voltmeter, und zwar sowohl für Gleichspannungen als auch für Wechselspannungen verwendet. Bei Röhrenvoltmetern für Wechselspannungen, die durch besondere Konstruktion von Röhren noch bei Dezimeter- und Meterwellen benutzt werden können, muß dabei auf gekrümmten Kennlinien oder in deren Knick gearbeitet werden, damit durch die Gleichrichtung die Gleichstromkomponente des Anodenstromes geändert wird. Nur diese wird dann mit trägen Zeigerinstrumenten gemessen. Je nach der Art der Gleichrichtung wird dabei der Effektivwert, der Halbwellenmittelwert oder der Spitzenwert der Wechselspannung angezeigt. Es würde über den Rahmen dieses Buches hinausführen, auch die Röhrenvoltmeter für Wechselspannungen zu behandeln. Auf eine eingehende Darstellung dieser Meßgeräte kann um so eher verzichtet werden, als darüber eine neuere Zusammenfassung in dem Buche von O. ZINKE: „Hochfrequenz-Meßtechnik"[1] enthalten ist.

Sind die Wechselspannung-Röhrenvoltmeter heute ein jedem Hochfrequenztechniker bereits sehr vertrautes Meßinstrument, so sind doch die Röhrenvoltmeter für Gleichspannungen ein richtiges Forschungsgerät geblieben. Hauptsächlich werden sie bei elektrochemischen Untersuchungen verwendet, wenn es gilt, kleine Potentialdifferenzen zwischen zwei Elektroden, die in eine Lösung tauchen, möglichst ohne Stromverbrauch zu messen. Dies ist möglich, weil bei genügend negativer Vorspannung nur ein äußerst kleiner Reststrom zum Steuergitter fließt.

Zwei Hauptanwendungsgebiete in der Elektrochemie sind es, bei denen Röhrenvoltmeter vielfach benutzt werden. 1. Die Messung der Wasserstoffionenkonzentration, also des p_H-Wertes einer Lösung, wodurch deren Azidität oder Basizität zahlenmäßig festgelegt wird, und damit zusammenhängend 2. die azidimetrische Titration, bei der die Änderung des p_H-Wertes der Lösung während der Titration fortlaufend verfolgt wird. Ein Beispiel dafür, das einer Arbeit von U. EHRHARDT[2] entnommen ist, zeigt Abb. 41, bei der eine Lösung von $NaOH + NaOCl$ mit HCl titriert wurde. Die Endpunkte der Titration liegen dort, wo der p_H-Wert seine größte Änderung erfährt, der Säuregrad der Lösung also umschlägt.

Zur Bestimmung der Wasserstoffionenkonzentration auf elektrischem Wege muß das Potential gemessen werden, das sich zwischen der zu

---

[1] O. ZINKE: Hochfrequenz-Meßtechnik. Leipzig: S. Hirzel, 1938.
[2] U. EHRHARDT: Das Triodometer. Chem. Fabrik **9**, 509 (1936).

untersuchenden Lösung und einer in dieser Lösung elektrochemisch beständigen Elektrode ausbildet. Als solche Elektroden stehen 'in Verwendung die Kalomelelektrode, die Wasserstoffelektrode (platiniertes Platin, über dessen Oberfläche Wasserstoff perlt), die Chinhydronelektrode, die Antimonelektrode und in neuester Zeit vor allem die Glaselektrode, eine dünne Glasmembran, die zwei Lösungen, eine Standardlösung und die zu untersuchende , Lösung voneinander trennt.[1] Zwischen einer solchen Elektrode und der zu messenden Lösung bildet sich eine gewisse Potentialdifferenz aus. Die Elektrode kann ja nun unmittelbar an das Meßgerät angeschlossen werden. Um das Potential der Lösung jedoch zum Meßgerät zu leiten, muß in die Lösung eine zweite Bezugselektrode, allgemein üblich ist dafür die gesättigte Kalomelelektrode, eingetaucht werden. (Bei Glaselektroden muß auch in die Standardlösung im Inneren der dünnen Glaskugel eine solche Bezugselektrode eingebracht werden, wenn nicht die Glaselektrode innen metallisiert ist, wodurch die Standardlösung entbehrlich wird.)

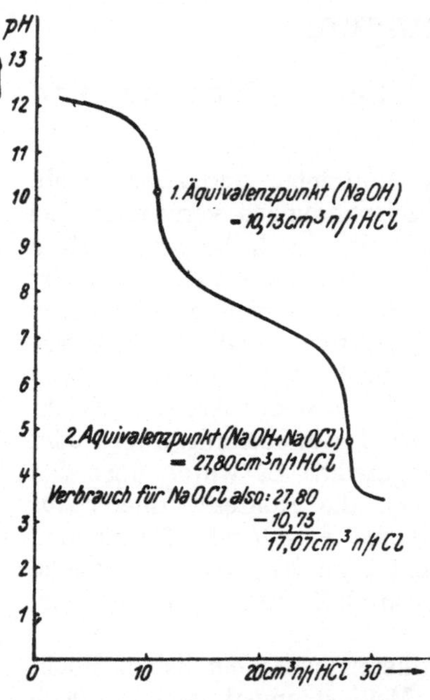

Abb. 41. Beispiel für eine Titrationskurve (20 cm³ NaOH—NaOCl-Lösung + 300 cm³ H_2O, titriert mit HCl), die mit einer Glaselektrode und einem Röhrenvoltmeter gewonnen wurde (nach U. EHRHARDT).

Die beiden Elektroden und die zu messende Lösung bilden ein elektrochemisches Element. Aus dessen elektromotorischer Kraft kann nach bekannten Formeln der p_H-Wert der Lösung berechnet werden. Es ist klar, daß die Stromstärke sehr klein ist, die dem Element entnommen werden darf, soll vermieden werden, daß seine EMK durch Polarisation der Elektroden sich ändert. Bei den üblichen Ausführungsformen der Elektroden gestattet die Kapazität des Elementes eine Stromentnahme von etwa 10^{-8} bis 10^{-9} A. Die Größenordnung des negativen Gitterstromes bei einer handelsüblichen Rundfunkröhre ist 10^{-9} A, aber auch ein Spiegelgalvanometer oder Lichtzeigergalvanometer spricht schon auf solche kleine Ströme an. Die Verwendung einer gewöhnlichen Rundfunkempfängerröhre als Meßgerät bringt also in diesem Falle nur dann einen Vorteil, wenn robuste Anzeigeinstrumente oder Zusatzapparaturen, z. B. Vorrichtungen zur automatischen Neutralisierung von Fabriksabwässern, Überwachungsrelais u. dgl. betätigt werden sollen.

---

[1] Eine Zusammenstellung der Literatur über Glaselektroden gibt L. KRATZ: Z. Elektrochem. **46**, 259 (1940).

Bei der Messung der Potentialdifferenz der Elektroden des galvanischen Elementes ist weiters noch im Auge zu behalten, daß in Wirklichkeit nicht seine elektromotorische Kraft, sondern die Klemmenspannung gemessen wird. Auch wenn Polarisation der Elektroden vermieden ist, können dadurch Meßfehler entstehen. Die Klemmenspannung ist um den Spannungsabfall am inneren Widerstand des Stromerzeugers geringer als die EMK. Ist also die Stromentnahme z. B. bei der Messung 10^{-8} A und beträgt der innere Widerstand der galvanischen Kette 10000 Ohm, so entsteht gemäß dem OHMschen Gesetz ein Spannungsabfall von 0,1 mV, um den also die Messung gefälscht ist. Ein solcher Fehler ist bei p_H-Messungen völlig unbedenklich, denn infolge von Diffusionspotentialen in den Flüssigkeiten u. dgl. ist es ohnedies sinnlos, die elektromotorische Kraft der Elemente genauer als auf 0,5 mV messen zu wollen. Anders liegt jedoch der Fall, wenn der innere Widerstand der galvanischen Kette sehr hoch ist. Gewiß werden Glaselektroden aus gut leitendem Spezialglas und mit großer Oberfläche hergestellt, die einen Membranwiderstand von ungefähr 0,3 Megohm aufweisen. Bei einer Stromentnahme von 10^{-8} A ist demnach der Spannungsabfall am inneren Widerstand 3 mV. Eine Meßgenauigkeit dieser Größe ist für die meisten Zwecke durchaus ausreichend, so daß also gewöhnliche Galvanometer oder Rundfunkempfängerröhren verwendet werden können. Glaselektroden aus gut leitendem Spezialglas haben bekanntlich eine Reihe von Nachteilen, vor allem ist das Glas in Lösungen chemisch wenig beständig, so daß besonders bei Messungen in Betrieben hochohmigen Glaselektroden aus chemisch widerstandsfähigem Glas der Vorzug gegeben wird. Um bei einer Glaselektrode von 100 Megohm Widerstand zwischen Klemmenspannung und zu bestimmender elektromotorischer Kraft keinen größeren Unterschied als 1 mV zu erhalten, darf das Meßgerät nur einen Strom von 10^{-12} A dem Element entnehmen. So kleine Ströme können nur mit einer Elektrometerröhre gemessen werden, wenn man nicht elektrostatische Elektrometer, wie Binantenelektrometer od. dgl., verwenden will. Ähnlich wie bei Messungen mit hochohmigen Glaselektroden liegen die Verhältnisse, wenn p_H-Messungen durchgeführt werden sollen mit höchstverdünnten wäßrigen Lösungen, Lösungen nichtwäßriger Art oder Lösungen mit extrem niedriger Leitfähigkeit. Kein größerer Strom als 10^{-12} bis 10^{-13} A darf ferner fließen bei Potentialmessungen, an polarisationsempfindlichen Oxydations-Reduktionsketten, elektrokinetischen und anderen Phasengrenzenpotentialen, Erfassung des motorelektrischen Effekts, die zu steigender Bedeutung gelangte Messung von bioelektrischen Potentialen usw. In allen diesen Fällen ist eine Elektrometerröhre als Meßgerät unentbehrlich. Nur mit ihr können ferner Mikroelemente gemessen werden, deren Untersuchung z. B. in der Korrosionsforschung eine ausschlaggebende Rolle spielt.[1]

---

[1] FR. MÜLLER: Korrosion und Metallschutz 13, 109 (1937) und 14, 193 (1938). — FR. MÜLLER und L. HASNER: Korrosion und Metallschutz 17, 229 (1941). — Siehe auch FR. MÜLLER und W. DÜRICHEN: Zeitschr. f. physik. Chemie (A) 182, 233 (1938).

2. Die Meßmethodik.

a) **Kompensation der zu messenden Spannung durch eine Gegenspannung.** Die Messung der Potentialdifferenz kann nach zweierlei Verfahren erfolgen. Bei dem einen dient die Röhre als Nullinstrument, das anzeigt, wann die zu messende Spannung durch eine Gegenspannung bekannter Größe gerade kompensiert ist. Bei dem anderen Verfahren ändert die zu messende Spannung die Vorspannung des Steuergitters und damit den Anodenstrom. Aus dem Ausschlag eines Meßinstruments im Anodenstromkreis wird dann auf die Größe der angelegten Spannung geschlossen.

Die Kompensationsmethode sei an Hand der Abb. 42 besprochen. Der Umschalter S_1 schließe zunächst wie gezeichnet den Kontakt I. Bei geschlossenem Schalter S_2 wird dann von dem Potentiometer P_1 eine bestimmte Gittervorspannung abgegriffen und dem Steuergitter der Röhre zugeführt. Wird der Schalter S_2 geöffnet, so stellt sich dasjenige Potential des Steuergitters von selbst ein, bei dem kein Gitterstrom fließt. Das Potentiometer P_1 wird nun solange verstellt, bis bei geschlossenem Schalter S_2 dieses Potential wieder erreicht ist. Wird dieser Punkt genau eingestellt, so kann also auch mit gewöhnlichen Rundfunkröhren völlig stromlos gemessen werden. Unter Umständen kann die Gittervorspannung auch negativer sein, nämlich wenn die negativen Gitterströme der Röhre genügend klein sind, so daß sie die Messung nicht stören, keinesfalls jedoch positiver, da dann ein beträchtlicher positiver Gitterstrom fließen würde, wie die Abbildungen 14 (S. 19) und 22 (S. 27) sowie 24 und 25 (S. 28) zeigen. Die Gittervorspannung wird auch einem Schleifdrahtpotentiometer P_2, am besten einem Walzenpotentiometer nach KOHLRAUSCH, zugeführt. Der Umschalter S_3 schließe den Kontakt III. Bei U_x wird die zu messende Spannung angeschlossen. Nach der Einstellung des richtigen Arbeitspunktes der Röhre durch das Potentiometer P_1 wird nun der Umschalter S_1 in die Stellung II umgelegt und das Potentiometer P_2 so lange verstellt, bis wiederum dasselbe Gitterpotential wie vorhin erreicht ist. Diese Einstellung wird kontrolliert, indem man den Umschalter S_1 einige Male betätigt und dabei so lange feinreguliert, bis beim Umschalten der Zeiger des Galvanometers G im Anodenstromkreis sich nicht mehr bewegt. Es wird dann offenbar von dem Potentiometer P_2 gerade eine Spannung abgegriffen, die genau so groß ist wie die des zu messenden Elementes. Diese Spannung wird an der Stellung des Abgreifers, bzw. der Trommel des Walzendrahtes abgelesen. Dazu muß jedoch vorher der Schleifdraht geeicht werden. Dies geschieht in der üblichen Weise mit einem Normalelement NE. Der Umschalter S_3 wird dazu in die Stellung IV umgelegt. Die Spannungsquelle U_p ist in der Regel ein Bleiakkumulator von 2 Volt, der Schleifdraht von P_2 sei in 150 gleiche Teile geteilt. Der Abgreifer von P_2 wird dann auf denjenigen Teilstrich gestellt, der zahlenmäßig mit der Spannung des Normalelements (1,018 Volt beim „Internationalen Weston — Element") übereinstimmt. Nun wird der Widerstand R_p so lange verändert, bis

beim Umschalten des Schalters S_1 das Galvanometer G keine Ausschlags-
änderung mehr ergibt. Dann ist offensichtlich erreicht, daß der Spannungsabfall am Schleifdraht von P_2 gerade 1,50 Volt beträgt, jeder Teilstrich
also 10 mV Potentialänderung bedeutet. Wird der Umschalter S_3 wieder
in die Stellung *III* zurückgelegt, so ist die Apparatur meßbereit. Da die
Spannung des Akkumulators U_p allmählich abnimmt, muß die Einstellung
des Potentiometers P_2 gegen das Normalelement täglich mehrmals
wiederholt werden. R_p muß ungefähr ein Viertel des gesamten Spannungsabfalles aufnehmen. Sein Widerstand muß daher etwa ein Viertel von
dem des Drahtes P_2 betragen. Ein eigener Schalter S_2 entfällt in

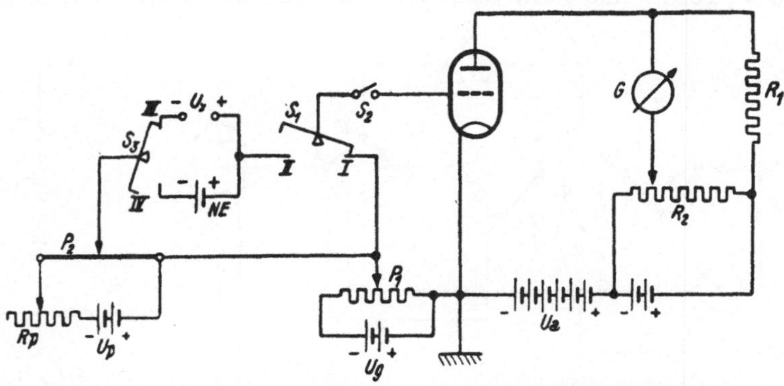

Abb. 42. Röhrenvoltmeter, bei dem die zu messende Spannung durch eine Gegenspannung kompensiert wird.

der Praxis, da der Umschalter S_1 in der Mittelstellung ohnedies nicht
zugleich den Kontakt *I* und den Kontakt *II* schließen darf, um einen
Kurzschluß des zu messenden Elements zu vermeiden und mithin in
dieser Stellung das Gitter frei läßt.

Da es nur darauf ankommt, sehr kleine Anodenstromänderungen zu
erfassen, wird hier wie in allen ähnlichen Fällen durch das Meßinstrument G
im Anodenkreis ein zusätzlicher Strom geschickt, der konstant bleibt
und ebenso groß wie der Anodenruhestrom ist, nur diesem entgegengesetzt
gerichtet fließt. Das Meßinstrument G zeigt dann nur die Abweichungen
des Anodenstromes von diesem Kompensationsstrom an. Um diesen
Grundgedanken zu verwirklichen, können verschiedene Schaltungen angewendet werden. Bei der in Abb. 42 gewählten fließt der Anodenstrom
über den Widerstand R_1, an dem somit ein Spannungsabfall auftritt.
Die tatsächliche Anodenspannung, die der oberen Klemme des Galvanometers G zugeführt wird, ist also niedriger als die Spannung der Anodenbatterie U_a. Ein Teil der Anodenbatterie ist nun durch das Potentiometer R_2 überbrückt. Wird nun der Schleifer des Potentiometers so
gestellt, daß er gerade diejenige Spannung abgreift, die auch an der Anode
der Röhre liegt, so ist das Galvanometer G stromlos. Ändert sich nun der
Anodenstrom, so gibt das Galvanometer nunmehr einen Ausschlag.
Die Stromänderung verteilt sich zwischen dem Galvanometerweg
und dem Weg des Kompensationswiderstandes R_1 im umgekehrten

Verhältnis deren Widerstände. Ist also der innere Widerstand des Galvanometers und des Potentiometers R_2 erheblich kleiner als der Widerstand R_1, so zeigt das Galvanometer praktisch die volle Änderung des Anodenstromes an. Die Empfindlichkeit des Galvanometers kann man nun so hoch wählen, wie es der Störspiegel des Anodenstromes zuläßt, und kann daher auch sehr kleine Änderungen des Anodenstromes erfassen.

b) Die Ausschlagsmethode. Bei der Ausschlagsmethode wird die zu messende Spannung nicht kompensiert, sondern einfach zur Gittervorspannung addiert oder subtrahiert. Am Ausschlag des Meßinstruments G im Anodenkreis wird das Meßergebnis abgelesen. Abb. 43 gibt nach F. Tödt[1] eine nach diesem Prinzip durchgeführte Schaltung mit

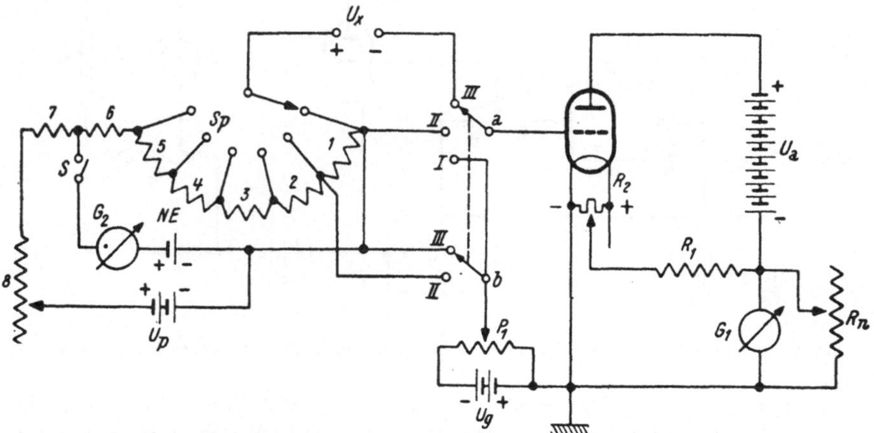

Abb. 43. Röhrenvoltmeter, bei dem die Größe der zu messenden Spannung am Ausschlag eines Instruments im Anodenkreis abgelesen wird. Durch Entgegenschalten bekannter Spannungen kann der Meßbereich dabei erweitert werden.

allen erforderlichen Einzelheiten wieder. Wesentlich an ihr ist der Doppelumschalter a—b mit drei Raststellungen. In der Stellung I verbindet der Arm a das Gitter mit der Vorspannung, die vom Potentiometer P_1 abgegriffen wird. In dieser Stellung wird sodann der Anodenstrom mit dem Potentiometer R_2 so weit kompensiert, daß das Galvanometer G_1 auf Null zeigt. Die Kompensationsschaltung beruht auf demselben Gedanken wie die der Abb. 42, nur ist, um eine Anzapfung der Anodenbatterie zu ersparen, die Heizbatterie der Röhre zur Erzeugung des Kompensationsstromes herangezogen.

Die Stellung II des Umschalters a—b dient zur Eichung. Es wird dabei eine Spannung von genau 200 mV zusätzlich zur Gittervorspannung an das Steuergitter gelegt. Das Galvanometer G_1, dessen Skala in 200 Teilstriche zu teilen wäre, soll dann gerade den Endausschlag zeigen, so daß also einem Teilstrich der Skala eine Gitterspannungsänderung von gerade 1 mV entspricht. Um dies zu erreichen,

---

[1] F. Tödt: Z. Elektrochem. **34,** 591 (1928).

wird die Empfindlichkeit des Galvanometers mit dem Nebenschlußwiderstand R_n in der gewünschten Weise eingestellt. Nach dieser Einregulierung wird der Umschalter a—b in die Stellung *III* gelegt und damit die zu messende Spannung U_x zwischen Gitter und Vorspannung gelegt. Ist diese Spannung größer als 200 mV, so würde der Zeiger von G_1 über die Skala hinauswandern. Um dies zu verhindern, ist ein Spannungsteiler S_p mit den Widerständen 1 bis 5 vorgesehen, mit dem eine Gegenspannung von 200, 400, 600, 800 oder 1000 mV gegeben werden kann. Mißt U_x z. B. 540 mV, so werden 400 mV Gegenspannung eingeschaltet und das Galvanometer G_1 zeigt die restlichen 140 mV an. Die Gegenspannungen werden von dem 2-Volt-Akkumulator U_p über die Widerstände 1 bis 8 erzeugt und durch Vergleich mit dem Normalelement NE auf den genauen Wert eingestellt. Es wird dazu bei geschlossenem Schalter S der Widerstand 8 so lange verstellt, bis das Galvanometer G_2 stromlos ist. Der Widerstand 6 ist so zu bemessen, daß die Spannung des Normalelements an ihm gerade einen Abfall erfährt, der den 1,000 Volt übersteigenden Betrag ausmacht.

c) Die Empfindlichkeit beider Methoden. Es gilt nun zu überlegen, welche Empfindlichkeit mit beiden Methoden erreicht werden kann, und damit zusammenhängend ist die Frage zu besprechen, wie groß die Empfindlichkeit des Galvanometers im Anodenstromkreis gewählt werden soll. Der Störhintergrund einer Elektronenröhre überdeckt Spannungen kleiner als 0,1 mV ($= 10^{-4}$ V) bis 0,01 mV ($10\,\mu$V). Potentiale, die kleiner sind, können also nicht gemessen werden, wenn auch noch so hoch verstärkt wird, weil der Störhintergrund im gleichen Ausmaße mitverstärkt wird. Schon eine Empfindlichkeit von 1 mV pro Skalenteil genügt jedoch für fast alle in der Elektrochemie vorkommenden Fälle. Diese Empfindlichkeit wollen wir daher der weiteren Besprechung zugrunde legen.

Wählen wir beispielsweise die Elektrometerröhre T 113 als Meßröhre, die dem zu messenden System einen Strom von etwa 10^{-12} bis 10^{-13} A als Gitterstrom entnimmt. Diese Röhre hat eine Steilheit von 0,18 mA/Volt, einer Spannungsänderung des Gitters von 1 mV entspricht demnach eine Änderung des Anodenstromes von $1,8 \cdot 10^{-7}$ A. Eine Meßgenauigkeit von 1 mV wird also erreicht, wenn das Anzeigeinstrument bei einem Strom von rund 10^{-7} A einen Ausschlag von einem Skalenteil gibt. Um die äußerste Grenze der Meßgenauigkeit zu erreichen, müßte das Anodenstrominstrument noch um eine bis zwei Zehnerpotenzen empfindlicher sein. Der Anodenstrom selbst beträgt rund 0,5 mA, das sind $5 \cdot 10^{-4}$ A. Bei einer Gitterspannungsänderung von 1 mV ändert er sich mithin nur um den winzigen Bruchteil von $\dfrac{1,8 \cdot 10^{-7}\,\text{A}}{5 \cdot 10^{-4}\,\text{A}} = 0{,}36$ Promille.

Die Elektrometerröhren Osram-AEG T 114 oder Philips 4060, die einen kleineren Gitterstrom besitzen, aber allerdings auch noch kleinere Steilheiten aufweisen, erfordern zur Messung einer Gitterspannungsänderung von 1 mV eine Empfindlichkeit des Galvanometers von $5 \cdot 10^{-8}$ A und $2{,}8 \cdot 10^{-8}$ A pro Skalenteil. Drehspulgalvanometer mit dieser Stromempfindlichkeit können nicht mehr als Zeigergalvanometer hergestellt werden, sondern sind Instrumente mit Spiegelablesung oder eingebauten Lichtzeigern, die neuerdings auch mit sehr kleiner Einstellzeit (0,1 Sekunde) erhältlich sind. Es gibt auch Saitengalvanometer dieser Empfindlichkeit mit einer sehr kleinen Einstelldauer.

Man sieht also aus diesen Zahlenbeispielen klar, daß es sich nur lohnt, Elektrometerröhren zu verwenden, wenn es tatsächlich auf allerkleinste Stromentnahmen aus dem zu messenden System ankommt. Ist eine Stromentnahme von 10^{-9} A zulässig, so ist die Elektrometerröhre fehl am Platz, denn entweder verwendet man das ohnedies notwendig werdende Galvanometer dieser Empfindlichkeit ohne vorgeschaltete Röhre direkt oder man benutzt eine Rundfunkempfängerröhre als Meßröhre. Wird weiterverstärkt, so ist eine Röhre, die eine gute Spannungsverstärkung liefert, also eine sogenannte Hochfrequenzpentode am Platz. Wird jedoch keine Verstärkerstufe angeschlossen, so ist eine Röhre mit großer Steilheit, also eine Endpentode oder Endtriode zu verwenden. Wird als einzige Röhre z. B. die für Batterieheizung bestimmte Endröhre $KL\,2$ gewählt, die eine Steilheit von 2 mA/V aufweist, so ändert sich bei 1 mV Gitterspannungsänderung der Anodenstrom entsprechend dieser Steilheit um $2 \cdot 10^{-6}$ A. Galvanometer mit einer Empfindlichkeit von 10^{-6} A pro Skalenteil sind bereits als robuste, bequem zu handhabende Zeigerinstrumente ausführbar. Bei der $EL\,12$, mit der sehr großen Steilheit von 15 mA/Volt, genügt zur Anzeige von 1 mV am Steuergitter ein Galvanometer mit einer Empfindlichkeit von $1{,}5 \cdot 10^{-5}$ A pro Skalenteil. Da der Anodenstrom bei dieser Röhre 70 mA beträgt, so entspricht dies einer Änderung des Anodenstromes um 2 Promille.

Welche der beiden beschriebenen Schaltungen im Einzelfalle vorzuziehen ist, hängt von den Begleitumständen ab. Die in Abb. 42 dargestellte Methode der Spannungsmessung mit einem Röhrenvoltmeter, bei der die zu messende Spannung durch eine Gegenspannung kompensiert wird, ist vor allem zu empfehlen, wenn einzelne Potentiale gemessen werden sollen. Die Ausschlagsmethode nach Abb. 43 wird vorzuziehen sein, wenn die allmähliche Änderung eines Potentials laufend verfolgt werden soll wie es z. B. bei der Titration der Fall ist. Hier wird der Endpunkt der Titration durch ein plötzliches starkes Wandern des Zeigers des Instruments angezeigt, während nach der Kompensationsmethode unter Umständen erst eine graphische Darstellung der einzelnen Meßwerte den Endpunkt der Titration liefert, abgesehen davon, daß die ganze Durchführung der Messung umständlicher wäre. Die erreichbare Genauigkeit der Potentialmessung ist jedoch bei der Kompensationsmethode besser, da bei ihr rasch aufeinanderfolgend jede Einstellung mit einer Eichspannung verglichen wird, während bei der Ausschlagsmethode langsame Wanderungen des Nullpunktes einen größeren Einfluß auf das Meßergebnis haben können.

Diese langsame Nullpunktswanderung, die äußere Ursachen hat, wie das Absinken der Batteriespannungen, die langsame Einstellung des thermischen Gleichgewichtes in der Röhre u. dgl., begrenzt meist die Meßgenauigkeit und nicht der Störhintergrund, der aus rein prinzipiellen Gründen (Schroteffekt u. dgl. siehe S. 120) nicht überschreitbar ist. Um diese langsamen Nullpunktswanderungen herabzusetzen ist es vor allem wichtig, die Heizung der Kathode der Röhren sehr konstant zu halten. Der Heizakkumulator sollte unter allen Umständen eine Kapazität von mindestens 60 Amperestunden besitzen. Zu beachten ist ferner, daß vor Beginn der Messung die Apparatur längere Zeit unter Betriebsbedingungen eingeschaltet bleibt. Vor der erstmaligen Inbetriebnahme einer neuen Röhre sollte diese etwa zwei Tage „eingebrannt" werden. Später genügt eine Anheizzeit von etwa zehn Minuten bis einer halben Stunde. Wird als Anodenspannungsquelle eine Trockenanodenbatterie verwendet, so wandert der Nullpunkt in 20 Minuten nicht weiter als etwa um 2 mV. Wird die Anodenspannung einer Bleiakkumulatorbatterie mit einer Kapazität von etwa einer Amperestunde entnommen, so beträgt die Nullpunktsänderung in einer Stunde etwa 1 mV. Dies ist die praktisch allerdings wohl immer ausreichende Grenze, die mit den einfachen Schaltungen nach Abb. 42 und 43 erreichbar ist.

3. Die Verringerung der Nullpunktswanderungen.

Will man die Grenze der Meßgenauigkeit von etwa 0,1 mV bis 0,01 mV $(= 10\,\mu\mathrm{V})$, die mit Röhren überhaupt zu erreichen ist, ausnutzen und stellt dabei noch besonders hohe Anforderungen an die Nullpunktsstabilität, so müssen allerlei Kunstgriffe angewendet werden. Um mit diesen auch in der Praxis Erfolg zu haben, ist eine nicht unbeträchtliche experimentelle Geschicklichkeit Voraussetzung. Wichtig ist vor allem, daß nicht unüberlegt Potentiometer u. dgl. verstellt werden, sondern daß gut durchdacht und planvoll unter ständiger Aufzeichnung der Beobachtungen, womöglich in Kurvenform, an den einzelnen Schaltelementen geändert wird.

Es sind an die hundert verschiedene Vorschläge und Konstruktionen bekannt geworden, die der Verbesserung der Nullpunktsstabilität dienen sollen. Die Literatur bis Ende des Jahres 1935 ist in einem Sammelreferat von F. MÜLLER und W. DÜRICHEN[1] vollständig erfaßt worden. Es ist nicht die Aufgabe des vorliegenden Buches, nochmals referatartig über alle diese Vorschläge zu berichten. Es sollen vielmehr nur diejenigen Schaltungen herausgegriffen und besprochen werden, die beim Bau eines Röhrenvoltmeters für Gleichspannungen wirklich bedeutungsvoll sind.

a) Die Heizung der Röhren. Von größter Bedeutung für die Ausschaltung der Nullpunktswanderung ist es, für eine gleichbleibende Heizung und damit gleichbleibende Emission der Röhren zu sorgen. Im Raumladegebiet sollte an sich der Anodenstrom unabhängig von der Heizung der Kathode sein. Die Enden der Kathode sind jedoch infolge der Wärmeableitung durch die Halterung abgekühlt. Bei stärkerer Heizung wird somit bei direkt geheizten Röhren das wirksame Stück des Heizfadens, das Elektronen emittiert, länger und damit wächst

---

[1] F. MÜLLER und W. DÜRICHEN: Z. Elektrochem. **42**, 31 (1936).

auch der Emissionsstrom an. Für die Enden der Kathode gilt weiters nicht mehr das Raumladegesetz, sondern das Sättigungsstromgesetz, da die Elektronenemission aus dem kühleren Stück der Kathode so gering ist, daß sie nicht mehr zum Aufbau einer Raumladung ausreicht.[1]

Praktisch wird gefunden, daß bei einer Änderung des Heizstromes um einen gewissen Bruchteil, der Anodenstrom sich um rund den zehnfach größeren Bruchteil ändert.[2] Den Heizstrom liefert wohl in allen Fällen ein Bleiakkumulator, denn dieser gewährleistet den störungsfreiesten Betrieb. Die Spannung einer Akkumulatorenzelle von rund 20 Ampere-stunden Kapazität fällt nun bei einer Stromentnahme von 100 mA in einer Minute um etwa 0,01 Promille ab.[3] Bei Verwendung von Zellen größerer Kapazität, etwa 60 Amperestunden, und Einhaltung aller Vorsichtsmaßregeln, wie Benutzung halb entladener Akkumulatoren, damit man im möglichst horizontalen Teil der Entladekurve arbeitet, konstante Raumtemperatur, da die Spannungsänderung pro Grad Celsius 0,1 Promille beträgt, das ist 0,2 mV für eine Zelle,[3] guten Kontakten usw., läßt sich diese Abnahme der Heizstromstärke auf 10 bis 15 Minuten ausstrecken. Meist wird man sich aber schon mit einer Änderung von 0,05 bis 0,1 Promille in dieser Zeit zufrieden geben müssen. Im günstigsten Fall einer Änderung des Heizstromes von 0,01 Promille $= 1 \cdot 10^{-5}$ ändert sich der Anodenstrom um den Faktor $1 \cdot 10^{-4}$. Der Anodenstrom der T 113 beträgt etwa $5 \cdot 10^{-4}$ A, die Änderung macht also $5 \cdot 10^{-8}$ A aus. Es hat also keinen Sinn, ein Anzeigeinstrument von noch größerer Empfindlichkeit im Anodenstromkreis zu verwenden, sollen nicht die Nullpunktsschwankungen jeden Versuch einer Messung hinfällig machen. Da die Röhre T 113 eine Steilheit von 0,18 mA/Volt besitzt, entsprechen $5 \cdot 10^{-8}$ A Anodenstromänderung einer Gitterspannungsänderung von rund 0,3 mV. Dies wäre also die äußerste Grenze, die mit einer einfachen Schaltung erreichbar ist.

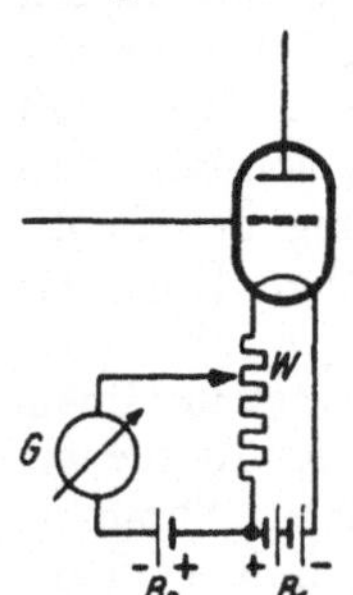

Abb. 44. Einfache Schaltung zur Konstanthaltung der Heizung einer Röhre.

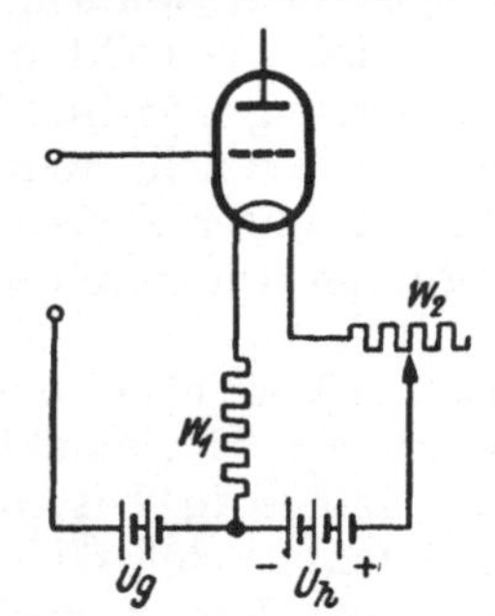

Abb. 45. Kompensation der Schwankungen der Heizspannung durch die damit bewirkte Änderung der Gittervorspannung der Röhre.

Will man mehr erreichen, so müssen die Schwankungen in der Heizung unterdrückt werden. Eine einfache Schaltung, mit welcher eine erheb-

---

[1] H. Barkhausen: Elektronenröhren, 4. Aufl., Bd. I, S. 50. Leipzig: S. Hirzel, 1931.

[2] R. Jäger und A. Kussmann: Physik. Z. **28**, 645 (1927). — F. Müller: Z. Elektrochem. **38**, 418 (1932).

[3] Handbuch der Experimentalphysik, Bd. XII, 2. Teil, S. 125. Leipzig: Akad. Verlagsgesellschaft, 1933. — F. Dolezalek: Die Theorie des Bleiakkumulators. Halle: Knapp, 1901.

liche Verbesserung erzielt werden kann, zeigt Abb. 44.[1] Die Kathode
der Röhre wird durch die Batterie B_1 über den Widerstand W geheizt.
Der Abgreifer an diesem Widerstand wird so eingestellt, daß die Batterie B_2
stromlos wird, was das Nullpunktsgalvanometer G ersichtlich macht.
Sinkt nun im Betrieb die Spannung von B_1 ab, dann wird diese Einstellung gestört und B_2 liefert den fehlenden Teil des Heizstromes. B_2 wird
sehr schwach belastet und die Spannung dieser Batterie bleibt daher
sehr gut konstant.

Ein anderer Weg, Schwankungen der Heizspannungen unwirksam
zu machen, wurde von M. TURNER[2] angegeben. Er ist in Abb. 45 dargestellt. In die negative Heizleitung wird ein Widerstand W_1 gelegt
und die Zuleitung für die Gittervorspannung U_g wird an den negativen
Pol der Heizbatterie angeschlossen.

Sinkt nun der Heizstrom um den
Betrag ΔI_h, so wird gleichzeitig die
Gittervorspannung um den Betrag
des Spannungsabfalles $W_1 \cdot \Delta I_h$ am
Widerstand W_1 positiver. Dieses
Positiverwerden der Gittervorspannung gleicht das Absinken des Anodenstromes infolge der Verminderung der Heizung der Kathode aus:
Die Bedingung für eine völlige
Kompensation $\Delta I_a = 0$ läßt sich
leicht hinschreiben. Es muß werden:

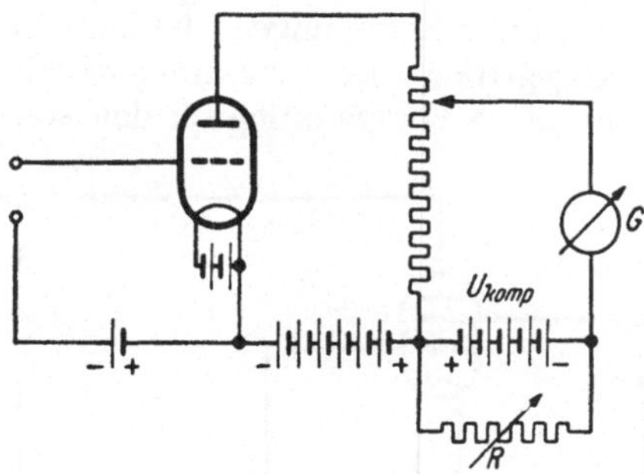

Abb. 46. Durch die Belastung der Kompensationsbatterie wird das Absinken ihrer Spannung so ge-
regelt, daß das Absinken der übrigen Batteriespannungen in ihrer Wirkung gerade kompensiert wird.

$$\Delta I_a = \frac{\partial I_a}{\partial I_h} \cdot \Delta I_h - W_1 \cdot \Delta I_h \cdot S = 0.$$

Daraus berechnet sich die Größe des Widerstandes W_1 zu:

$$W_1 = \frac{\partial I_a}{\partial I_h} \Big/ S.$$

Es genügt also, die Abhängigkeit des Anodenstromes vom Heizstrom
zu messen, um mit der ohnedies bekannten Steilheit der Röhre den
richtigen Wert von W_1 zu finden. Der Nachteil des Verfahrens besteht
darin, daß bei der kleinen Steilheit S der Elektrometerröhren der Widerstand W_1 meist so groß gewählt werden muß, daß an ihm eine stark
negative zusätzliche Gittervorspannung durch den Spannungsabfall entsteht. Die Batterie U_g muß daher eine entsprechend hohe positive Spannung geben. Weiters muß auch die Heizbatterie eine sehr große Spannung, nämlich die Summe der vorgeschriebenen Heizspannung der Röhre
und des Spannungsabfalles an dem Widerstand W_1 besitzen. Immerhin liefert aber diese Schaltung eine erhebliche Verbesserung der

[1] H. VAN SUCHTELEN: Philips' Techn. Rundschau 5, 58 (1940). — Ähnlich
auch R. HAFSTADT: Physic. Rev. 44, 201 (1933).

[2] M. TURNER: Proc. Inst. Radio Eng. 16, 799 (1928). — C. DEARLE und
A. MATHESON: Rev. Sci. Instr. 1, 215 (1930).

Nullpunktskonstanz. Bei der praktischen Durchführung ist ein kleiner Widerstand W_2 vorzusehen, mit dem durch Änderung des Heizstromes die Erreichung der Kompensation überprüft werden kann.

W. KORDATZKI[1] schaltet der Kompensationsbatterie $U_{komp.}$ nach Abb. 46 einen regulierbaren Widerstand R parallel. Dadurch wird die Kompensationsbatterie entladen und ändert bei dieser Entladung ihre Spannung. Durch den Widerstand R läßt sich die Entladegeschwindigkeit so einstellen, daß die Wirkung des allmählichen Absinkens der Spannung der Heiz- und der Anodenbatterie gerade aufgehoben wird.

Bewährt haben sich auch Schaltungen nach Art der Abb. 47, bei denen sämtliche Spannungen einer einzigen Batterie U entnommen werden. Der Heizstrom durchfließt eine Reihe von Widerständen, mit denen er auf den richtigen Wert herabgesetzt wird. Von diesen werden auch alle Spannungen, die zum Betrieb der Anordnung erforderlich sind, abgegriffen. Der Spannungsabfall am Widerstand R_1 liefert die richtige negative Vorspannung für das Steuergitter, der an R_2 wird für die positive Spannung des Raumladegitters ausgenutzt. An R_3 entsteht der größte Spannungsabfall, er ergibt der Hauptsache nach die Anodenspannung. An R_4 wird die Spannung für die Kompensation des Anodenruhestromes im Galvanometer G abgegriffen. R_5 ist der Kompensationswiderstand im Anodenkreis, entsprechend dem Widerstand R_1 der Abb. 42. Durch Regulierung des Widerstandes R_6 können Änderungen der Spannungs-

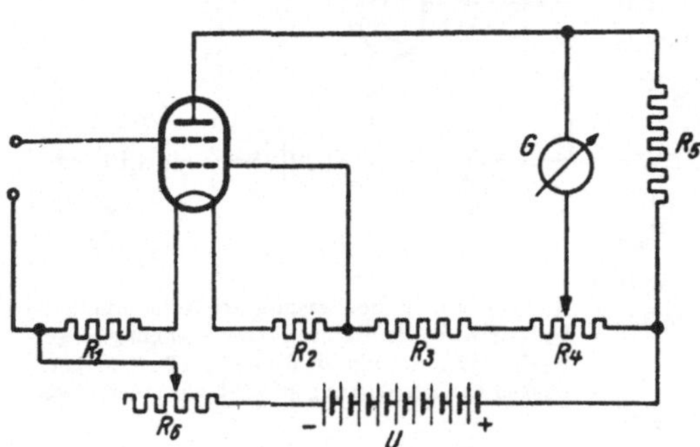

Abb. 47. Sämtliche Spannungen zum Betrieb des Röhrenvoltmeters werden einer einzigen Spannungsquelle entnommen. Vorteilhaft ist diese Schaltung bei der Verwendung eines Netzanschlußgerätes.

quelle U ausgeglichen werden, ohne an den übrigen Widerständen etwas verstellen zu müssen. Diese Schaltung ist besonders vorteilhaft, wenn nicht eine Batterie, sondern ein Netzanschlußgerät, das eine gut geglättete und mit Glimmlampen und Eisenwasserstoffwiderständen konstant gehaltene Gleichspannung liefert, Verwendung findet. Ein solches Netzanschlußgerät beschreibt sehr eingehend z. B. H. POLLATSCHEK.[2] Die Meßgenauigkeit seines Röhrenvoltmeters beträgt etwa ± 1 mV. Der Widerstand R_1 könnte dabei allerdings noch so dimensioniert werden, daß er gemäß der in Abb. 45 dargestellten Schaltung Schwankungen des Heizstromes durch automatisches Ändern der Gittervorspannung um den richtigen Betrag unwirksam macht. Es ist dann jedoch noch eine

<hr>

[1] W. KORDATZKI: Z. anal. Chem. **89**, 241 (1932); siehe auch Taschenbuch der praktischen p_H-Messung, 3. Aufl., S. 77. München: R. Müller & Steinicke, 1938.
[2] H. POLLATSCHEK: Z. Elektrochem. **41**, 340 (1935).

eigene Gittervorspannungsbatterie nötig, die dieser Vorspannung den vorgeschriebenen Wert gibt. Empfehlenswerter ist es jedoch, auf diese Kompensation zu verzichten und von vornherein eine Brückenanordnung mit zwei Röhren zu wählen, wenn eine größere Meßgenauigkeit als 1 mV gefordert wird.

b) Brückenschaltungen mit zwei Röhren. Schwankungen in den Speisespannungen können praktisch vollständig durch eine Kompensationsröhre aufgehoben werden, die mit der Meßröhre zu einer WHEATSTONE-schen Brücke geschaltet wird. Daß mit einer solchen Schaltung die Wanderung des Nullpunktes unterdrückt werden kann, erkannte als erster J. BRENTANO.[1] Unabhängig von ihm baute auch L. BERGMANN[2]

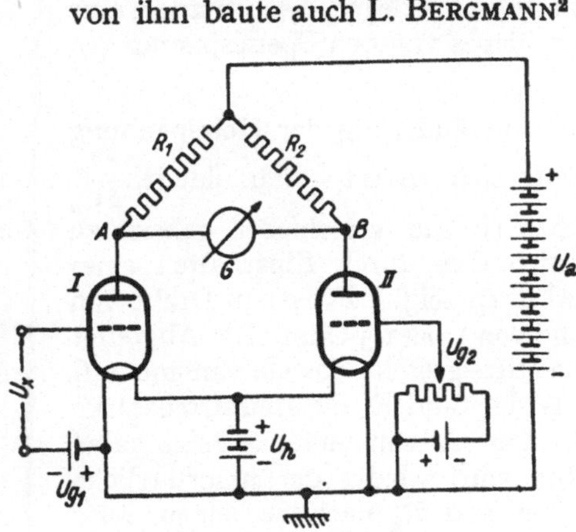

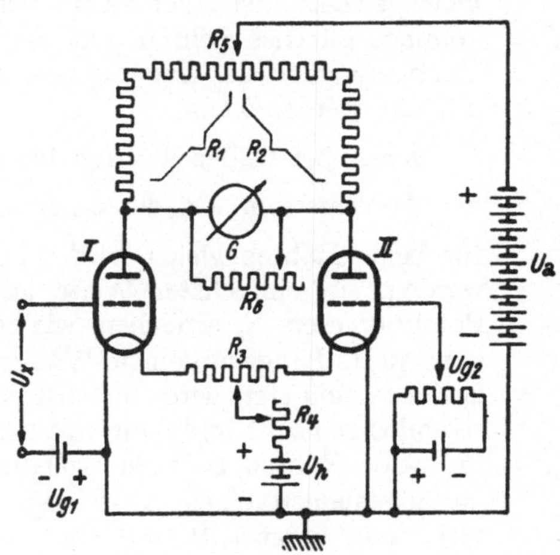

Abb. 48. Prinzip einer Brückenschaltung mit zwei Röhren. Schwankungen in der Speisespannung beeinflussen beide Röhren in gleicher Weise und können das Brückengleichgewicht nicht stören.

Abb. 49. Praktische Ausführung einer Brückenschaltung mit zwei Röhren.

eine Brücke mit zwei Röhren, allerdings um damit Wechselspannungen zu verstärken und mit einem Quadrantenelektrometer messen zu können. Das Prinzipschaltbild einer derartigen Brücke stellt Abb. 48 dar. Sie enthält zwei völlig gleiche Röhren I und II, deren Heizfäden parallelgeschaltet sind. U_h ist der Heizakkumulator. I stellt die eigentliche Meßröhre dar, an deren Gitter die zu messende Spannung U_x nach Vorschalten der erforderlichen negativen Gittervorspannung U_{g_1} angelegt wird. Die Gittervorspannung U_{g_2} der Kompensationsröhre II wird von einem Potentiometer abgegriffen. Die Spannung der gemeinsamen Anodenbatterie U_a wird beiden Röhren über die Widerstände R_1 und R_2 zugeführt. Führen beide Röhren denselben Anodenstrom, was durch Einregulieren von U_{g_2} leicht zu erreichen ist, und sind die Widerstände R_1

---

[1] J. BRENTANO: Nature, Lond. 108, 532 (1921); Z. f. Physik 54, 571 (1929). — Siehe auch C. E. WYNN-WILLIAMS: Proc. Cambr. Philos. Soc. 23, 811 (1927) und Philos. Mag. 6, 324 (1928).

[2] L. BERGMANN: Z. f. Physik 9, 369 (1922).

und R_2 einander gleich, so haben die Punkte A und B gleiches Potential und das Galvanometer G bleibt stromlos. Wird nun aber der Anodenstrom der Röhre I geändert, indem die zu messende Spannung U_x an das Steuergitter gegeben wird, so ändert sich auch der Spannungsabfall am Widerstand R_1. Die Punkte A und B haben dann verschiedenes Potential und das Galvanometer G zeigt einen Ausschlag. Wie man sieht, bilden die beiden Röhren I und II mit den Widerständen R_1 und R_2 die vier Äste einer WHEATSTONEschen Brücke. Sind beide Röhren in allen ihren Eigenschaften einander völlig gleich, so kann sich bei einem Absinken der Heizspannung oder der Anodenspannung das Brückengleichgewicht nicht verstellen. Es gibt nun aber keine einander vollkommen gleichen Röhren, und es gilt also zu überlegen, wie trotzdem eine Unabhängigkeit des Galvanometerausschlages von den Speisespannungen erreicht werden kann.

Damit bei beiden Röhren bei einer Veränderung der Heizspannung der Anodenstrom um denselben Betrag sich ändert, d. h. damit $\dfrac{\partial I_a}{\partial U_h}$ für beide Röhren gleich wird, brauchen sie nur verschieden geheizt zu werden. In einfachster Weise läßt sich dies durch Einschalten eines Potentiometers R_3 erreichen, wie es Abb. 49 zeigt. R_3 ist ein Draht von etwa 30 cm Länge mit einem Widerstand von 1 bis 1,5 Ohm. Der Abgreifer des Potentiometers wird zunächst in die Mitte gestellt, das Galvanometer G stromlos gemacht und dann mit dem Widerstand R_4 die Heizstromstärke für beide Röhren zugleich erniedrigt. Das Galvanometer G zeigt dabei im allgemeinen einen Ausschlag. Nun wird wieder der ursprüngliche Heizstrom hergestellt und der Abgreifer von R_3 nach der einen Seite verschoben. Wird nun abermals die Heizstromstärke erniedrigt, so kann das Galvanometer G entweder nach derselben Richtung wie vorhin ausschlagen, dann wurde R_3 nach der verfehlten Richtung verstellt, oder es schlägt nach der anderen Seite aus, dann wurde R_3 zwar im richtigen Sinne, jedoch zuviel verstellt. Durch einiges Probieren findet man so verhältnismäßig leicht den Punkt, bei dem eine Änderung der Heizstromstärke keinen Einfluß auf die Stellung des Galvanometers G ausübt, bei dem also die Anodenströme beider Röhren in gleicher Weise durch die Heizung geändert werden.

Es gilt nun noch die Bedingungen zu untersuchen, unter denen der Galvanometerausschlag unabhängig von Änderungen der Anodenspannung wird. Zunächst ist festzustellen, daß Brückengleichgewicht herrscht, wenn der Spannungsabfall der Anodenspannung an den beiden Widerständen einander gleich ist, also wenn gilt

$$I_{a_1} \cdot R_1 = I_{a_2} \cdot R_2$$

oder

$$I_{a_1} : I_{a_2} = R_2 : R_1. \tag{1}$$

Damit nun weiters auch bei einer Änderung des Anodenstromes beim Absinken der Anodenspannung die Änderung des Spannungsabfalles in beiden Brückenzweigen gleich wird, muß, wie in analoger Weise gefunden wird, gelten:

$$\frac{\partial I_{a_1}}{\partial U_a} : \frac{\partial I_{a_2}}{\partial U_a} = R_2 : R_1.$$

$\dfrac{\partial I_a}{\partial U_a}$ ist nun nichts anderes als der reziproke Wert des differentiellen inneren Widerstandes R_i einer Röhre, so daß man also auch schreiben kann:

$$R_{i_2} : R_{i_1} = R_2 : R_1 \tag{2}$$

oder in Worten ausgedrückt: Die Widerstände im Anodenkreis müssen sich so verhalten wie die inneren Widerstände der Röhren. Daneben muß auch noch die Bedingung der Gleichung (1) erfüllt sein, daß die Werte dieser Widerstände im umgekehrten Verhältnis der Anodenströme zueinander stehen müssen. Es liegt also eine Doppelbedingung vor, die im vorliegenden Falle allerdings leicht erfüllbar ist. Das Verhältnis der Widerstände wird im wesentlichen durch Gleichung (2) bestimmt, da sich der innere Widerstand einer Röhre nicht allzuviel mit dem Anodenstrom ändert, zumindest wenn man im praktisch ausnützbaren Teil der Kennlinie bleibt. Nachdem also $R_1 : R_2$ nach dem Verhältnis der inneren Widerstände eingestellt ist, muß durch Änderung der Gittervorspannung der Kompensationsröhre das richtige Verhältnis der beiden Anodenströme zueinander erreicht werden. Praktisch geht man so vor, daß ein Potentiometer R_5 eingebaut wird, mit dem $R_1 : R_2$ variiert werden kann. Bei der Mittelstellung des Abgreifers wird die Anodenspannung versuchsweise um etwa 1 bis 2 Volt geändert. Man beobachtet, nach welcher Richtung das Galvanometer dabei ausschlägt, verstellt dann den Abgreifer von R_5, bringt das Galvanometer durch Nachregulieren von U_{g_2} wieder auf Null und verfolgt durch abermaliges Ändern der Anodenspannung, ob sich die Kompensation gegenüber vorhin verbessert oder verschlechtert hat. Um die Einstellung der Widerstände genügend feinstufig zu machen, empfiehlt es sich, zwischen dem Widerstand R_5 und einem der Festwiderstände einen (nicht eingezeichneten) regulierbaren Widerstand von etwa 500 Ohm einzuschalten. Der Widerstand R_6 dient zur Regelung der Empfindlichkeit des Galvanometers.

Sind die Widerstände R_1 und R_2 im richtigen Verhältnis für eine Kompensation der Anodenspannungsänderungen eingestellt, so ist eine Nachregulierung der Kompensation für die Heizspannungsänderungen erforderlich. Es sollen sich ja nunmehr die Anodenströme beim Absinken der Heizung nicht mehr um gleiche Beträge ändern, sondern diese Änderung muß sich für die beiden Röhren umgekehrt wie die Werte der Anodenwiderstände verhalten, damit an diesen der gleiche Spannungsabfall entsteht. Nur auf diesen kommt es an, soll die Nullpunktslage des Galvanometers G bei Änderungen der Heizung sich nicht verstellen. Es gilt also die Bedingung

$$\frac{\partial I_{a_1}}{\partial I_h} : \frac{\partial I_a}{\partial I_h} = R_2 : R_1. \tag{3}$$

Diese Gleichung ist durch Einstellen des Potentiometers R_3 erfüllbar.

Die absolute Größe der Widerstände R_1 und R_2 wird durch keine der Bedingungen für die Kompensation vorgeschrieben. Sie sind nur groß gegen den Widerstand des Galvanometers zu wählen, damit die ganze Spannungs- und Stromänderung an der Anode der Meßröhre I auch tatsächlich im Galvanometer G zur Wirkung kommt. Zu große Werte für die Anodenwiderstände wird man jedoch auch vermeiden, und zwar besonders bei den Elektrometerröhren, da diese wegen des großen Durchgriffes einen kleinen Innenwiderstand haben und der Verstärkungsgrad deshalb unerwünscht abnehmen könnte.

Auch nach völliger Kompensation von Anoden- und Heizspannung verbleibt noch eine langsame Wanderung des Galvanometerzeigers. Die Ursache davon ist, daß der Emissionsstrom auch über die Kathode fließt und diese zusätzlich heizt. Besonders bei Elektrometerröhren mit ihrer kleinen Anodenspannung ist dies für die Stabilität des Nullpunktes von Bedeutung. Ist für eine solche Röhre die Spannung der Anode mit 7 Volt und die des Raumladegitters mit 4 Volt vorgeschrieben, so bedeutet dies ja in Wirklichkeit, daß diese Spannungen für das negative Ende des Heizfadens gelten. Am positiven Ende des Heizfadens sind diese Spannungen um die Heizspannung niedriger, also z. B. bei einer Heizspannung von 2 Volt beträgt die Anodenspannung nur mehr 5 Volt und die Spannung des Raumladegitters 2 Volt. Diese Unterschiede in den Betriebsspannungen zwischen den Enden des Heizfadens sind bei Elektrometerröhren besonders groß und haben zur Folge, daß das negative Heizfadenende bedeutend mehr zum Emissionsstrom beiträgt als das positive. Würde der Heizfaden überall gleich emittieren, so würde er auch gleichmäßig über die ganze Länge zusätzlich erwärmt werden. Da nun aber das negative Heizfadenende den größeren Teil des Raumlade- und Anodenstromes liefert, so wird es auch mehr zusätzlich erwärmt als das positive Ende. Von einer gewissen kritischen Belastung der Kathode ab tritt nun folgender Effekt immer stärker in Erscheinung: Der Emissionsstrom heizt die Kathode zusätzlich, sie emittiert daher stärker, der größere Emissionsstrom bewirkt eine noch stärkere Aufheizung der Kathode usw., so daß also kein stationärer Zustand mehr besteht. Bei direkt geheizten Oxydkathoden führt dies bekanntlich zum Durchbrennen des Heizfadens. Bei Elektrometerröhren bewirkt dieser Vorgang eine andauernde, gleichmäßige, allerdings sehr geringe Aufheizung des negativen Heizfadenendes und damit ein andauerndes, gleichmäßiges Ansteigen des Anodenstromes, auch wenn alle Betriebsspannungen unverändert bleiben, weil dadurch der wirksame Teil des Heizfadens immer länger wird. Bei Brückenanordnungen kommt auf diese Weise eine langsame Wanderung des Galvanometerzeigers zustande, denn die Aufheizung in beiden Röhren wird immer verschieden sein. Um dieser Schwierigkeit zu entgehen, bauten J. C. M. BRENTANO und P. INGLEBY[1] eine Doppeltriode, bei der zwei sonst unabhängige Röhrensysteme eine gemeinsame Kathode besitzen. Steht eine solche Spezialröhre nicht zur

---

[1] J. C. M. BRENTANO und P. INGLEBY: J. sci. Instrum. 16, 81 (1939).

Verfügung, so kann man diese Verschiedenheiten, wie F. MÜLLER und W. DÜRICHEN[1] gezeigt haben, auch dadurch ausgleichen, daß in wenigstens einer der Röhren das Raumladegitter zur Steuerung des Anodenstromes herangezogen wird. Es wird dies sehr einfach durch einen Vorwiderstand in der Zuleitung zum Raumladegitter bewirkt. Die tatsächlich an dem Raumladegitter liegende Spannung ist um den Spannungsabfall an diesem Vorwiderstand geringer als die angelegte Betriebsspannung. Steigt nun durch die Aufheizung des Heizfadens der Emissionsstrom, so nimmt auch der Raumladegitterstrom zu. Der Spannungsabfall an dem Vorwiderstand wird dann größer und das positive Potential des Raumladegitters sinkt um den entsprechenden Betrag. Das Raumladegitter wirkt nun steuernd auf den Emissionsstrom. Bei sinkendem Potential des Raumladegitters nimmt der Emissionsstrom ab. Bei passend gewähltem Vorwiderstand kann es nun so eingerichtet werden, daß diese Abnahme des Emissionsstromes den Anodenstrom gerade so schwächt, daß beide Röhren der Brücke dieselbe Änderung zeigen. Es gelingt also, die verschiedene Heizung beider Röhren einander anzupassen. Damit wird aber auch eine eigene Kompensation für die Heizspannung, wie sie nach Abb. 49 durch das Potentiometer R_3 vorgenommen wird, überflüssig und man gelangt zu der Schaltung der Abb. 50. Bei dieser haben beide Röhren Vorwiderstände R_3 und R_4 zum Raumladegitter. Als Speisespannung hiefür wird die volle Anodenbetriebsspannung U_a genommen. Es würde nämlich auch ein Absinken einer eigenen Batterie für die Raumladegitter einen verschiedenen Gang der Anodenströme beider Röhren bedingen, wodurch das Brückengleichgewicht gestört wird. Wird jedoch der Raumladegitterstrom aus der ganzen Anodenbatterie entnommen, so wird auch ein verschiedener Einfluß des Absinkens dieser Batterie schon durch die Einstellung der Widerstände R_1 und R_2 im Anodenkreis ausgeglichen. Bei der Ableitung der Bedingungen, unter welchen Umständen ein Absinken der Anodenbetriebsspannung das Brückengleichgewicht nicht stört, war ja nicht gefragt worden, auf welche Weise die Anodenspannungsänderung den Anodenstrom beeinflußt. Die Kompensation durch ein richtiges Verhältnis der

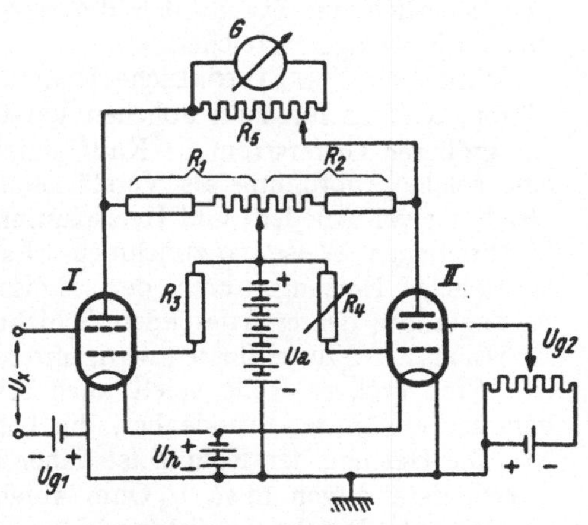

Abb. 50. Weitere Verbesserung der Brückenschaltung mit zwei Röhren. Vorwiderstände vor den Raumladegittern erlauben dabei eine besonders gute Einregelung der Nullpunktskonstanz.

---

[1] F. MÜLLER und W. DÜRICHEN: Physik. Z. **39**, 657 (1938).

Widerstände R_1 und R_2 muß also auch wirksam bleiben, wenn diese Änderung auf dem Umweg über das Raumladegitter zustande kommt. Die Vorwiderstände R_3 und R_4 sind natürlich so zu bemessen, daß der Spannungsabfall des Gitterstromes in ihnen ausreicht, um das Raumladegitter auf das richtige Potential zu bringen. Der veränderliche Widerstand R_4 ist selbstverständlich nicht als Ganzes veränderlich, sondern besteht aus einem Festwiderstand und einem in Reihe geschalteten kleinen veränderlichen Widerstand. Die Steuergittervorspannungen U_{g_1} und U_{g_2} werden aus derselben Vorspannungsbatterie entnommen. Um das Drehspulgalvanometer G auf eine gewünschte Empfindlichkeit einzustellen, damit also ein Skalenteil Ausschlag einem bestimmten runden Wert von U_x entspricht, ist nicht wie in der Schaltung nach Abb. 49 ein veränderlicher Nebenschluß vorgesehen, sondern ein Potentiometer R_5 (AYRTON-Nebenschluß).[1] Dies hat den Vorteil, daß die Dämpfung des Galvanometers bei verschiedenen Empfindlichkeiten gleich bleibt, da die Drehspule immer durch einen Widerstand derselben Größe überbrückt ist.

Die Konstanz des Nullpunktes ist bei einer Anordnung nach Abb. 50, wenn sie gut abgeglichen ist, ganz hervorragend. F. MÜLLER und W. DÜRICHEN geben an, daß der Nullpunkt in 5 Stunden nur entsprechend 0,5 mV Gitterspannungsänderung wanderte. Für kürzere Zeiten läßt sich sicherlich eine Stabilität und damit eine Meßgenauigkeit von 0,1 mV und noch weniger erreichen.

Wird eine WHEATSTONEsche Röhrenbrücke nicht mit Elektrometerröhren, sondern mit zwei üblichen Verstärkerröhren bestückt, also wenn ein größerer Gitterstrom in Kauf genommen werden kann oder wenn eine solche Anordnung als Verstärkerstufe dienen soll, so ist die Abgleichung von Anoden- und Heizspannungsschwankungen in der gleichen beschriebenen Weise vorzunehmen. Es ist nur zu beachten, daß die zusätzliche Heizung durch den Emissionsstrom wegen des größeren Widerstandes der emittierenden Schicht, die der Quere nach von dem Emissionsstrom durchflossen wird, unter Umständen nicht unbeträchtlich ist. Eine größere Rolle spielt auch schließlich noch die Rückheizung von der erwärmten Anode her, die besonders bei Endröhren merkbar ist. Die Heizung der Röhren ist daher besonders sorgfältig durch einen Vorwiderstand von etwa $^1/_4$ Ohm aufeinander abzustimmen. Zur Abgleichung der Brücke empfiehlt es sich, unter Umständen auch die Schirmgitterspannung neben einem Potentiometer noch durch regelbare Vorwiderstände einzustellen. Mit solchen Vorwiderständen kann ähnlich wie bei den Widerständen vor Raumladegittern ein Gang des Nullpunktes beeinflußt werden. Auf jeden Fall muß die gesamte Anodenbatterie auch mit dem Schirmgitterstrom belastet werden. Eine Anzapfung der Batterie ist nicht günstig.

---

[1] Näheres hierüber bei O. WERNER: Empfindliche Galvanometer. Berlin und Leipzig: Walter de Gruyter & Co., 1928, S. 169 ff. und bei W. B. NOTTINGHAM: J. Franklin Inst. **209**, 287 (1930).

4. Gleichspannungsverstärkung.

Sollen bei einem Röhrenvoltmeter für Gleichspannungen an die erste Röhre weitere Röhren zur Verstärkung angeschlossen werden, so ist die Ankopplung dieser Verstärkerstufen in einer Weise durchzuführen, daß die Größe des Anodengleichstromes der einen Röhre das Potential des Steuergitters der folgenden Röhre bestimmt. Dieser Forderung nach einer Übertragung und Verstärkung von Spannungen und Strömen auch der Frequenz Null werden nur Gleichspannungsverstärker gerecht, die vielfach auch als Gleichstromverstärker bezeichnet werden. Bei ihnen ist das Steuergitter der Folgeröhre galvanisch leitend mit der Anode der vorhergehenden Röhre verbunden, darin besteht ihr wesentliches Kennzeichen. Eine Schwierig-

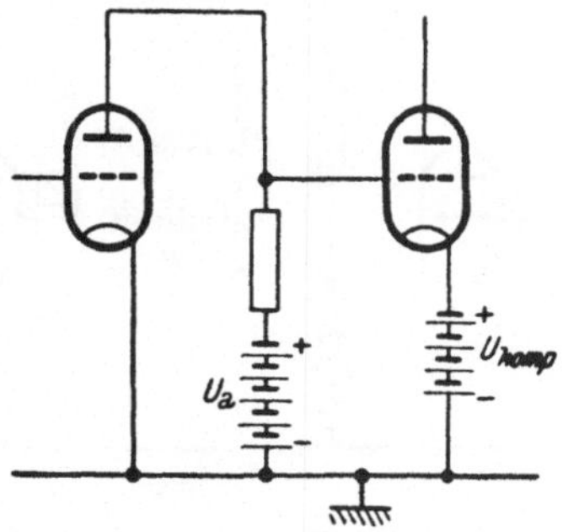

Abb. 51.   Gleichspannungskopplung, Prinzipschaltung.

keit bei diesen Gleichspannungsverstärkern liegt darin, daß die Anode der ersten Röhre eine positive Spannung hat, während das Steuergitter der zweiten Röhre eine schwach negative Spannung gegen die Kathode besitzen soll. Es sind zahlreiche Vorschläge bekannt geworden, durch die die zweite Röhre ihren richtigen Arbeitspunkt erhalten kann. Am nahe-

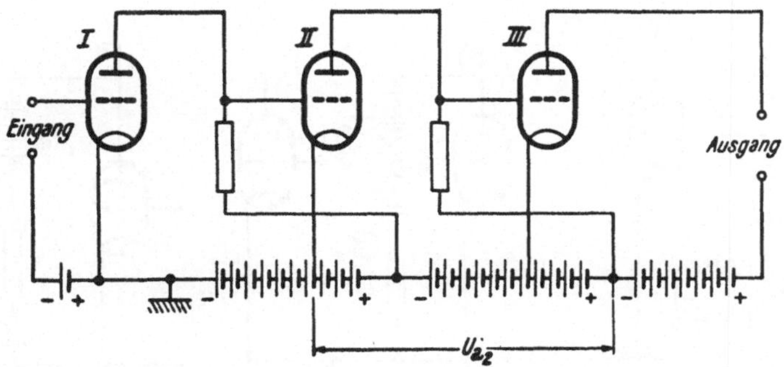

Abb. 52.   Dreistufiger Gleichspannungsverstärker mit einer einzigen Anodenbatterie.
Die Kathoden der Röhren haben von Stufe zu Stufe steigendes Potential gegen Erde. Jede Röhre benötigt daher eine eigene isolierte Heizspannungsquelle.

liegendsten ist es, wie es Abb. 51 zeigt, durch eine eigene Kompensationsbatterie der Kathode der Folgeröhre ein derart hohes positives Potential zu geben, daß ihr Steuergitter gegenüber diesem Kathodenpotential die richtige negative Vorspannung hat. Diese Kompensationsspannung kann auch von einer gemeinsamen Anodenbatterie abgegriffen werden, wie es Abb. 52 für einen dreistufigen Verstärker veranschaulicht. Der Nachteil dieser Schaltung ist, daß jede Röhre einen unabhängigen Heizakkumulator erfordert, der an Spannung gegen Erde liegt, daß weiters die Spannung der gemeinsamen Batterie sehr hoch sein muß und daß die letzte Röhre ein beträchtliches Potential gegen Erde führt. Es ist daher besser, gleich zwischen Anode und Steuergitter der Folgeröhre eine Gegenspannung einzuführen. Es gibt auch dafür verschiedene Ausführungsmöglichkeiten, die in den Abb. 53 bis 56 dargestellt sind. Die Schaltung nach Abb. 53 mit einer eigenen Gegenspannungsbatterie hat den Vorteil, daß diese nicht vom Anodenstrom belastet ist, jedoch den Nachteil, daß ein Potentiometer im Gitterkreis liegt. Das Potentiometer und die Batterie haben eine gewisse Kapazität gegen Erde, die bei der Verstärkung von hohen Frequenzen und aperiodischen Stößen einen störenden Nebenschluß gegen Erde darstellt. In dieser wie in den folgenden Abbildungen bedeuten übrigens die in Quadrate gesetzten Zahlen das Potential der betreffenden Leitung gegen Erde.

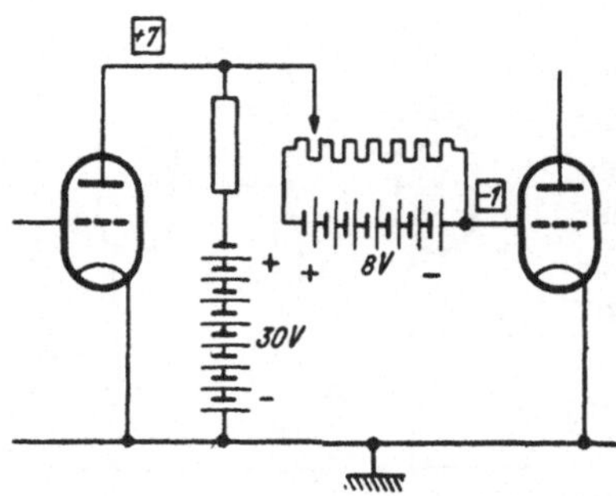

Abb. 53. Gleichspannungskopplung mit einer Gegenspannungsbatterie vor dem Gitter der zweiten Röhre. Die umrandeten Zahlen geben die Spannung der betreffenden Leitung gegen Erde an.

Als Beispiel sind die Zahlen gewählt, wie sie für eine Elektrometerröhre mit einer vorgeschriebenen Anodenspannung von 7 Volt bei einer Speisespannung von 30 Volt gelten.

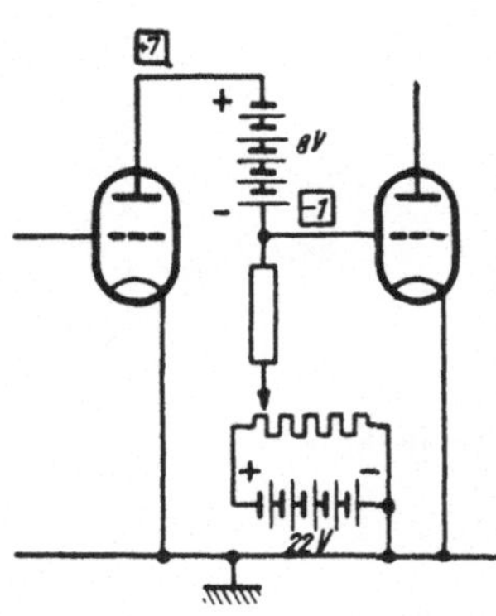

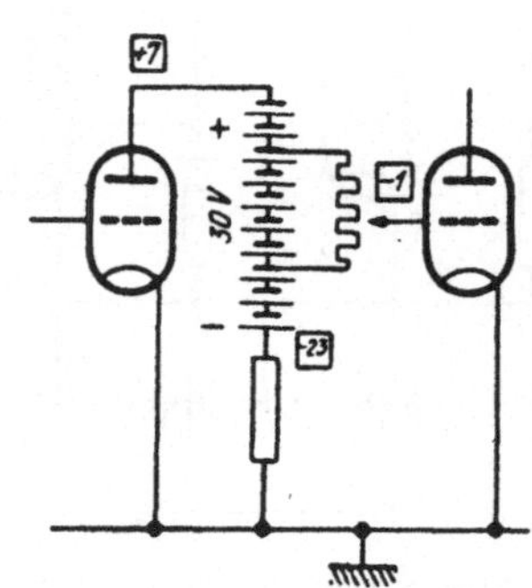

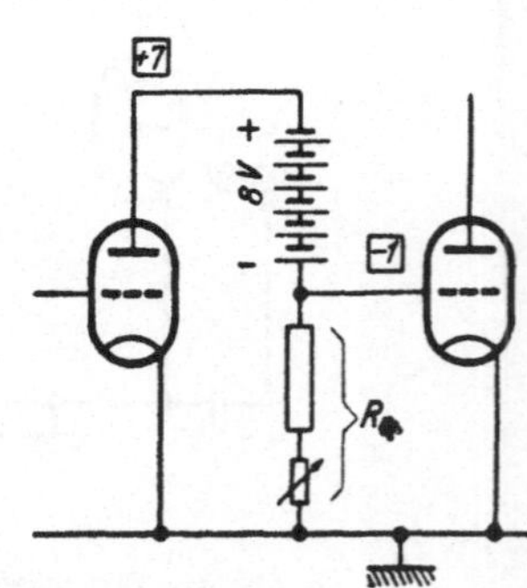

Abb. 54. Gleichspannungskopplung mit geteilter Anodenbatterie für die erste Röhre. Die Feineinstellung erfolgt mit einem Potentiometer, das nicht mehr wie in Abb. 53 die Spannungsänderungen des Gitters der zweiten Röhre mitmachen muß.

Abb. 55. Gleichspannungskopplung, bei der die Anodenbatterie für die erste Röhre zwischen Widerstand und Anode gelegt ist. Es erübrigt sich dadurch eine zweite Batterie.

Abb. 56. Gleichspannungskopplung mit einer einzigen Batterie wie nach Abb. 55, nur wird durch passende Wahl des Anodenwiderstandes das Potentiometer im Gitterkreis der zweiten Röhre entbehrlich.

Ein Potentiometer im Gitterkreis, das die Potentialänderungen der Anode mitmachen muß, wird vermieden bei der Schaltung nach Abb. 54. Allerdings ändert man beim Einstellen des Gitterpotentials der Folgeröhre zugleich auch die Anodenspeisespannung und den wirksamen

Anodenwiderstand der ersten Röhre. Die Schaltung nach Abb. 55 hat den Vorteil, daß nur eine einzige Batterie benötigt wird, von der am richtigen, durch ein Potentiometer fein einstellbaren Punkt das Potential des Steuergitters der Folgeröhre abgenommen wird. Wenn bei der Schaltung nach Abb. 55 der Anodenwiderstand einen ganz gewissen Wert hat und die Speisespannung richtig gewählt ist, so vereinfacht sich die Schaltung zu dem in Abb. 56 dargestellten Schema. Das Potentiometer entfällt und das Steuergitter der Folgeröhre wird an das Ende der Anodenbatterie angeschlossen. Allerdings ist bei der Schaltung nach Abb. 56 der Anodenwiderstand meist so klein zu nehmen,

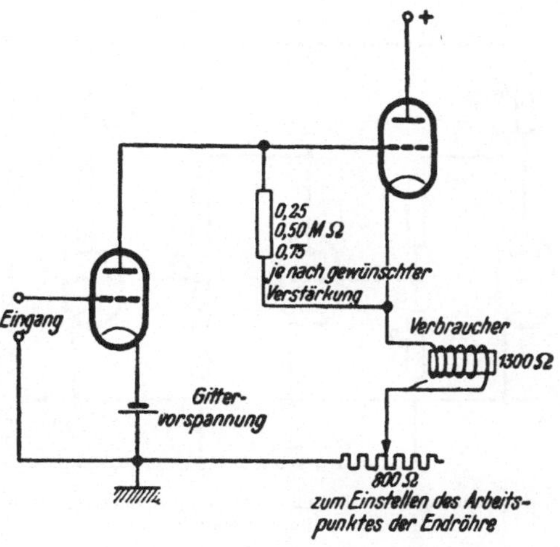

Abb. 57. Gleichspannungskopplung mit einem niederohmigen Verbraucher, der in die Kathodenleitung der Endröhre gelegt ist.

daß eine starke Einbuße an Verstärkung in Kauf genommen werden muß. An dem Vorwiderstand darf nämlich nur ein Spannungsabfall entstehen. der so groß ist wie die negative Gittervorspannung der zweiten Röhre. Um den Arbeitspunkt dieser Röhre genau einstellen zu können, empfiehlt es sich, wie angedeutet, den Anodenwiderstand aus zwei Teilen, einem festbleibenden und einem regelbaren, zusammenzusetzen.

Welchen Abwandlungen die Gleichspannungskopplung schließlich noch fähig ist, soll die Schaltung der Abb. 57 zeigen, die einer Arbeit von C. SCUDDER SMITH[1] entnommen ist und als Beispiel ohne nähere Erläuterung wiedergegeben sei.

Einen anderen Weg, nämlich durch einen Spannungsteiler die zweite Röhre auf den richtigen Arbeitspunkt zu bringen, zeigt Abb. 58.[2] Die Schal-

---

[1] C. SCUDDER SMITH: Rev. Scie. Instr. 12, 15 (1940).

[2] Britische Patentschrift Nr. 155328 aus 1920; siehe auch österr. Patentschrift Nr. 132972 aus 1933 sowie J. C. MADSEN: Z. f. Physik 101, 68 (1936) und J. SCHINTL-MEISTER: Z. f. Physik 102, 700 (1936).

tung ist besonders für Elektrometerröhren (s. S. 136) und für mehrstufige Gleichspannungsverstärker praktisch. R_1 ist der übliche Anodenwiderstand, über den die Anodenspannung zugeführt wird. Die Widerstände R_2 und R_3 bilden zusammen ein Potentiometer. An R_3 ist eine negative Spannung angelegt. Da das eine Ende des Potentiometers an der positiven Anode liegt und das andere an festem negativen Potential, so wird irgendwo zwischen diesen Enden der Widerstände auch die richtige negative Vorspannung für die Folgeröhre zu finden sein. Das Verhältnis der Widerstände R_2 und R_3, also die Lage des Anzapfungspunktes an dem Spannungsteiler, richtet sich nach der Höhe der angelegten negativen Spannung und nach dem Potential, das die Anode besitzt. Um die Gittervorspannung genau einstellen zu können,

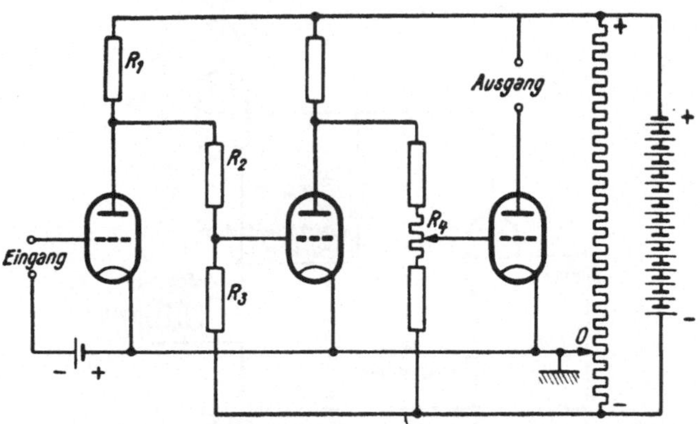

Abb. 58. Dreistufiger Gleichspannungsverstärker mit einer einzigen Anodenbatterie und einem Spannungsteiler in den Gitterkreisen.

ist es zweckmäßig, einen Widerstand veränderlich zu machen oder, noch besser, zwischen den Widerständen R_2 und R_3 einen weiteren Widerstand R_4 mit Abgreifer dazwischenzuschalten. Es ist klar, daß bei dieser Spannungsteilerschaltung nicht die volle Anodenwechselspannung auf das Gitter der Folgeröhre übertragen wird. Bezeichnen wir mit dU_a die Änderung der Anodenspannung, so wird die Gitterspannungsänderung dU_g der folgenden Röhre

$$dU_g = dU_a \frac{R_3}{R_2 + R_3}.$$

Soll wenig an Verstärkung verlorengehen, so muß also R_3 möglichst groß gegen den Gesamtwiderstand des Potentiometers gemacht werden. Dies ist nur zu verwirklichen, wenn an R_3 eine hohe negative Spannung angelegt wird. Der wirksame Anodenwiderstand der ersten Röhre ist übrigens zusammengesetzt aus der Parallelschaltung des Widerstandes R_1 und des Spannungsteilers R_2 und R_3. Bei der Bestimmung des Verstärkungsfaktors dieser Röhre ist also zu beachten, daß gilt

$$\frac{1}{R_a} = \frac{1}{R_1} + \frac{1}{R_2 + R_3}.$$

Es folgt daraus für die Praxis, daß der Widerstand des Spannungsteilers mindestens ebenso groß wie der Widerstand R_1 zu wählen ist. Wenngleich die Schaltung nach Abb. 58 eine Einbuße an Verstärkung mit sich bringt, so bietet sie doch den Vorteil, daß für den ganzen Verstärker nur eine einzige Anodenbatterie und eine einzige Spannungsquelle für die hohe negative Spannung erforderlich ist. Diese Spannung kann auch einem Netzanschlußgerät entnommen werden. Wird die Spannung von einer einzigen Spannungsquelle abgegriffen, wie es die Abb. 58 zeigt, so läßt sich mit dieser Schaltung überdies eine weitgehende Unabhängigkeit der Einstellung der Arbeitspunkte der einzelnen Röhren von der Höhe der Spannung, die die Spannungsquelle liefert, erreichen, denn bei Steigen der Anodenspannung steigt auch das negative Potential am Widerstand R_3.

Eine vorteilhafte Abänderung der eben besprochenen Schaltung ist in Abb. 59 wiedergegeben.[1] Bei ihr ist der Widerstand R_2 des Spannungsteilers durch eine Glimmlampe Gl ersetzt. Hat die Entladung an einer Glimmlampe einmal eingesetzt, es ist dazu das Anlegen der „Zündspannung" erforderlich, so sinkt die Spannung zwischen ihren Elektroden auf die sogenannte „Brennspannung" ab, die aber in recht weiten Grenzen unabhängig von dem fließenden Strom bleibt. Der differentielle innere Widerstand der Glimmstrecke ist demnach praktisch Null. Bekanntlich wird von dieser Eigenschaft einer

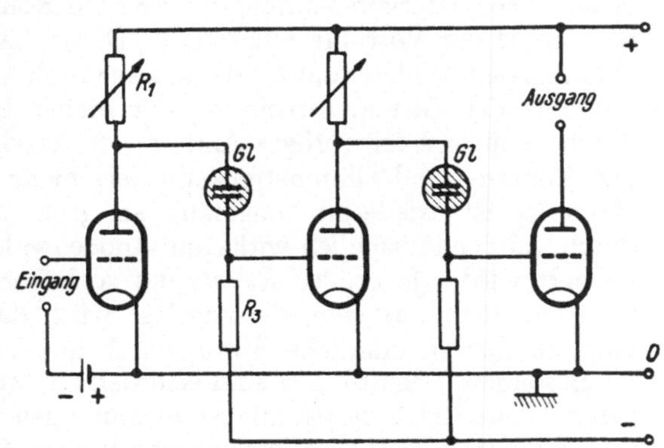

Abb. 59. Gleichspannungskopplung mit Spannungsteiler im Gitterkreis wie Abb. 58, ein Widerstand des Spannungsteilers ist jedoch durch eine Glimmlampe ersetzt.

Glimmentladung bei den Stabilisatorröhren zur Glättung von Gleichspannungen Gebrauch gemacht. Da der Spannungsabfall an der Glimmstrecke konstant bleibt, wirken sich Spannungsänderungen der Anode voll auf das Gitter der Folgeröhre aus. Dieses hat jedoch ein Potential, das um die Brennspannung der Glimmlampe negativer ist als die an der Anode liegende Spannung. Eine konstante Brennspannung hat eine Glimmstrecke allerdings nur dann, wenn ein gewisser Mindeststrom fließt. Dessen Größe ist abhängig von der Größe der Elektroden, ihrem Abstand, dem Füllgas, dessen Druck usw. Der Strom muß mindestens so groß sein, daß die Elektroden völlig mit

---

[1] Telefunken, deutsche Patentschrift Nr. 647816 aus 1937 (angemeldet 1930). — H. PERK: Arch. f. Elektrotechn. 26, 443 (1932). — A. NARATH und K. H. R. WEBER; Kinotechn. 21, 67 (1939). — W. H. HUGGINS: Electr. Eng. 60, 437 (1941).

Glimmlicht bedeckt sind. Am Elektrizitätstransport in der Glimmlampe sind auch die ionisierten Molekeln des Gases beteiligt. Wegen ihrer geringen Geschwindigkeit treten Verzögerungen im Stromverlauf auf. Für rasche Spannungsänderungen hat daher die Glimmstrecke, formal gesehen, die Eigenschaften einer Induktivität. Für Wechselstrom kann daher der Widerstand R_2 der ,Abb. 58 nicht mehr gleich Null gesetzt werden. Da der induktive Widerstand einer Selbstinduktion mit der Frequenz bekanntlich ansteigt, nimmt demnach bei einem glimmlampengekoppelten Gleichspannungsverstärker mit steigender Frequenz der Verstärkungsfaktor ab, da der Widerstand R_2 scheinbar immer größer wird. Dieser Frequenzgang macht sich allerdings erst von etwa 100 bis 500 Hz an bemerkbar.

Für die Kopplung eignen sich kleine handelsübliche Signalglimmlampen mit einer Brennspannung von etwa 80 V, also gerade der richtigen Größe für den Potentialunterschied zwischen der Anode und dem Steuergitter. Die Gittervorspannung der zweiten Röhre wird mit dem Potential der Anode der Vorröhre eingestellt. Dieses hängt von dem Spannungsabfall an dem Widerstand R_1 ab, ist also durch Ändern dieses Widerstandes und mit der Gittervorspannung der ersten Röhre regelbar. Lediglich durch genügend feinstufiges Ändern der Anodenwiderstände lassen sich alle Röhren- und Glimmstreckenunterschiede abgleichen. Der Widerstand R_3 ist wiederum ungefähr so groß wie R_1 zu wählen, damit durch ihn der tatsächlich wirksame Anodenwiderstand nicht unnötig verkleinert wird. Je größer R_3 ist, um so höher muß allerdings auch die negative Spannung sein, die angelegt wird, damit der zum Betrieb der Glimmlampe erforderliche Strom durch ihn fließt.

Besondere Schaltungen sind erforderlich, wenn das Prinzip der Kompensation der Batteriespannungsschwankungen mit einer eigenen Kompensationsröhre (S. 57 ff.) auf einen mehrstufigen Gleichspannungsverstärker ausgedehnt werden soll. An sich sind die Batteriespannungsschwankungen mit jeder folgenden Verstärkerstufe immer weniger störend, und es genügt zweifellos in vielen Fällen, an eine Brückenschaltung mit zwei Röhren nach den Abb. 49 und 50 einen Verstärker mit einer Röhre in jeder Stufe anzuschließen. Soll der ganze Verstärker nicht auf dem Potential der Anode der ersten Stufe stehen, ist allerdings eine Gegenspannungsbatterie zwischen der Anode der Röhre *II* der ersten Stufe und der Kathode der folgenden Verstärkerstufe einzuschalten. Soll jedoch höchsten Ansprüchen auf die Nullpunktskonstanz entsprochen werden, so ist es doch besser, jede Stufe mit einer Kompensationsröhre zu versehen. Man gelangt dann zu dem in Abb. 60 dargestellten Schaltschema für einen dreistufigen Verstärker. Es ist bei ihm die in Abb. 52 wiedergegebene Ausführungsform der Gleichspannungskopplung gewählt, nur sind eigene Gegenspannungsbatterien eingezeichnet, um das Schema übersichtlicher zeichnen zu können. Es ist üblich, einen solchen Verstärker nicht als WHEATSTONEsche Brücke aufzufassen, sondern ihn als Gleichspannungs-Gegentaktverstärker zu bezeichnen. Es ist ja in der Tat gleichgültig für den Verstärkungsvorgang, ob die zu messende Spannung an die Eingangsklemmen a und b

oder a und c angeschlossen wird. Im letztgenannten Fall wirkt die zu messende Spannung gegenphasig auf die Steuergitter der beiden Röhren ein und es kommt eine Verstärkung im Gegentakt zustande.

Die in Abb. 60 wiedergegebene Schaltung hat den Nachteil, daß sich eine geringe Änderung z. B. der Gittervorspannung U_{g_1} auf den Arbeitspunkt aller folgenden Röhren auswirkt. Der Spannungsunterschied an den Ausgangsklemmen wird zwar dadurch nicht beeinflußt, da die Änderung der Spannung von U_{g_1} in dem Röhrenpaar jeder Stufe gleichartige Änderungen des Anodenstromes hervorruft, sofern jede einzelne Gegentaktstufe vollständig abgeglichen, also eine „Querkompensation" erreicht ist. Als Folge hoher Verstärkung kann diese Verschiebung des Arbeitspunktes der einzelnen Röhrenpaare aber leicht so groß werden,

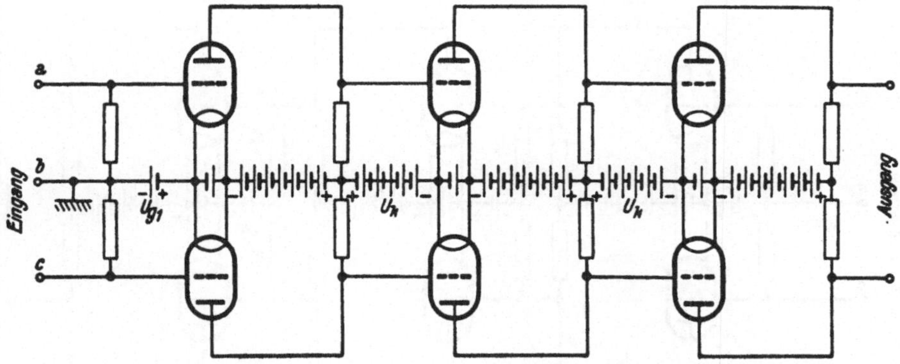

Abb. 60. Mehrstufiger Gleichspannungsverstärker in Brückenschaltung (Gleichspannungs-Gegentaktverstärker). Gute Querstabilität, aber mangelhafte Längsstabilität.

daß die Endstufe entweder überhaupt gesperrt wird, wenn ihr Steuergitter ein zu negatives Potential erhält oder, wenn es zu positiv sein sollte, fließt ein großer Gitterstrom. Eine kleine Änderung einer der Batteriespannungen der ersten Stufe kann daher den ganzen Verstärker durch mangelhafte „Längskompensation" außer Betrieb setzen. Da eine Querkompensation in einer Gegentaktstufe überhaupt nur für einen kleinen Gitterspannungsbereich aufrecht erhalten werden kann, bedingt eine ungenügende Längskompensation weiterhin noch, daß die Nullpunktswanderung infolge der Schwankung der Gittervorspannung der ersten Stufe größer werden kann, als es einer ungenügenden Querkompensation lediglich dieser Stufe entsprechen würde.

Eine vollständige Längskompensation kann für einen mehrstufigen Gleichspannungs-Gegentaktverstärker mit der in Abb. 61 dargestellten Kopplungsart erhalten werden, die von F. Buchthal und J. O. Nielsen[1] angegeben wurde. Es entfallen bei ihr die Kopplungsbatterien U_k der Abb. 60. Die richtige Vorspannung für die Röhren wird von eigenen Batterien U_g geliefert und über Gitterwiderstände R_g zugeführt. Eine

---

[1] F. Buchthal und J. O. Nielsen: Skand. Arch. Physiol. **74**, 202 (1936).

Verlagerung des Arbeitspunktes auf der Röhrencharakteristik ist dadurch unmöglich gemacht. Die ganze zweite Stufe schwebt allerdings auf dem Anodenpotential der ersten Stufe und die dritte Stufe schwebt auf dem Anodenpontential der zweiten. Nur Unterschiede in den Anodenspannungsänderungen der ersten Stufe aber steuern die Röhren der zweiten Stufe. Gleichsinnige Spannungsänderungen der Anoden, die durch Spannungsänderungen in den Stromquellen verursacht werden, heben oder senken nur das Schwebepotential der folgenden Stufen. In der Praxis gibt diese Schaltung Schwierigkeiten, denn das nicht festgelegte Potential der Ausgangsklemmen gegen Erde bedingt, daß das Nachweisinstrument sehr gut isoliert aufzustellen ist, und außerdem muß es abgeschirmt werden, da äußere Störungen, z. B. influenzierte Ladungen, nur über eine Reihe von Hochohmwiderständen

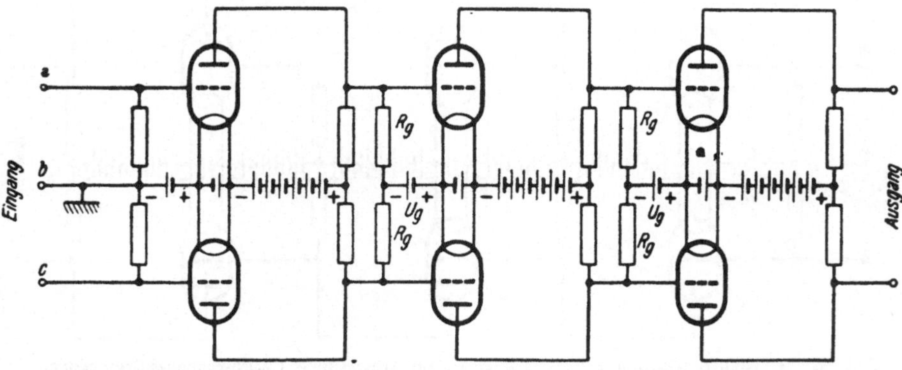

Abb. 61. Mehrstufiger Gleichspannungs-Gegentaktverstärker, bei dem durch eigene Gitterwiderstände R_g Längsstabilität erreicht wird. Die Ausgangsstufe hat allerdings kein festes Potential gegen Erde.

nach der Erde abfließen können, wie aus dem Nachgehen des Leitungsweges zu sehen ist.

Dieser Mangel wird nach J. O. Nielsen[1] dadurch beseitigt, daß die dritte Stufe ein festes Potential gegen Erde erhält, wie es Abb. 62 zeigt. Es wird dazu eine Batterie U_{Erde} verwendet, aber diese Batterie kann erspart werden, wenn die Kathode der dritten Stufe mit dem Äquipotentialpunkt der Anodenbatterie der ersten Stufe U_{a_1} durch die gestrichelt eingezeichnete Leitung l verbunden wird. Die Einstellung der Spannungsabnahme braucht nicht besonders genau vorgenommen zu werden, so daß sich ein Potentiometer erübrigt, wenn die Spannung etwa um je 1,5 Volt durch Stecken in Buchsen der Batterie geändert werden kann. Ändert die zweite Stufe ihr Schwebepotential, so fließt von den Widerständen R_{g_3} angefangen ein Ausgleichsstrom der Reihe nach durch die übrigen Anoden- und Gitterwiderstände, durch dessen Spannungsabfall die ursprüngliche Spannungseinstellung beinahe wieder hergestellt wird. Der Verstärker besitzt demnach eine fast vollkommene Längsstabilität.

---

[1] J. O. Nielsen: Z. f. Physik 107, 192 (1937).

Diese Rückwirkung der Ausgangsstufe auf die vorhergehenden Stufen kann als Gegenkopplung (negative Rückkopplung) über OHMsche Widerstände aufgefaßt werden. Der Verstärker hat weiters, wie nicht näher ausgeführt sei, die interessante Eigenschaft, daß die Ausgangsspannung zwischen den Klemmen d und e immer symmetrisch gegen das Potential der Anodenbatterie, also den Punkt f, liegt. Es gilt dies sowohl in dem Fall, daß die Eingangsspannung selbst symmetrisch gegen Erde, also an die Klemme a und c angelegt wird, als auch in den Fällen, in denen das Meßobjekt nur an die Klemmen a und b angeschlossen wird, wobei die Klemme c frei bleibt. Die erhaltene Spannungsverstärkung ist in beiden Fällen dieselbe, und zwar gleich dem Produkt der Verstärkungsfaktoren der einzelnen Stufen. Die Gegenkopplung ist also für gegenphasige (unsymmetrische) Änderungen der Eingangsgitterspannungen unwirksam

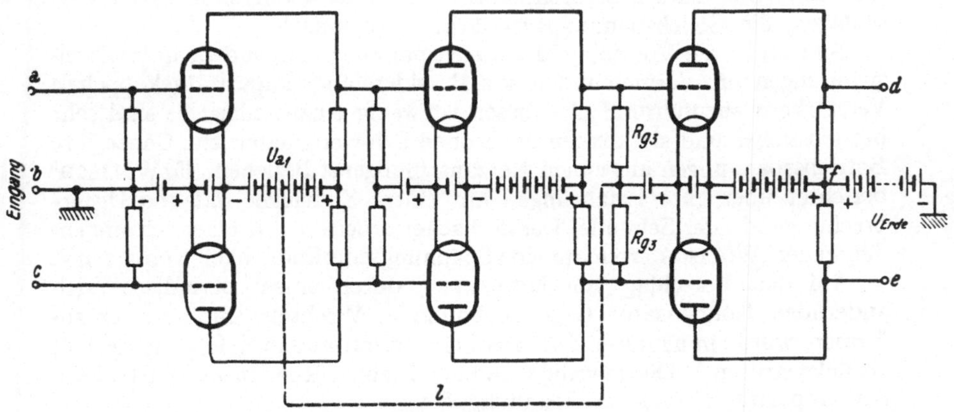

Abb. 62. Mehrstufiger Gleichspannungs-Gegentaktverstärker nach Abb. 61 mit schwebendem Potential der zweiten, aber festgelegtem Potential der dritten Stufe. Gute Quer- und Längsstabilität.

und besteht nur für die gleichphasigen Spannungsänderungen der Speisebatterien.[1]

Eine Gegenkopplung kann unter Umständen auch bei Gleichspannungsverstärkern, die nicht in Gegentaktschaltung ausgeführt sind, von Vorteil sein, wie EBERHARDT, NÜSSLEIN und RUPP[2] zeigten.[3] Es läßt sich damit innerhalb gewisser Grenzen die Nullpunktskonstanz verbessern, auch ist eine Anpassung des Verstärkers an den inneren Widerstand des Meßobjekts oder des angeschlossenen Meßgerätes möglich, so daß z. B. eine bessere Leistungsabgabe erreicht werden kann. Durch Einfügen von Verzögerungsgliedern im Gegenkopplungskanal z. B. einen Wider-

---

[1] Eingehend behandelt wurde der Gleichspannungs-Gegentaktverstärker mit Gegenkopplung von H. KÖNIG: Helv. Physica Acta 13, 381 (1940).

[2] R. EBERHARDT, G. NÜSSLEIN und H. RUPP: Arch. f. Elektrotechn. 35, 477 und 533 (1941).

[3] Über Eigenschaften verschiedener Gegenkopplungsschaltungen siehe L. BRÜCK: Die Telefunkenröhre, Heft 11, S. 244, Dez. 1937.

stand und einen Kondensator,[1] läßt sich sogar erreichen, daß die kriechende Einstellung eines Galvanometers erheblich beschleunigt wird. Bei der „elastischen Rückführung" setzt nämlich die Wirkung der Gegenkopplung nur allmählich ein, so daß der Verstärker anfänglich einen höheren Verstärkungsgrad aufweist. Die Einstellbewegung des Meßgerätes verläuft daher zunächst rascher als bei konstantem Verstärkungsgrad. Erst in dem Ausmaß, in dem die Anzeige des Meßgerätes dem Sollausschlag zustrebt, nimmt der Verstärkungsgrad seinen normalen Wert an.

5. Sonstige Verstärker.

Gleichspannungsverstärker sind nicht einfach zu bedienen und einzustellen, wenngleich in geschickten Händen die Schwierigkeiten nicht so groß sind, wie vielfach befürchtet wird. Es fehlt demnach nicht an Vorschlägen, die Gleichspannungsverstärkung zu umgehen.

Sehr alt ist der Vorschlag, die Gleichspannungen irgendwie in Wechselspannungen umzuformen und diese z. B. widerstands-kapazitätgekoppelten Verstärkern zuzuführen.[2] An diesen ist wenig einzustellen, sie sind sehr betriebssicher und sie können auch ohne Schwierigkeiten zur Gänze ihre Betriebsspannungen aus einem Netzanschlußgerät beziehen. E. WÖLISCH[3] berichtet über gute Erfahrungen mit einem Zerhacker mit 100 Unterbrechungen in der Sekunde. Der Zerhacker arbeitete mit einer schwingenden Feder. WÖLISCH erreichte eine Spannungsempfindlichkeit von 0,2 mV.

Auf den Vorschlag von MEISSNER[4], durch einen periodisch sich ändernden Kondensator Gleichspannung in Wechselspannungen umzuformen, wurde in neuester Zeit, anscheinend mit gutem Erfolg, wiederholt zurückgegriffen.[5] Die jeweilige Ladung Q eines Kondensators ist gleich der Kapazität C mal der Spannung U:

$$Q = C U. \tag{1}$$

Läßt man eine Kondensatorplatte periodisch gegen die andere schwingen, dann muß periodisch influenzierte elektrische Ladung zu- und abfließen. Diese Ladeströme sind proportional der Spannung U und dem Betrag der Kapazitätsänderung, wie aus Gleichung (1) zu ersehen ist. Man schickt sie, wie in Abb. 63 dargestellt, durch einen Hochohmwiderstand R. Zwischen dessen Enden tritt dann nach dem OHMschen Gesetz eine Wechselspannung auf. Sie wird verstärkt und zur Anzeige gebracht.

---

[1] Siehe S. 104 ff.

[2] Siehe z. B. R. JÄGER: Helios **37**, 1 und 17 (1931).

[3] E. WÖLISCH: Z. Instrumentenkde. **51**, 312 (1931); Z. Biol. **92**, 26 (1931). — Siehe auch R. EBERHARDT, G. NÜSSLEIN und E. RUPP: Arch. f. Elektrotechn. **35**, 533 (1941), und J. KRÖNERT und H. MIETHING: Wiss. Mitt. Siemenskonz. **9**, 112 (1930).

[4] MEISSNER und ADELSBERGER: Bericht über die Tätigkeit d. Physik.-techn. Reichsanstalt im Jahre 1928, S. 10.

[5] H. LE CAINE und J. H. WAGHORNE: Canad. Journ. Res. (A), **19**, 21 (1941). — G. HOFFMANN: Sitzungsber. d. Sächs. Akademie d. Wiss. zu Leipzig, **93**, 40 (1941). — C. DORSMAN: Philips' Techn. Rdsch., **7**, 24 (1942).

Bezeichnen wir mit U_0 die zu messende Gleichspannung und mit U die Spannung der einen Platte des Kondensators, die andere sei geerdet, so fließt durch den Widerstand R der Strom

$$i = \frac{U_0 - U}{R}. \tag{2}$$

Dieser Strom ist weiters gleich der Elektrizitätsmenge, die in der Zeiteinheit zu- oder abfließt, also gleich $\frac{dQ}{dt}$ oder unter Berücksichtigung von Gleichung (1)

$$i = \frac{dQ}{dt} = C\frac{dU}{dt} + U\frac{dC}{dt} = \frac{U_0 - U}{R}. \tag{3}$$

Wenn die Abstandsänderung der schwingenden Platte des Kondensators C sinusförmig erfolgt, so kann für den Kapazitätsverlauf geschrieben werden

$$C = \frac{C_0}{1 + a\cos\omega t}. \tag{4}$$

C_0 ist dabei ein mittlerer

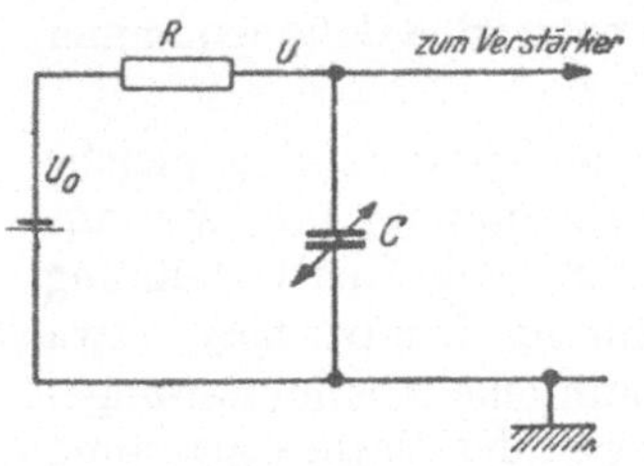

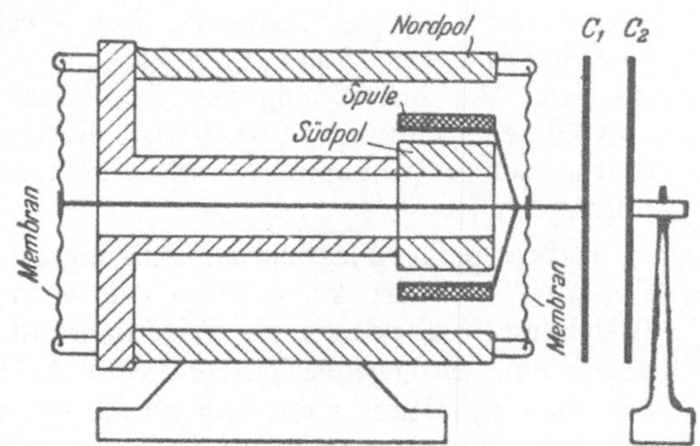

Abb. 63. Schema für die Schaltung eines schwingenden Kondensators mit dem eine Gleichspannung U_0 in eine Wechselspannung umgeformt werden soll.

Abb. 64. Ein schwingender Kondensator nach C. DORSMAN

Wert der Kapazität, der Faktor a kennzeichnet die Schwingungsweite und ω ist das 2π-fache der Frequenz ν.

Mit diesem Ausdruck erhält man für einen genügend großen Wert von $\omega R C_0$ als Näherungslösung der Differentialgleichung (3):

$$U - U_0 = a U_0 \left(\cos\omega t - \frac{1}{R C_0}\sin\omega t\right). \tag{5}$$

Ist $\omega R C_0$ groß genug, so können wir schließlich ohne weiteres die Näherungsgleichung

$$U - U_0 = a U_0 \cos\omega t \tag{6}$$

für die Spannungsänderungen gebrauchen.

Der Bau des schwingenden Kondensators von C. DORSMAN[1] ist in Abb. 64 dargestellt. Ein Röhrenoszillator erzeugt einen Wechselstrom von 125 Hz. Damit wird ein mechanisches Schwingungssystem angetrieben. Dieses besteht aus einer Spule und einer ebenen Platte, die auf einer Achse sitzen. Die Achse ist mit zwei Membranen federnd befestigt.

---

[1] Eingebaut in ein p_H-Meßgerät der Firma Philips in Eindhoven.

Die Spule befindet sich in dem Feld eines Topfmagneten und fängt zu schwingen an, wenn sie vom Wechselstrom durchflossen wird. Die mechanische Resonanzfrequenz des schwingenden Systems ist gleich der Frequenz des Wechselstromes, es entsteht also eine sehr gut sinusförmige Schwingung. Die schwingende Platte bildet mit einer festen, ihr parallel gegenüberstehenden Platte einen Kondensator. Die Abstandsänderungen der Platten bei den Schwingungen sind so groß, daß die Kapazität mit dem dritten Teil ihres mittleren Wertes schwankt. In Gleichung (6) ist also für a der Wert $^1/_3$ einzusetzen, die Scheitelspannung der Wechselspannung ist also $^1/_3$ der zu messenden Gleichspannung U_0. Der Effektivwert der erhaltenen Wechselspannung ist dann $\dfrac{1}{\sqrt{2}}$ mal diesem Teil, also 23% der Gleichspannung.

DORSMAN stellt an sein p_H-Meßgerät die Forderung, daß es noch 0,5 mV Gleichspannungsunterschied anzeigt. Dem entspricht ein Unterschied von 0,01 p_H-Einheiten. Der Wechselspannungsverstärker muß also eine Spannung von 0,23 mal 0,5 mV oder rund 0,1 mV wahrnehmbar machen. Bei Anwendung von Resonanzkreisen zur Verstärkung überragt diese Spannung deutlich den Rauschhintergrund von Verstärkerröhren, der aus prinzipiellen, auf S. 120 ff. näher erörterten Gründen immer vorhanden ist.

Haben beide Platten des schwingenden Kondensators das gleiche Potential, so tritt keine influenzierte Wechselspannung auf, wie aus Gleichung (6) abzulesen ist. Wird daher die zu messende Gleichspannung durch eine entgegengerichtete bekannte Spannung kompensiert, etwa mit einer Schaltung nach Abb. 42 (S. 49), so kann eine Abstimmanzeigeröhre (Kathodenstrahlindikatorröhre) zum Nachweis der Wechselspannung und damit zum Abgleichen der Kompensationsspannung verwendet werden. Diese Abstimmanzeigeröhren sind von den neuzeitlichen Rundfunkempfängern her bekannt. Eine Wechselspannung von etwa 1 Volt ist mit ihnen gut wahrnehmbar. Da Abweichungen von 0,1 mV bei der Kompensation deutlich erkennbar sein sollen, so ist eine 10000fache Spannungsverstärkung nötig. Mit zwei hintereinandergeschalteten Hochfrequenzpentoden ist dieser Verstärkungsgrad leicht erreichbar.

Abb. 65 stellt das Schaltbild des Röhrenvoltmeters dar. An die eine Platte C_1 des schwingenden Kondensators wird die zu messende Spannung U_x gelegt, an die zweite Platte C_2 über den Widerstand R von 10^9 Ohm die Kompensationsspannung U_k. Von der Platte C_2 wird bei nicht vollständigem Abgleich eine Wechselspannung abgegriffen und zum Verstärker geleitet. Die erste Röhre, z. B. eine Hochfrequenzpentode der Type EF 12, arbeitet bei freiem Gitter. Damit dessen Ruhepotential ohne Einfluß auf das Potential der Platte C_2 bleibt, muß in die Gitterleitung ein gut isolierender Kondensator gelegt werden. Weiters ist noch auf folgenden Umstand zu achten: Wie auf Seite 7 besprochen wurde, besteht zwischen zwei verschiedenen Metalloberflächen ein Kontaktpotential, das gleich dem Unterschied der Austrittspotentiale der Elektronen aus diesen Oberflächen ist. Selbst Platten aus demselben

sehr reinen Metall haben um einige Millivolt verschiedene Austrittsarbeiten, da sie im Gefüge der Kristallite nicht übereinstimmen, die Gasbeladung der Oberflächen eine andere ist usw. Bei zwei beliebigen Platten
aus gleichem Material können die Austrittspotentiale bis zu einigen
Zehntelvolt voneinander abweichen. Dieser Unterschied muß durch
eine angelegte Spannung ausgeglichen werden. Am besten ist es, den
Akkumulator für den Spannungsteiler, von dem die Kompensationsspannung U_k abgegriffen wird, durch ein Potentiometer zu überbrücken
und von dessen Schleifer an Erde zu gehen. Sind U_x und U_k beide gleich

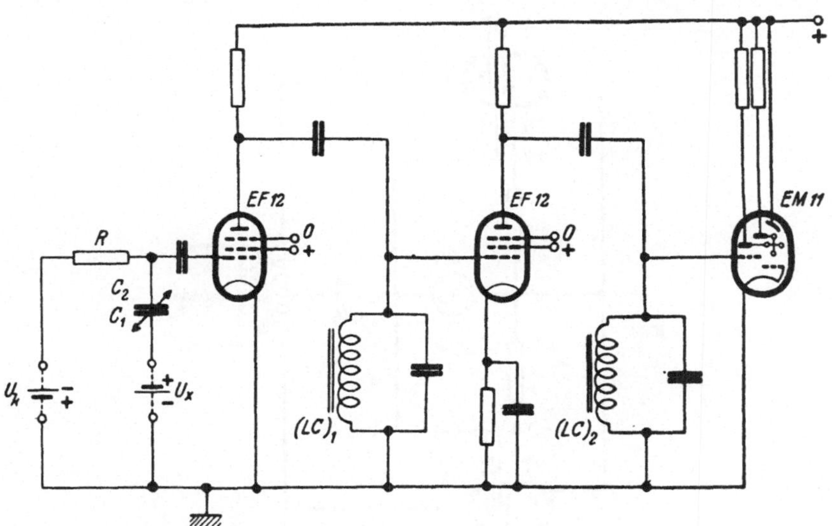

Abb. 65. Schaltung eines Röhrenvoltmeter mit schwingendem Kondensator zur Umwandlung der Gleichspannung in eine Wechselspannung und einer Abstimmanzeigeröhre zu deren Nachweis.

Null, so ist dieses Potentiometer so lange zu verstellen, bis das Gerät
keine Wechselspannung an der Kondensatorplatte C_2 anzeigt.

Als Gitterwiderstände der zweiten Hochfrequenzpentode und der
Abstimmanzeigeröhre sind Resonanzkreise $(LC)_1$ und $(LC)_2$ eingebaut,
damit nur Frequenzen verstärkt werden, die in der Nähe der Frequenz
des schwingenden Kondensators liegen. Als Abstimmanzeigeröhre ist
eine Röhre der Type EM 11 zu empfehlen, da sie zwei verschieden empfindliche Bereiche besitzt. Es ist angenehm, am unempfindlichen Bereich
sofort zu ersehen, wie weit ungefähr bis zu einem völligen Abgleich der
Spannungen kompensiert werden muß.

Das von C. DORSMAN beschriebene Röhrenvoltmeter wird völlig aus
dem Netz betrieben. Die übliche Frequenz des Wechselstromnetzes
beträgt 50 Hz und ist schwer völlig wegzusieben. Das gleiche gilt auch
für die immer vorhandenen Oberwellen der doppelten und dreifachen
Frequenz von 100 und 150 Hz. Die Frequenz des schwingenden Kondensators ist mit 125 Hz so gewählt, daß diese Oberwellen gleich weit von der

Resonanzfrequenz des Verstärkers abliegen und daher nicht in störender Weise mitverstärkt werden.

Anstatt einen schwingenden Kondensator zu benutzen, könnte man auch daran denken, das Prinzip des Rundfunküberlagerungsempfängers zum Umformen von Gleichspannungen in Wechselspannungen zu verwenden. Man müßte nur in einer Mischröhre eine örtlich erzeugte Wechselspannung konstanter Amplitude mit der zu messenden Gleichspannung beeinflussen, um eine Wechselspannung zu erhalten, deren Amplitude der Gleichspannung entspricht. Dieser Gedanke ist von F. Kerkhof[1]

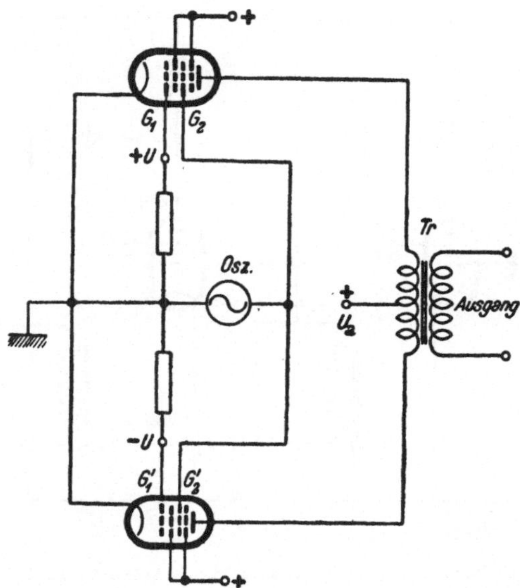

Abb. 66. Schaltungsprinzip für das Umwandeln von Gleichspannungen in Wechselspannungen nach dem Überlagerungsverfahren.

durchgeführt worden. Abb. 66 gibt das Prinzip der Schaltung wieder und Abb. 67 ihre praktische Ausführung.

Die Modulation der Wechselspannung wird in einer Gegentaktmischstufe vorgenommen. An die Steuergitter G_1 und G_1' von zwei Hexoden wird die zu messende Spannungsdifferenz $2u$ angelegt. Die beiden Steuergitter werden also im Gegentakt beeinflußt. Ein Niederfrequenzoszillator *Osz.* arbeitet mit einer Frequenz von 310 Hz im Gleichtakt auf die zweiten Gitter G_2 und G_2' der Hexoden. Die Anoden sind mit den Enden eines Gegentakttransformators *Tr* verbunden. Die Speisespannung für die Anoden wird durch die Mittelanzapfung der Primärseite zugeführt. An die Sekundärseite kann ein Wechselspannungsverstärker angeschlossen werden.

In der ausgeführten Schaltung werden für die Gegentaktstufe zwei Verbundröhren CCH 1 gewählt. Diese Röhren, ebenso wie die Röhren

---

[1] F. Kerkhof: Z. f. Phys. 119, 43 (1942).

ACH 1 und ECH 11, bestehen aus einem Hexodensystem (zwei Steuergitter, zwei Schirmgitter) und einem Triodensystem mit einer gemeinsamen Kathode.

Die zwei Triodensysteme werden parallel geschaltet und für den Aufbau des Oszillators benutzt. Zur Zuführung der zu messenden Gleich-

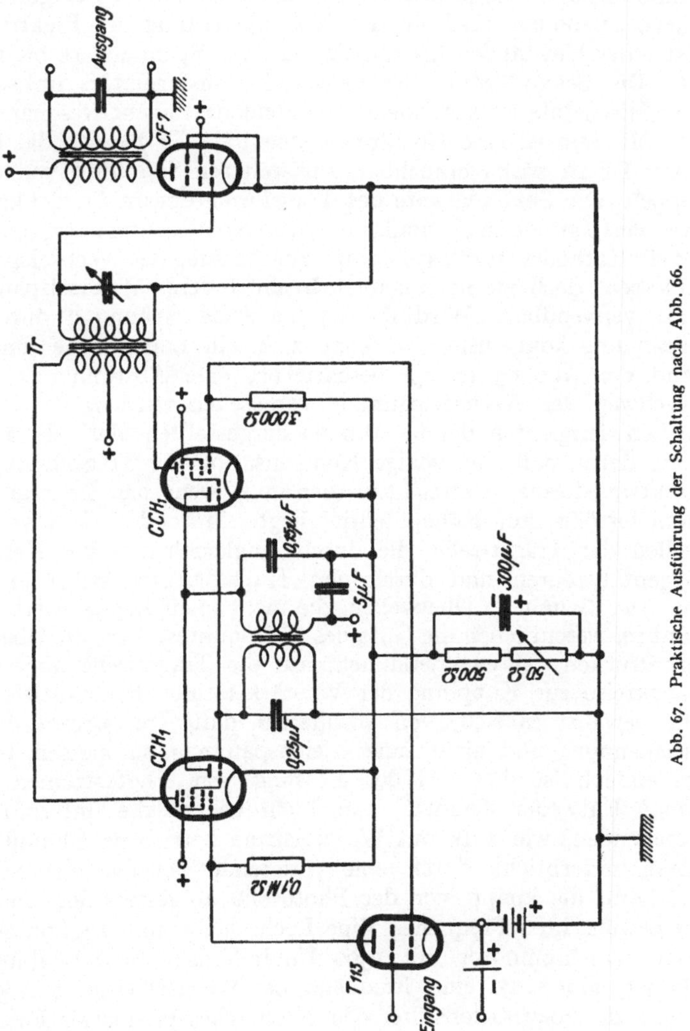

Abb. 67. Praktische Ausführung der Schaltung nach Abb. 66.

spannung dient die Elektrometerröhre T 113. Ihre Anode ist mit dem Steuergitter der einen, das Raumladegitter mit dem Steuergitter der anderen CCH 1-Röhre verbunden. Die beiden Widerstände in den Zuleitungen der Speisespannung sind so abgeglichen, daß der Spannungsabfall für die Anodenspannung und die Raumladegitterspannung annähernd gleich ist. Dann haben die Steuergitter der beiden Gegentaktröhren dasselbe Ruhepotential, auch wenn eine gemeinsame Spannungsquelle für die Anode und das Raumladegitter der Elektrometerröhre verwendet wird. Diese Spannung wird zum größten Teil von dem Spannungsabfall des Emissionsstromes der Gegentaktröhren in einem Kathodenwiderstand erzeugt. Die in dem Schaltschema der Abb. 67 eingezeichnete zusätzliche Spannungsquelle in der Kathodenleitung der Elektrometerröhre ist unter Umständen überflüssig, da diese Spannung 10 bis 15 Volt beträgt. Die Sekundärseite des Gegentakttransformators im Anodenkreis der Mischstufe ist mit einem Drehkondensator auf Resonanz abgestimmt. Mit ihm ist eine Hochfrequenzpentode CF 7, auch die Röhren AF 7 oder EF 12 wären brauchbar, zur weiteren Spannungsverstärkung angekoppelt. Die Sekundärseite des Transformators im Anodenkreis der Hochfrequenzpentode ist ebenfalls mit einem Kondensator abgestimmt. An sie wird ein Kathodenstrahloszillograph zur Messung der Wechselspannung angeschlossen, doch ist natürlich auch ein anderes Wechselspannungsmeßgerät verwendbar. Wird die zu messende Spannung durch eine Gegenspannung kompensiert, so kann z. B. ein Lautsprecher oder, wie an Hand der Abb. 65 (S. 75) beschrieben, eine Abstimmanzeigeröhre zum Nachweis der Wechselspannung vorgesehen werden.

Die Schwierigkeiten der in Abb. 66 dargestellten Methode bestehen vor allem darin, daß eine völlige Kompensation der Trägerfrequenz im Gegentakttransformator erreicht werden muß, wenn das Steuergitter der Elektrometerröhre auf Ruhepotential liegt. Störend wirken vor allem Oberwellen der Trägerwelle, die durch Ungleichheiten der Kennlinien der Gegentaktröhren und durch den Transformator selbst entstehen können. Der Gehalt an Oberwellen, die nicht mehr kompensierbar sind, bestimmt im wesentlichen die Güte des Nullpunktes. Um die Oberwellen zu unterdrücken, ist es unerläßlich, auf die Trägerwelle abgestimmte Resonanzkreise zur Kopplung der Verstärkerstufen heranzuziehen.[1]

Sehr bewährt es sich, von vornherein dafür zu sorgen, daß eine Wechselspannung und nicht eine Gleichspannung zu messen ist. Besonders einfach ist dies bei der Messung von Photoströmen durchzuführen.[2] Entweder benutzt man Lichtquellen, die intermittierend Licht aussenden, wie z. B. mit Wechselstrom betriebene Glimmlampen, oder man unterbricht durch eine rotierende Scheibe mit Schlitzen oder Löchern, die knapp vor der Photozelle aufgestellt ist, das Licht mit der gewünschten Frequenz. Eine Lochscheibe mit 20 Löchern, die auf einen Synchronmotor mit 1500 Umdrehungen in der Minute aufgesteckt ist, gibt z. B. eine Frequenz des Wechsellichtes von 500 Hz. Ein rotierendes Polarisationsfilter oder NICOLsches Prisma als Polarisator

---

[1] Neuerdings verwendet F. KERKHOF hochfrequente Trägerwellen von 1000 kHz statt der Niederfrequenz. ZS. techn. Physik **23**, 267 (1942). Die störenden Oberwellen lassen sich bei Hochfrequenz leichter aussieben. Allerdings wird die Apparatur erschütterungsempfindlich, da geringe Kapazitätsänderungen der Leitungen gegeneinander die Lage des Nullpunktes beeinflussen.

[2] H. THIRRING und O. P. FUCHS: Photowiderstände. Leipzig: J. A. Barth, 1939.

vor einem feststehenden als Analysator erzeugt ein genau sinusförmiges Wechsellicht, das auch wieder einen sinusförmigen Wechselstrom in einer Photozelle ergibt. Die verstärkten Wechselströme können entweder mit einem Instrument gemessen werden, das genügend trägheitslos anzeigt, wie · z. B. ein Saitengalvanometer oder ein Oszillograph, oder es wird nach Gleichrichtung, z. B. mit einer Diode, der Gleichstrom gemessen.[1] Auf den Bau und den Betrieb von Röhrenvoltmetern für Wechselspannungen näher einzugehen, liegt außerhalb des Rahmens, der diesem Buche gesteckt ist. Auch auf die magnetischen Verstärker,[2] die aus gleichstromvormagnetisierten Drosselspulen mit Rückkopplungswicklungen bestehen, kann aus dem gleichen Grunde nur kurz hingewiesen werden.

Manchmal handelt es sich nur darum, bei bestimmten Werten der zu messenden Gleichspannung Relais zu betätigen, beispielsweise bei der automatischen Neutralisierung von Abwässern chemischer Fabriken oder einer sonstigen automatischen Kontrolle des p_H-Wertes. Es gibt hier den Weg der photoelektrischen Verstärkung des Ausschlages eines Galvanometers mit Lichtzeiger.[3] An der gewünschten Stelle der Ableseskala des Galvanometers wird eine Sperrschichtphotozelle angebracht. Fällt nun der Lichtstrahl des Galvanometers auf die Zelle, so gibt diese einen Strom, der zur Bedienung eines Relais ausreicht. Das Relais kann beispielsweise eine Signalvorrichtung auslösen oder eine Absperrvorrichtung für die Säurezufuhr betätigen. Wandert der Lichtstrahl daraufhin von der Photozelle weg, so fällt das Relais ab und löst dadurch wiederum irgend eine Betätigung aus, gibt z. B. die Säurezufuhr wieder frei. Mit dieser lichtelektrischen Verstärkung eines Stromes wurden in der Praxis gute Erfahrungen gemacht, da sie einfach aufzustellen ist und betriebssicher arbeitet.[4]

Dritter Abschnitt.

Die Elektronenröhre als Galvanometer.

1. Übersicht.

Vielfach liegt die Aufgabe vor, äußerst kleine elektrische Ströme zu messen. Beim Photometrieren von Sternen oder Spektrallinien mit einer Photozelle liefert diese einen Strom von 10^{-12} bis 10^{-13} A. Röntgenstrahlen von so kleiner Intensität, daß diese auch bei dauernder Bestrah-

---

[1] F. Müller und W. Dürichen: Z. f. Physik **95**, 66 (1935).

[2] W. Geyger: Wiss. Veröff. Siemens-Werk. **19**, 4 (1940), und **20**, 33 (1941); Elektrotechn. Z. **62**, 849 (1941).

[3] Literaturnachweise bei B. Lange: Die Photoelemente und ihre technischen Anwendungen, 2. Aufl., Bd. II, S. 80. Leipzig: J. A. Barth, 1940. — Siehe auch F. Müller und W. Dürichen: Z. Elektrochem. **42**, 730 (1936).

[4] Eine zusammenfassende Darstellung über elektrochemische Meß- und Regelverfahren, in der auch Schaltungen für die Temperaturberichtigung enthalten sind, gibt F. Lieneweg: Österr. Chem.-Ztg. **45**, 73 (1942).

lung des menschlichen Körpers unterhalb der Toleranzdosis bleibt, geben in einer Ionisationskammer einen Strom von ungefähr der gleichen Größenordnung. Ähnlich kleine Ströme sind auch zu messen, wenn die Stärke einer sehr schwachen radioaktiven Strahlung bestimmt werden soll. Noch kleiner (bis zu 10^{-15} A) sind die Ionenströme bei der Messung der Höhenstrahlung mit einer Ionisationskammer. In allen diesen Fällen benutzt man mit viel Erfolg neben den üblichen Binanten-, Faden- oder Schlingenelektrometern auch Elektronenröhren, vor allem Elektrometerröhren, als hochempfindliches Galvanometer.

Den Anstoß zur Entwicklung der Röhrengalvanometer gab H. ROSENBERG[1] im Jahre 1921 mit einer Arbeit über die Photometrierung von Sternhelligkeiten. Erst K. W. HAUSSER, R. JÄGER und W. VAHLE[2] haben aber 1922 die Bedingungen für die Verwendung von Röhren als Galvanometer in grundlegender Weise klargestellt. Ihnen verdanken wir auch, wie schon auf S. 24 erwähnt, die Konstruktion der Elektrometerröhren, die für die Messung kleinster Ströme bestimmt sind. Unter den zahlreichen späteren Arbeiten[3] über Röhrengalvanometer ist die von E. RASMUSSEN[4] besonders hervorzuheben. In ihr wird ausführlich der Einfluß der Gitterströme auf die Anzeige des zu messenden Gleichstromes behandelt.

2. Messung des Stromes durch Messung des Spannungsabfalles an einem Widerstand.

a) **Prinzip der Methode.** Es gibt einige voneinander verschiedene Methoden, sehr schwache Ströme mit Elektronenröhren zu messen. Häufig schickt man sie durch einen hohen Widerstand und mißt den an diesem Widerstand entstehenden Spannungsabfall. Die Strommessung ist damit auf eine Spannungsmessung zurückgeführt. Dieser ist der vorhergehende Abschnitt gewidmet. Alle Darlegungen dieses Abschnittes können somit auf den vorliegenden Fall übertragen werden.

Es ist klar, daß der Meßwiderstand die Stromstärke mitbestimmt, wenn er nicht klein gegen die übrigen Widerstände im Stromkreis ist. Die Methode der Strommessung durch Messung des Spannungsabfalles an einem Widerstand ist also nur empfehlenswert, wenn der innere differentielle Widerstand der Stromquelle sehr hoch, jedenfalls erheblich höher als der Meßwiderstand ist. Diese Bedingung ist bei der Messung von Sättigungsströmen einer Ionisationskammer sowie bei Messung von Photoströmen, das sind aber gerade die Hauptanwendungsgebiete des Röhrengalvanometers, praktisch immer zu erfüllen.

---

[1] H. ROSENBERG: Naturwiss. **9**, 353, 381 (1921).

[2] K. W. HAUSSER, R. JÄGER und W. VAHLE: Wiss. Veröff. Siemens-Konz. **2**, 325 (1922).

[3] Zusammenfassender Bericht über die ältere Literatur: R. JÄGER: Helios **37**, 1 und 17 (1931).

[4] E. RASMUSSEN: Ann. Physik (5), **2**, 357 (1929).

An Hand einer Anordnung, die von E. Rasmussen angegeben
wurde und die bestimmt ist zur raschen Messung der Stärke von
Radium- oder Radonpräparaten, etwa von Bestrahlungsnadeln wie
sie die Medizin verwendet, sei die Methode erläutert. Abb. 68 gibt das
Schaltschema.

Die Stromquelle, deren Strom gemessen werden soll, ist eine Ionisationskammer I. K. Diese besteht aus einem flachen, allseits verschlossenen
Zylinder, der mit Blei gepanzert ist, damit nur der harte, durchdringende
Teil der Strahlung der Präparate zur Wirkung kommen kann. Eine
Scheibe im Inneren des Zylinders, die mit dem Gitter der Röhre verbunden
ist, dient als Auffängerelektrode für die erzeugten Ionen. Der Zylinder
liegt an einer Spannung von einigen hundert Volt gegen Erde, die Auf-

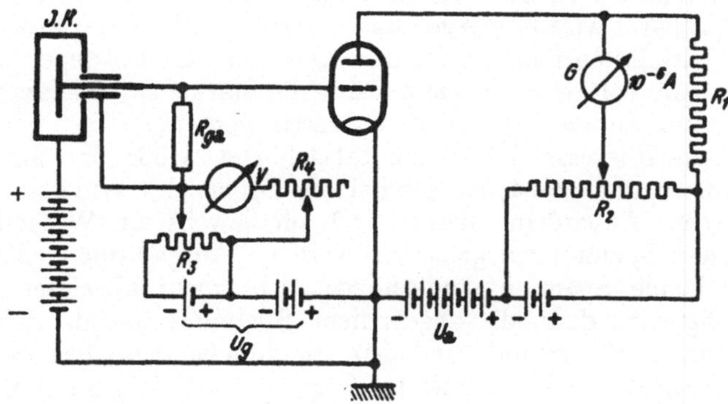

Abb. 68. Anordnung zur Messung der Stärke von radioaktiven Präparaten als Beispiel für ein Röhrengalvanometer.

fängerelektrode hat die Spannung des Gitters. Die γ-Strahlung der
Präparate ionisiert das Gas im Inneren des Zylinders und die Ionen wandern teils zur Auffängerelektrode, teils zur Wand der Ionisationskammer.
Die von den Ionen transportierten Elektrizitätsmengen können sich
über den Widerstand R_{ga} ausgleichen, über diesen Widerstand fließt
also ein konstanter Strom, dessen Stärke von der Zahl der ionisierenden
Strahlen und deren Ionisationsvermögen abhängt. Ändert sich die Stromstärke, so ändert sich auch gemäß dem Ohmschen Gesetz der Spannungsabfall an dem Widerstand und damit das Potential des Steuergitters der
Röhre. Aus der Größe des Anodenstromes könnte nun unmittelbar auf
das Gitterpotential und damit auf die Stromstärke im Meßwiderstand
geschlossen werden. Dieses Verfahren entspricht der auf S. 50 ff. beschriebenen Ausschlagsmethode der Spannungsmessung. Besser benutzt
man jedoch, wie in allen ähnlichen Fällen, eine Kompensationsmethode,
bei der die Röhre nur ein empfindliches Nullinstrument darstellt. Es
kommt dann nur darauf an, sehr kleine Anodenstromänderungen zu erfassen, und dies ist wieder leicht möglich, wenn der Anodenruhestrom
vom Meßinstrument G ferngehalten wird, dieses also nur Anodenstromänderungen anzuzeigen hat. Zur Kompensation des Anodenruhestromes

ist in Abb. 68 dieselbe Schaltung gewählt, die schon bei der Abb. 42 auf S. 49 besprochen wurde.

Der Gang der Messung ist folgender: 1. Zunächst wird das Potentiometer R_3 ganz nach rechts gestellt, so daß das Voltmeter V auf Null steht. Nun wird 2. mit dem Potentiometer R_2 der Anodenruhestrom kompensiert. 3. Ein Standardpräparat, dessen Gehalt an Radium genau bekannt ist, wird aufgestellt und das Potentiometer R_3 so lange geändert, bis wieder derselbe Anodenruhestrom wie früher fließt. 4. Nunmehr wird mit dem Vorwiderstand R_4 für das Voltmeter dessen Empfindlichkeit so lange geändert, bis die Stellung des Zeigers auf der Skala unmittelbar den Gehalt des Präparats an Radium in Milligramm angibt. Ist der innere Widerstand des Voltmeters nicht sehr hoch gegen den Widerstand des Potentiometers R_3, so muß dieses dabei nachgeregelt werden. 5. Das Standardpräparat wird nun gegen das zu messende Präparat ausgetauscht und mit dem Potentiometer R_3 das Galvanometer G wieder auf Null gebracht. Am Voltmeter V kann dann die Stärke des Präparats sofort in Milligramm Radiumäquivalent abgelesen werden.

Hat man Interesse daran, die tatsächliche Größe des Stromes zu bestimmen, so muß zunächst einmal die Größe des Widerstandes R_{ga} bekannt sein. Außerdem müssen noch die jeweils am Widerstand R_3 abgegriffenen Spannungen gemessen werden. Am Voltmeter V können nun sehr kleine Spannungsänderungen nicht mehr abgelesen werden. Zweckmäßig wird dann die abgegriffene Spannung aus der Größe der eingeschalteten Widerstände und dem durchfließenden Strom ermittelt, wie es z. B. in den Abb. 42 und 43 (S. 49 und 50) dargestellt und auch bei den sogenannten Kompensationsapparaten[1] üblich ist. Will man den Strom auf vier Stellen genau messen, so genügt es nach H. KEMPTER[2] an Stelle des Widerstandes R_3 der Abb. 68 einen zweistufigen Dekadenkurbelwiderstand vorzusehen (erste Stufe 10mal 1000 Ohm, zweite Stufe 10mal 100 Ohm). Die dritte und vierte Stelle werden als Ausschlag des Galvanometers G im Anodenstromkreis abgelesen. Es ist nur nötig, die Empfindlichkeit des Galvanometers G durch einen Nebenschluß so einzustellen (siehe Abb. 49 und 50, S. 57 und 61), daß eine Änderung des Abgriffes an der zweiten Stufe des Kompensationspotentiometers um eine Stelle gerade einen Ausschlag von zehn Skalenteilen im Galvanometer gibt. Diese Meßgenauigkeit auf vier Stellen ist allerdings nur erreichbar, wenn Brückenschaltungen mit zwei Röhren angewendet werden, um die Nullpunktswanderung zu unterdrücken. Solche Schaltungen sind im vorhergehenden Abschnitt im Zusammenhang mit dem Röhrenvoltmeter für Gleichspannungen beschrieben (S. 57 ff.).

b) **Der Einfluß des Gitterstromes.** Wir setzten bisher voraus, daß nur der zu messende Strom durch den Widerstand R_{ga} fließt. Diese Voraussetzung ist jedoch nicht strenge erfüllt, denn vom Gitter weg fließt

---

[1] Siehe z. B. F. KOHLRAUSCH: Praktische Physik, 17. Aufl., S. 535 ff. Leipzig und Berlin: B. G. Teubner, 1935.

[2] H. KEMPTER: Z. f. Phys. 116, 1 (1940).

der Gitterstrom, der ebenfalls einen Spannungsabfall am Widerstand erzeugt. Dieser wird mitgemessen. In der Sprache der Elektrotechnik ausgedrückt heißt dies, daß der Spannungsabfall am Meßwiderstand nicht, wie es der Idealfall wäre, mit einem Spannungsmesser mit unendlich großem inneren Widerstand gemessen wird. Es ist daher notwendig, den Einfluß des Gitterstromes genauer zu untersuchen. Wir wählen dazu einen graphischen Weg, der in Abb. 69 veranschaulicht ist. Der Gitterstrom in Abhängigkeit von dem Potential des Gitters gegen die Kathode hat den in der Kurve dargestellten, aus Abb. 14, S. 19, bekannten Verlauf.

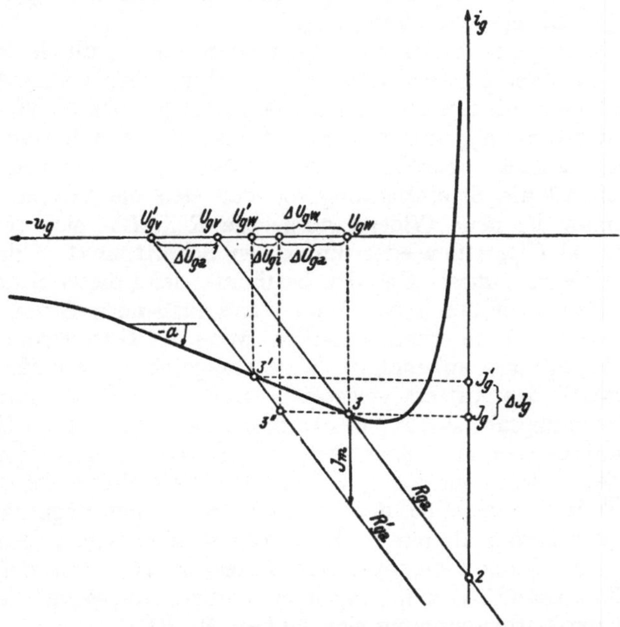

Abb. 69. Innerer und äußerer Gitterwiderstand sind parallelgeschaltet zu denken und geben einen resultierenden Gesamtwiderstand.

Nun überlegen wir, daß der Strom durch den Meßwiderstand Null ist, wenn das Potential des Gitters genau so groß ist wie die Gittervorspannung U_{gv}, und erhalten so dafür den Punkt 1. Der Strom im Meßwiderstand steigt nun entsprechend der Spannungsdifferenz zwischen seinen Enden linear an. Beim Potential des Gitters Null hat er gemäß dem OHMschen Gesetz die Größe $\dfrac{\text{Gittervorspannung}}{\text{Widerstand}}$. Bei diesem Wert wird also die Ordinatenachse unserer graphischen Darstellung von der Widerstandsgeraden im Punkte 2 geschnitten. Daß der Punkt 2 auf der negativen und nicht auf der positiven Halbachse liegt, sieht man leicht aus der Betrachtung der Stromrichtung. Ein Elektronenstrom vom Gitter über den Widerstand zur Kathode, also ein Abtransport negativer Ladung, wird nach der positiven Richtung der Ordinatenachse aufgetragen. Nun ist ein Gitter mit dem

Potential Null positiv gegenüber der Gittervorspannung; durch den Meßwiderstand fließt somit ein Strom positiver Ladungen vom Gitter weg, der auf der negativen Ordinatenachse aufzutragen ist. Wird kein äußerer Strom durch den Meßwiderstand R_{ga} geschickt, so fließt durch ihn nur der Gitterstrom. Gitterstrom und Strom durch den Meßwiderstand sind miteinander identisch, d. h. es fließt der Strom, der aus dem Schnittpunkt 3 zwischen Widerstandsgeraden und Gitterstromkennlinie abzulesen ist. (Eine ähnliche Konstruktion siehe S. 37.) Das wirkliche Potential des Gitters U_{gw} gegen die Kathode wird ebenfalls durch diesen Schnittpunkt bestimmt. Es ist um den Spannungsabfall im Widerstand positiver als die angelegte Gittervorspannung U_{gv}.

Nunmehr senden wir den zu messenden Strom I_m durch den Widerstand. Je nach der Stromrichtung wird er dem schon früher durch den Widerstand fließenden Strom hinzuzuzählen oder abzuziehen sein. Die Widerstandsgerade R_{ga} der Abb. 69 ist also um den Betrag I_m nach abwärts oder aufwärts parallel zu sich selbst zu verschieben. Wählen wir als Beispiel die Stromrichtung so, daß sich die Ströme addieren, so erhält man die neue Widerstandsgerade R'_{ga}. Das sich einstellende Gitterpotential U'_{gw} ist wieder durch den Schnittpunkt $3'$ der Gitterstromkennlinie mit dieser Geraden bestimmt, denn dieser Schnittpunkt gibt den tatsächlich durch den Widerstand fließenden Strom an. Der Schnittpunkt $3''$ würde erhalten werden, wenn der Gitterstrom konstant bliebe, die Gitterstromkennlinie also waagerecht verlaufen würde. Das Potential des Gitters gegen die Kathode würde dann genau um den Spannungsabfall ΔU_{ga} des zu messenden Stromes am Meßwiderstand negativer sein als früher. Nun ändert sich aber mit dem Gitterpotential der Gitterstrom von I_g auf I_g'. Im Beispiel der Abb. 69 ist der Sinn der Änderung dabei so, daß bei größer werdender negativer Gitterspannung der Strom abnimmt. Es liegt also eine sogenannte fallende Kennlinie vor, deren Neigungswinkel α negativ ist. Aus der Neigung der Kennlinie (Steilheit) kann abgelesen werden, um wieviel der Gitterstrom mit der Gitterspannung sich ändert. Es ist

$$\frac{\Delta U_{gw}}{\Delta I_g} = \frac{1}{\operatorname{tg}\,(-\alpha)} = -\frac{1}{\operatorname{tg}\,\alpha}. \tag{1}$$

Nun hat $\dfrac{1}{\operatorname{tg}\,\alpha} = \operatorname{ctg}\,\alpha$ die Dimension eines Widerstandes. Man bezeichnet daher diesen Ausdruck als den inneren Gitterwiderstand R_{gi}, der sich aber lediglich auf Differenzen von Spannungen und Strömen bezieht.

Der differentielle Widerstand irgendeiner Kennlinie hat, wie schon einmal (S. 11) betont, nichts mit einem Ohmschen Widerstand zu tun. Es gibt insbesondere auch kein Maß dafür, welcher Gleichstrom bei einer bestimmten angelegten Spannung fließt, sondern er bedeutet nur den Zusammenhang zwischen Stromänderungen und Spannungsänderungen. Im vorliegenden Falle, bei dem Strom- und Spannungsänderungen einander entgegengesetzt sind, ist der differentielle innere Gitterwiderstand, wie sich auch aus dem Vorzeichen des Neigungswinkels ergibt, negativ.

Der vom Gitterstrom herrührende Anteil am Spannungsabfall im Meßwiderstand beträgt $\Delta U_{gi} = \Delta I_g \cdot R_{ga}$. Da nun $\Delta I_g = \dfrac{\Delta U_{gw}}{R_{gi}}$ ist, so wird

$$\Delta U_{gi} = \Delta U_{gw}\,\frac{R_{ga}}{R_{gi}}. \tag{2}$$

Die wirkliche Änderung des Gitterpotentials ΔU_{gw}, die eintritt, wenn der zu messende Strom I_m durch den Widerstand R_{ga} zu fließen beginnt, ist die Differenz von ΔU_{ga} und ΔU_{gi}. Es ist demnach

$$\Delta U_{gw} = \Delta U_{ga} - \Delta U_{gi} = I_m R_{ga} - \Delta U_{gw}\,\frac{R_{ga}}{R_{gi}} \tag{3}$$

oder

$$I_m = \Delta U_{gw}\left(\frac{1}{R_{ga}} + \frac{1}{R_{gi}}\right). \tag{4}$$

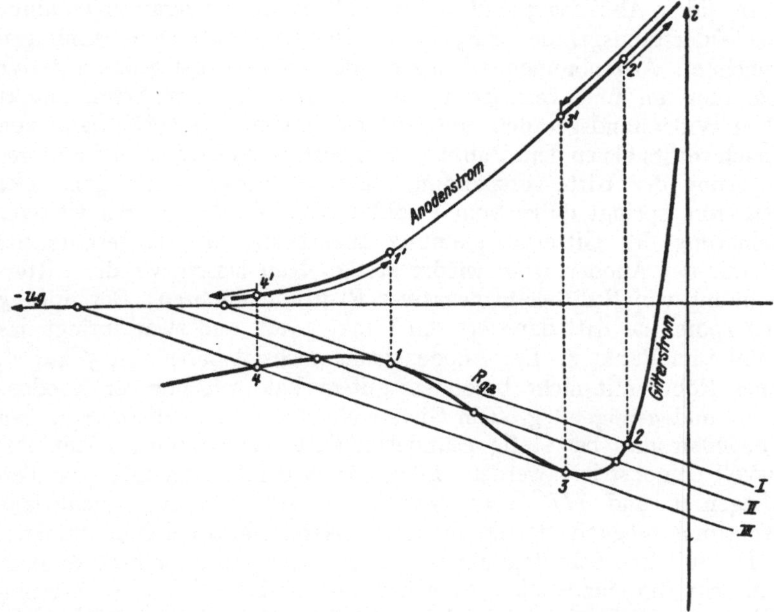

Abb. 70. Bei großem Gitterwiderstand und großem negativen Gitterstrom (schlechtem Vakuum) treten Labilitäten und Sprungpunkte in der Anodenstromkennlinie auf.

Schreibt man diese Gleichung in der Form

$$\frac{I_m}{\Delta U_{gw}} = \frac{1}{R_{ga}} + \frac{1}{R_{gi}} = \frac{1}{R_{\text{res.}}}, \tag{5}$$

so wird besonders deutlich, daß sich für Änderungen des Gleichstromes oder für Wechselstrom innerer und äußerer Gitterwiderstand rechnerisch so wie parallelgeschaltete OHMsche Widerstände zu einem resultierenden differentiellen Widerstand $R_{\text{res.}}$ zusammensetzen, an dem man sich den beobachteten Spannungsabfall entstanden denken kann. Dort, wo die Gitterstromkennlinie ansteigt, ist R_{gi} positiv und der resultierende differentielle Widerstand mithin kleiner als der Meßwiderstand R_{ga}. Ist R_{gi}

negativ, wie bei dem in Abb. 69 gewählten Arbeitspunkt, so ist R_{res} größer als R_{ga}. Man sieht also, daß der resultierende Gesamtwiderstand nicht unabhängig ist vom Arbeitspunkt. Bei der praktischen Ausführung von Röhrengalvanometern wird man daher Sorge tragen müssen, daß R_{gi} viel größer ist als der äußere Widerstand R_{ga}, z. B. etwa 25mal so groß, damit praktisch nur R_{ga} den resultierenden Widerstand bestimmt. R_{gi} zu messen und als Korrektur bei den Messungen in Rechnung zu setzen, empfiehlt sich nicht, weil der Gitterstrom und damit auch R_{gi} zeitlich inkonstant ist.

Wird $R_{ga} = - R_{gi}$ gewählt, so ist der resultierende differentielle Widerstand unendlich groß. Bei noch größerem äußeren Gitterwiderstand treten Labilitäten auf, die an Hand der Abb. 70 leicht zu verstehen sind. In dieser Abbildung sind wie in Abb. 69 die Gitterstromkennlinie und die Widerstandsgerade für R_{ga} bei verschiedenen Gittervorspannungen eingezeichnet. Angenommen, wir legen zunächst eine sehr große negative Vorspannung an und verringern diese allmählich. Der Schnittpunkt zwischen Widerstandsgeraden und Gitterstromkennlinie rückt dann von links nach rechts bis zu dem Punkt 1. Von dort muß er jedoch bei weiterer Verringerung der Gittervorspannung zu dem Punkt 2 springen. Der Anodenstrom springt dabei vom Punkt 1′ zum Punkt 2′. Bei weiterer Verkleinerung der Gittervorspannung ändert sich das Gitterpotential und damit der Anodenstrom wieder stetig. Nun lassen wir die Gittervorspannung von Null her in negativer Richtung wachsen. Der Sprung im Gitterpotential tritt dann erst im Punkt 3 auf, und zwar springt das Potential zum Punkt 4. Der Anodenstrom wechselt dabei von 3′ auf 4′. An einer Röhre mit nicht besonders gutem Vakuum, höherer Anodenspannung und genügend großem Gitterwiderstand kann dieses Springen des Anodenstromes bei stetig geänderter Gittervorspannung leicht eindrucksvoll demonstriert werden. Liegt die Widerstandsgerade zwischen den Lagen *I* und *III*, etwa bei *II*, so wären drei verschiedene Anodenströme möglich, da die Gitterstromkennlinie dreimal geschnitten wird. Der mittlere Schnittpunkt ist jedoch nicht stabil. Würde es auch möglich sein ihn einzustellen, so würde doch bei der kleinsten Störung das Gitterpotential zu dem rechts oder links liegenden Schnittpunkt springen. In dem Gebiet zwischen *I* und *III* sind im übrigen für jeden Wert der Gittervorspannung zwei verschiedene Werte für den Anodenstrom möglich.

Wir wollen nun die Frage aufwerfen, wie viele Male die Stromänderung im Anodenstrom der Röhre größer ist als der zu messende Strom. Diesen Faktor der Stromverstärkung wollen wir mit V_i bezeichnen. Definitionsgemäß ist $V_i = \dfrac{\varDelta I_a}{I_m}$. Nehmen wir nun zunächst an, daß im Anodenstrom der Röhre kein Widerstand enthalten ist, so daß die an der Anode liegende Spannung immer gleich bleibt. Die Röhre arbeitet also im Kurzschluß. Dieser Fall ist verwirklicht, wenn nicht weiter verstärkt wird, sondern unmittelbar im Anodenkreis der Röhre das Ableseinstrument liegt. Es ist dann die Anodenstromänderung gleich der Änderung des Gitterpotentials multipliziert mit der Steilheit der Kennlinie, also $\Delta I_a = S \cdot \Delta U_{gw}$. Nun ist weiter $\Delta U_{gw} = R_{\text{res.}} \cdot I_m$, so daß man also für die Stromverstärkung erhält:

$$V_i = \frac{\Delta I_a}{I_m} = \frac{S \cdot R_{\text{res.}} \cdot I_m}{I_m} = S\,R_{ga}\,\frac{R_{gi}}{R_{ga} + R_{gi}} \tag{6}$$

Die Steilheit S der Anodenstromkennlinie ist $S = \dfrac{\Delta I_a}{\Delta U_{gw}}$. Das wirkliche Gitterpotential U_{gw} ist nun aber abhängig vom Gitterstrom und dem äußeren Gitterwiderstand R_{ga}. Wenn man den Spannungsabfall des zu messenden Stromes an diesem Widerstand als Abszisse und den Anodenstrom wie üblich als Ordinate wählt, so erhält man ebenfalls eine Kennlinie, die aber mit der üblichen, ohne Widerstand im Gitterkreis, nicht mehr übereinstimmt. Man kann sie als Arbeitskennlinie bei äußerem Gitterwiderstand bezeichnen und mit einer Schaltung nach Abb. 71 aufnehmen. Diese Schaltung liefert ein richtiges Ergebnis, da eine Änderung der Gittervorspannung gleiche Wirkung hat wie eine Änderung des Spannungsabfalles am Widerstand, der durch den zu messenden Strom erzeugt wird. Die Steilheit der Arbeitskennlinie bei äußerem Gitterwiderstand wollen wir kurz Arbeitssteilheit S_{Ag} benennen. Der Index g soll diese Arbeitssteilheit bei einem Widerstand in der Gitter-

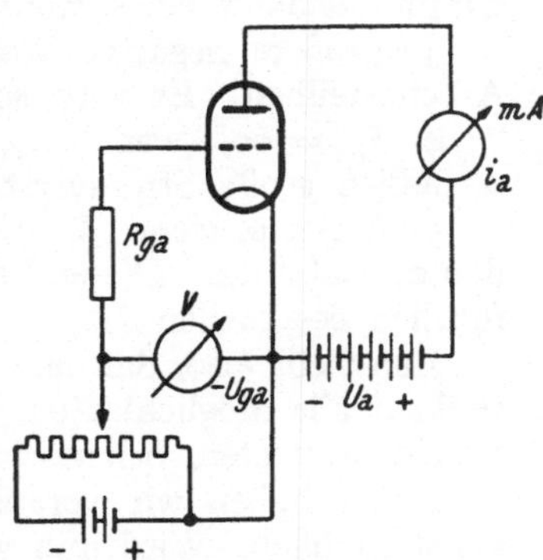

Abb. 71. Schaltung zur Aufnahme einer Arbeitskennlinie bei äußerem Gitterwiderstand.

zuleitung unterscheiden von der Arbeitssteilheit S_A bei einem Widerstand in der Anodenleitung, die auf S. 35 besprochen wurde. Es ist also $S_{Ag} = \dfrac{\Delta I_a}{\Delta U_{ga}}$. Der Zusammenhang zwischen S und S_{Ag} ist leicht herzustellen. Es ist

$$\Delta I_a = S_{Ag} \cdot \Delta U_{ga} = S \cdot \Delta U_{gw} \tag{7}$$

oder

$$S_{Ag} \cdot R_{ga} \cdot I_m = S \cdot R_{\text{res.}} \cdot I_m. \tag{8}$$

Daraus folgt

$$S_{Ag} = S\,\frac{R_{\text{res.}}}{R_{ga}} = S\,\frac{R_{gi}}{R_{ga} + R_{gi}}. \tag{9}$$

Mit Benutzung dieser Gleichung kann man nun auch den Faktor der Stromverstärkung schreiben:

$$V_i = S \cdot R_{\text{res.}} = S_{Ag} \cdot R_{ga}. \tag{10}$$

Bei Messungen sollte immer R_{gi} sehr groß gegen R_{ga} sein, so daß der Bruch $\dfrac{R_{gi}}{R_{ga} + R_{gi}} \simeq 1$ wird. Arbeitskennlinie bei einem Gitterwiderstand und normale Kennlinie fallen dann zusammen. Des theoretischen Überblickes wegen seien jedoch auch die anderen Fälle kurz erwähnt. Es gibt folgende Möglichkeiten:

1. $S_{Ag} < S$. Dies tritt ein, wenn R_{gi} positiv ist. Je größer R_{ga} gewählt wird, um so kleiner wird S_{Ag}. Bei unendlich großem R_{ga}, d. h. freiem Gitter, ist natürlich $S_{Ag} = 0$.

2. $S_{Ag} = S$, wenn $R_{gi} \gg R_{ga}$. Dies ist der erwähnte, immer anzustrebende Fall.

3. $S_{Ag} > S$. Es muß dann R_{gi} negativ sein und es muß noch gelten $R_{ga} < — R_{gi}$. Man erreicht also mit negativem R_{gi} eine Erhöhung des Faktors der Stromverstärkung, dieser Verstärkungsfaktor bleibt jedoch nicht konstant, da die Gitterströme sich im Laufe der Zeit ändern. Praktisch kann daher dieser Weg nicht beschritten werden, um die Empfindlichkeit eines Röhrengalvanometers zu erhöhen.

Je größere negative Werte R_{gi} annimmt, um so größer wird die Arbeitssteilheit. Es wird schließlich

4. $S_{Ag} = \infty$, wenn $R_{ga} = — R_{gi}$ ist. In diesem Fall erhält man unendlich große Stromverstärkung.

5. $S_{Ag} < 0$, wenn $R_{ga} > — R_{gi}$. Eine negative Arbeitssteilheit bedeutet Labilität. Dieser Fall wurde an Hand der Abb. 70 schon ausführlich besprochen.

Man sieht also, daß man durch Einführen des Begriffes der Arbeitssteilheit alle Möglichkeiten, die bei der Verwendung eines Gitterwiderstandes auftreten, beherrscht.

Bisher haben wir vorausgesetzt, daß die Spannung an der Anode konstant blieb. Wird nun weiterverstärkt, so legt man in die Anodenleitung einen Widerstand. Die Anodenspannung schwankt dann und mit ihr auch der Gitterstrom, der ja bei höheren Anodenspannungen ansteigt, wie die Abb. 14 (S. 19) und 22 (S. 27) zeigen. Es ändert sich somit auch der innere Gitterwiderstand R_{gi} mit der Anodenspannung. Im allgemeinen macht diese Änderung in der Praxis nicht viel aus. Will man aber dennoch in einem besonderen Fall diese Änderung untersuchen, so ist es zweckmäßig, ähnlich wie man eine Arbeitskennlinie bei äußerem Anodenwiderstand und einem Gitterableitwiderstand Null nach Abb. 30 (S. 37) aus den Kennlinienscharen des Anodenstromes konstruieren kann, aus dem Gitterstrom-Kennlinienfeld eine solche Arbeitskennlinie des Gitterstromes für den gewählten Anodenwiderstand zu zeichnen. Die Arbeitskennlinien können selbstverständlich auch unmittelbar gemessen werden. Aus der reziproken Steilheit der Gitterstrom-Arbeitskennlinie entnimmt man dann den tatsächlich wirksamen inneren Gitterwiderstand. Dieser ist übrigens mit einem Anodenwiderstand kleiner als bei fester an der Röhre liegender Anodenspannung.

Es sei darauf hingewiesen, daß bei Verwendung eines Anodenwiderstandes der Faktor der Spannungsverstärkung V_u abhängig ist von dem Verhältnis des äußeren zu dem inneren Gitterwiderstand. Diese Abhängigkeit läßt sich formal als OHMsche Rückkopplung behandeln. Der Rückkopplungsfaktor ist positiv, wenn die Spannungsverstärkung erhöht wird, und negativ, wenn der Faktor der Spannungsverstärkung durch den Gitterstrom verringert wird. Diese formale Betrachtungsweise, auf die nicht näher eingegangen sei, ist übrigens auch sachlich gerechtfertigt. Der Gitterstrom ist abhängig von Anodenspannung und Anodenstrom. Die Vorgänge an der Anode als dem Ausgang wirken also über den Gitterstrom auf den Gitterkreis, den Eingang, zurück. Die „Kopplung" selbst liegt in der Entladungsstrecke und wird von den Elektronen bewirkt.

c) Die Empfindlichkeit. Es bleibt jetzt noch übrig, die erreichbare Empfindlichkeit zu diskutieren. Eine handelsübliche, gut evakuierte Rundfunkröhre hat bei nicht zu hohen Betriebsspannungen und bei genügender negativer Vorspannung des Gitters einen differentiellen inneren Gitterwiderstand von etwa 10^9 bis 10^{10} Ohm, wie aus Abb. 14 zu ersehen ist. Der äußere Gitterableitwiderstand soll wenigstens 25mal kleiner sein, also $4 \cdot 10^8$ Ohm betragen. Eine Spannungsänderung am Gitter von rund 10^{-5} Volt hebt sich im allgemeinen gerade noch erkennbar über den Störuntergrund hinaus. Der kleinste Strom, den man mit der Röhre messen könnte, wäre also rechnerisch $\dfrac{10^{-5}\,\mathrm{V}}{4 \cdot 10^8\,\Omega} = 2{,}5 \cdot 10^{-14}$ A. Nun ist jedoch zu bedenken, daß der Gitterstrom selbst eine Größe von rund 10^{-9} A hat. Er darf sich während der Messung aber nur um etwa 10^{-14} A ändern. Er müßte also auf $^1/_{100}$ Promille konstant bleiben. Tatsächlich schwankt er jedoch um einige Prozente. Man sieht, daß die Empfindlichkeit der Messung in Wirklichkeit durch die Konstanz des Gitterstromes bestimmt wird. Nehmen wir an, seine Schwankungen bleiben unter 10%. Der zu messende Strom muß also dann wenigstens eine Größe von 10^{-10} A besitzen. Solche Ströme lassen sich aber auch schon mit neuzeitlichen Lichtzeigerinstrumenten direkt messen. Die Verwendung einer handelsüblichen Rundfunkröhre als Galvanometer hat also nur dann einen Sinn, wenn ein robustes Ableseinstrument, ein Tintenschreiber od. dgl. betätigt werden soll. Nehmen wir als Galvanometerröhre eine Endröhre mit einer Steilheit von 10 mA/V und einen äußeren Gitterwiderstand von 1.10^8 Ohm, so geben 10^{-10} A an diesem einen Spannungsabfall von 0,01 Volt. Diese liefern eine Änderung des Anodenstromes von 0,1 mA. Will man mit einer einzigen Verstärkerstufe auskommen und strebt dabei die erreichbare Empfindlichkeitsgrenze an, so muß also das Anzeigeinstrument einen Ausschlag von einem Skalenteil bei 0,1 mA geben. Der Faktor V_i der Stromverstärkung beträgt 1.10^6.

Anders liegt die Sache, wenn als Meßröhre eine Elektrometertriode genommen wird. Der differentielle innere Gitterwiderstand ist bei diesen Spezialröhren so hoch (bis zu 5.10^{15} Ohm), daß äußere Gitterwiderstände bis zu 10^{14} Ohm verwendet werden könnten. Ein so hoher Widerstand hat jedoch aus anderen Gründen keinen Sinn. Der Gitterstrom hat bei den besten Röhren eine Größe von etwa 10^{-14} A. Der kleinste, mit der Röhre meßbare Strom, beträgt dann wegen der Schwankungen des Gitterstromes etwa 10^{-15} A. Erzeugt dieser Strom nun an dem äußeren Gitterwiderstand einen Spannungsabfall von 10^{-4} Volt, so überragt diese Spannung schon sehr gut den Störuntergrund. Diesen Spannungsabfall liefert aber bereits ein Meßwiderstand von $\dfrac{10^{-4}\,\mathrm{V}}{10^{-15}\,\mathrm{A}} = 10^{11}$ Ohm. Es ist übrigens in der Praxis nicht ganz einfach, mit so großen Gitterwiderständen zu arbeiten. Alle Leiterteile, die nur über diesen Widerstand mit einem Fixpotential verbunden sind, müssen sorgfältig mit einer an festes Potential gelegten (z. B. geerdeten) metallischen Abschirmung umgeben sein, damit keine Influenzladungen auf das Gitter gelangen können. Rechnet man mit einer Kapazität von nur 10 pF, so fließen nämlich solche Störladungen mit einer Zeitkonstante $C \cdot R$ von $10^{-11} \cdot 10^{11}$ Sekunden $= 1$ Sekunde ab. Man sieht, wie störanfällig ein so hochohmig abgeleitetes Steuergitter ist.

Die Elektrometerröhre AEG-Osram T 114, die einen so kleinen Gitterstrom hat, wie wir ihn der Rechnung zugrunde legten, besitzt eine Steilheit von nur $5 \cdot 10^{-6}$ A/V. Um also 10^{-4} Volt Gitterspannungsänderung ablesen zu können, muß das Ableseinstrument im Anodenstromkreis eine Empfindlichkeit von $5 \cdot 10^{-9}$ A pro Skalenteil aufweisen. Es kommt also, wenn nicht weiter verstärkt werden soll, nur ein Spiegelgalvanometer oder ein Lichtzeigerinstrument als Ableseinstrument in Frage, soll die erreichbare Empfindlichkeit ausgenutzt werden. Die Stromverstärkung V_i ist dabei $5 \cdot 10^6$, also in derselben Größenordnung wie bei einer Rundfunkröhre. Der Anodenstrom selbst hat bei der Röhre T 114 eine Größe von rund $1 \cdot 10^{-4}$ A. Auf rund 10^{-9} A muß er während des Meßvorganges konstant bleiben, das heißt, er darf nur um 0,01 Promille schwanken. Den Anodenstrom in derart hohem Maße über einige Zeit hindurch konstant zu halten, macht große Schwierigkeiten. Es ist nötig, die auf S. 53 ff. besprochenen Schaltungen anzuwenden, um diese Konstanz zu erreichen. Wenn nur kurzdauernde Stromstöße gemessen werden sollen, macht eine langsame Schwankung im Anodenstrom nichts aus. In diesem Falle kann man die einfache, in Abb. 68 dargestellte Schaltung verwenden. Sie ist natürlich auch anwendbar, wenn keine besondere Genauigkeit angestrebt wird.

Die prinzipielle Grenze, die der Empfindlichkeit jedes Röhrenmeßgerätes gesetzt ist, beruht auf der atomaren Struktur der Elektrizität. Je nach der Temperatur, auf der sich das Elektronengas befindet, haben die Elektronen untereinander verschiedene Geschwindigkeiten und führen eine völlig ungeordnete, von Wahrscheinlichkeitsgesetzen beherrschte Wärmebewegung aus (siehe S. 4). Diese führt zu räumlichen Konzentrationsschwankungen, die erhalten bleiben, wenn durch ein elektrisches Feld die Elektronen zur Strömung veranlaßt werden. Diese Schwankungserscheinungen sind aber nicht bloß bei Strömen in Verstärkerröhren nachweisbar (Schrotteffekt), sie sind auch Anlaß, daß zwischen den Enden eines Widerstandes eine ständig schwankende Potentialdifferenz herrscht. Das „Wärmerauschen" von hohen Widerständen liefert allerdings einen Beitrag zum Störuntergrund von Röhrengalvanometern, der nur in seltenen Fällen gegenüber der Nullpunktswanderung eine Rolle spielt, die von der mangelhaften Konstanz der Betriebsbedingungen herrührt (S. 53). Es ist jedoch wichtig bei der Messung von ruckweisen Ausschlägen, wie sie bei Röhrenelektrometern zu messen sind. Das Wärmerauschen der Widerstände samt dem Schrotteffekt wird daher im Zusammenhang mit diesen Geräten auf S. 120 besprochen werden. Vorwegnehmend sei nur erwähnt, daß es möglich ist, durch einen parallelgeschalteten Kondensator das Wärmerauschen von Widerständen zum Teil zu unterdrücken. Es verbleibt aber auf jeden Fall ein Störuntergrund, der Gitterspannungsänderungen von etwa $5 \cdot 10^{-6}$ V bis 10^{-5} V ($5\,\mu$V bis $10\,\mu$V) entspricht.

d) Herstellung hochohmiger Widerstände. Widerstände von 10^8 bis 10^{11} Ohm werden am besten nach F. KRÜGER[1] durch Kathodenzerstäubung von Platin gewonnen. Das Metall wird dabei auf einem guten Isolator, z. B. Quarz oder Bernstein, in außerordentlich dünner Schicht niedergeschlagen. Künstliche Alterung über die J. GÖSSINGER[2] nähere Angaben machte, ist nötig, damit der Wert des Widerstandes sich nicht mehr ändert. Sehr bewährt haben sich auch die Siliziumwiderstände der Firma Siemens & Halske A. G. in Berlin. Sie werden erzeugt, indem man Siliziumwasserstoff über einen erhitzten Glas- oder Quarzzylinder streichen läßt, wobei sich eine dünne Schicht Silizium niederschlägt. Auch diese Widerstände werden künstlich gealtert, bevor sie in Picein eingegossen und montiert werden. Nur behelfsmäßig können Flüssigkeitswiderstände, z. B. nach A. GEMANT,[3] eine Mischung von Benzol, Pikrinsäure und Alkohol, gegebenenfalls noch Phenolzusatz, verwendet werden. Flüssigkeitswiderstände zeigen meist merkliche Polarisation. Auch ein mit gewöhnlicher Zeichentusche kräftig bestrichene Streifen Zeichenpapieres gibt einen halbwegs brauchbaren Hochohmwiderstand. Ein Streifen von 12 cm Länge und 4 mm Breite hat einen Widerstand von etwa 10^{10} bis 10^{11} Ohm. Bei Tuschewiderständen wird der Widerstand im wesentlichen durch den Übergangswiderstand zwischen den einzelnen Kohlepartikelchen gebildet. Übergangswiderstände sind nun aber schwer genügend konstant zu halten. Weitere Angaben über Widerstände hoher Ohmzahlen sind von E. v. ANGERER[4] zusammengestellt worden.

Gemessen werden hohe Widerstände am besten, indem man die Zeitdauer der Entladung eines sehr gut isolierenden Kondensators mißt. Die Entladung wird entweder mit einem Fadenelektrometer verfolgt, wobei man die Messung so durchführt, wie es an Hand der Abb. 17 auf S. 22 beschrieben wurde.[5] Man kann die Entladung aber auch mit der Elektrometerröhre, für deren Gitterkreis der Widerstand bestimmt ist, beobachten.[6] Man bringt dazu das Gitter anfänglich auf eine hohe

---

[1] F. KRÜGER: Z. techn. Physik **10**, 495 (1929); Herstellerfirma: Dr. W. Koosmann & C. A. Malchin, Greifswald (Pommern), Domstraße 28.

[2] J. GÖSSINGER: Ann. Physik (5), **39**, 308 (1941).

[3] A. GEMANT: Z. techn. Physik **8**, 491 (1927); Wiss. Veröff. Siemens-Konz. **6**, 58 (1928); **7**, 134 (1928).

[4] E. v. ANGERER: Technische Kunstgriffe bei physikalischen Untersuchungen, 4. Aufl. (Sammlung Vieweg, H. 71). Braunschweig: F. Vieweg & Sohn, 1939.

[5] Siehe auch Handbuch der Experimentalphysik, Bd. X, Beitrag G. HOFFMANN, S. 145. Leipzig: Akadem. Verlagsgesellschaft, 1930.

[6] DRP. 398985 aus 1922, Siemens & Halske A. G.

negative Spannung und mißt die Zeit, bis der Anodenstrom wieder einsetzt. Überbrückt man den Widerstand mit einem Kondensator passender Größe, so lassen sich bequem meßbare Abfließzeiten erreichen (vgl. auch die Ausführungen auf S. 22 und 100). Da bei Röhrengalvanometern der Faktor der Stromverstärkung ohnedies nur in seltenen Fällen genau bekannt sein muß, genügt es meistens, den Widerstand beiläufig zu messen. Die Eichung der Apparatur, etwa so wie sie im Beispiel der Abb. 68 vorgenommen wird, erfaßt ohnedies zugleich auch den Einfluß der Größe des Widerstandes auf die Stromverstärkung.

<h2 style="text-align:center">3. Strommessung
durch Messung der transportierten Ladung.</h2>

Statt den Spannungsabfall an einem hohen Widerstand zu messen und daraus auf die Stromstärke zu schließen, kann man auch die in einer bestimmten Zeit transportierte elektrische Ladung bestimmen und aus Ladung und Zeit die Stromstärke berechnen.

a) **Auflademethode.** Die Ladung, die in der Zeit t Sekunden übergeht, kann z. B. durch die Potentialänderung des Steuergitters gemessen werden.

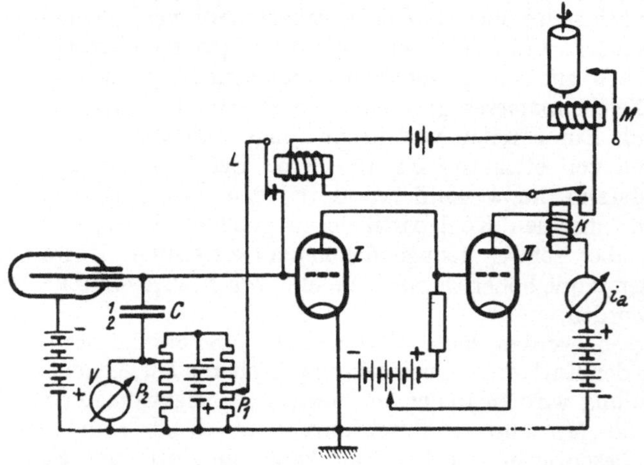

Abb. 72. Auflademethode zur Messung kleiner Ströme, verbunden mit einer automatischen Registriervorrichtung

Beträgt die Kapazität des Steuergitters C Farad, so ist die Ladungsänderung $C(V_2 - V_1)$ Coulomb, wenn V_1 das Potential zu Beginn und V_2 das Potential zu Ende der Meßzeit bedeutet. Die Stromstärke I in Ampere ist dann gegeben durch

$$I = \frac{C(V_2 - V_1)}{t}.$$

Die praktische Durchführung einer solchen Messung nach J. CLAY und M. RUTGERS VAN DER LOEFF[1] veranschaulicht Abb. 72. Zunächst

<hr>

[1] J. CLAY und M. RUTGERS VAN DER LOEFF: Physica 3, 781 (1936). — Siehe auch J. CLAY und G. VAN KLEEF: Physica 4, 651 (1937).

werde das Relais K, etwa von Hand aus, kurz betätigt. Dadurch wird ein Hilfsstromkreis geschlossen, und die Anker der Elektromagnete L und M ziehen zu gleicher Zeit an. Der Anker von M trägt eine Schreibspitze und markiert damit auf einer umlaufenden, papierüberzogenen Trommel einen Punkt. Der Anker von L legt kurzzeitig das Steuergitter und die Auffängerelektrode einer Ionisationskammer an ein bestimmtes Potential, das durch das Potentiometer P_1 eingestellt werden kann. Dieses Potential soll gerade so weit negativ sein, daß noch kein positiver Gitterstrom fließt. Von der Ionisationskammer her fließt nun negative Ladung auf das Steuergitter und erhöht dessen Potential. Der Anodenstrom der Meßröhre I wird gedrosselt, das negative Gitterpotential der in Gleichspannungsverstärkerschaltung angeschlossenen Verstärkerröhre II wird niedriger und deren Anodenstrom steigt. Schließlich wird der Anodenstrom der Röhre II so groß sein, daß das Relais K anspricht. Die Magnete L und M werden dann erregt, M markiert den Zeitpunkt auf dem Registrierpapier und L legt wieder das Gitter der Meßröhre an das Ausgangspotential. Ist dies geschehen, so steigt der Anodenstrom der Röhre I, der von II sinkt, und das Relais K fällt ab. Dadurch lassen auch die Magnete L und M ihre Anker wieder los und der Ausgangszustand ist wieder hergestellt. Zwischen je zwei Marken, die der Magnet M schreibt, ist immer die gleiche Elektrizitätsmenge auf das Steuergitter geflossen. Aus den zeitlichen Abständen dieser Marken läßt sich daher auf die Größe des Ionisationsstromes schließen.

Zur Bestimmung der Elektrizitätsmenge, die notwendig ist, um das Gitter der Meßröhre vom Anfangswert bis zu dem Potential zu bringen, bei dem das Relais K anspricht, dient der Kondensator C. Die Strahlungsquelle wird dazu entfernt (bei Abschalten der Ionisationskammer würde die Kapazität des Steuergittersystems geändert!) und die erforderliche Elektrizitätsmenge durch Änderung des Potentials der Kondensatorplatte 2 auf die Platte 1 influenziert. Am Voltmeter V wird die Potentialänderung abgelesen. Mit der Kapazität C des Kondensators, die bekannt sein muß, multipliziert, gibt dies die influenzierte Ladung.

Statt Zeitmarken auf ein Registrierpapier zu schreiben kann man den Magnet M auch ein Zählwerk betätigen lassen und die Zeit mit einer Stoppuhr messen.

b) Kompensation der Ladung mit einem Uran-Stromnormal. Statt das Gitter der Meßröhre aufladen zu lassen, kann man auch trachten, die zum Gitter fließende Ladung durch eine gleich große, entgegengesetzte Ladung zu kompensieren. R. JÄGER[1] hat dazu ein Uran-Stromnormal nach H. BEHNKEN[2] vorgeschlagen. Die Platte 2 des Kondensators der Abb. 72 wird dazu, wie es Abb. 73 veranschaulicht, mit einer Schicht Uranoxyd (U_3O_8) belegt. Uran und seine radioaktiven Zerfallsprodukte senden α-Strahlen aus, die die Luft im Kondensator ionisieren. Liegt an

---

[1] R. JÄGER: Z. f. Physik **52**, 627 (1928).

[2] H. BEHNKEN: Z. techn. Physik **4**, 3 (1924); Strahlentherapie **26**, 79 (1927). — H. BEHNKEN und L. GRAF: Physik. Z. **35**, 317 (1934). — Siehe auch H. STOHLMANN: Physik. Z. **38**, 645 (1937).

der Platte 2 eine genügend hohe Spannung, so werden ständig alle erzeugten Ionen des einen Vorzeichens zur Platte 1 getrieben und liefern so einen konstanten Strom, der dem Strom von der Ionisationskammer entgegengesetzt ist, wenn das Vorzeichen der Spannung im richtigen Sinne gewählt wird. Beim Öffnen und Schließen des Schalters S_1 darf sich dann die Spannung des Gitters nicht ändern. Um den vom Stromnormal gelieferten Strom zu verändern, wird durch eine Blende ein mehr oder weniger großer Teil der Uranschicht abgedeckt. Ist das Uran-Stromnormal·einmal nach einer der anderen Methoden geeicht worden, so kann aus der Blendenstellung unmittelbar die Größe des zu messenden Stromes abgelesen werden.

Würde die Blende so verschoben werden, wie es Abb. 73 darstellt, so würde dadurch auch die Kapazität des Kondensators und damit die Empfindlichkeit der Anordnung geändert werden. Außerdem würde bei einer Blendenverschiebung eine Influenzladung auf der Platte 1 entstehen. Um dies zu verhindern, bedeckt man die Platte 2 nur auf der Fläche eines Halbkreises mit U_3O_8 und benutzt eine halbkreisförmige Blende, die zur Gänze innerhalb des Kondensators gedreht wird, zur Abdeckung oder Freigabe der radioaktiven Schicht. Es ist zweckmäßig,

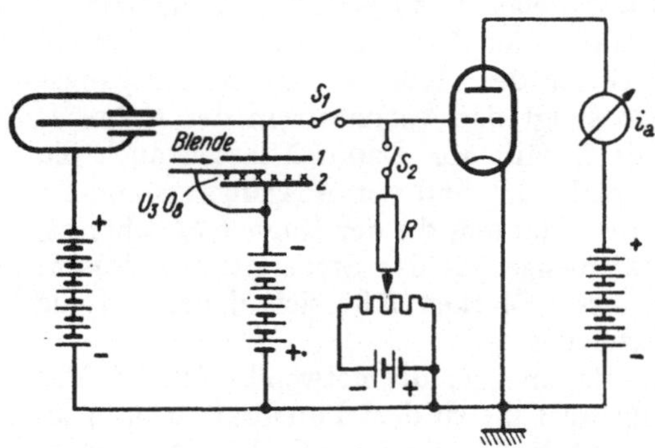

Abb. 73. Strommessung durch Kompensation der Ladung mit einem Uran-Stromnormal.

die Verwendung des Urankompensators mit der auf S. 81 beschriebenen Methode der Strommessung zu kombinieren und einen hochohmigen Widerstand R zwischen Gitter und einer Gittervorspannungsbatterie zu legen. Der Spannungsabfall an diesem Widerstand gibt dann den Unterschied zwischen dem zu messenden Strom und dem Kompensationsstrom an. Durch verschiedene Widerstände kann der Meßbereich der Anordnung erweitert werden.

c) **Kompensation der Ladung durch Influenzladungen.** Statt einen Urankompensator zu verwenden, kann die kompensierende Elektrizitätsmenge auch durch einen Kondensator auf das Steuergitter influenziert werden. Diese Methode ist vielleicht die allerempfindlichste und genaueste und deshalb am besten geeignet, äußerst kleine, allerdings über längere Zeit konstant bleibende Ströme zu messen. Abb. 74 zeigt ihr Prinzip.[1] Die beiden Schalter S_1 und S_2 sind zunächst geschlossen. Über das Potentiometer P_1 erhält dadurch das Gitter ein bestimmtes Anfangspotential. Zu Beginn der Messung wird nun S_1 geöffnet. Der von der Photozelle flie-

---

[1] Siehe P. M. VAN ALPHEN: Philips' techn. Rdsch. 4, 71 (1939). — H. VAN SUCHTELEN: Philips' techn. Rdsch. 5, 55 (1940).

ßende lichtelektrische Strom beginnt darauf die Belegung 1 des Kondensators C aufzuladen. Der Abgreifer des Potentiometers P_2 wird nun möglichst gleichmäßig und langsam so verschoben, daß die Spannungsänderung der Platte 2 eine gleich große, entgegengesetzte Ladung auf die Platte 1 influenziert. Das Anfangspotential des Steuergitters bleibt dann erhalten. Das Potential des Steuergitters wird durch den Anodenstrom kontrolliert. Das Potentiometer P_2 ist also so zu bedienen, daß der Anodenstrom ständig seinen Anfangswert beibehält. Der Anodenruhestrom wird natürlich durch einen entgegengesetzt fließenden Strom kompensiert, so wie es etwa die Abb. 28, 42 oder 43 zeigen, damit die Stromänderungen möglichst gut erfaßt werden können. Unter Umständen wird man auch Verstärkerstufen in Gleichspannungsverstärkerschaltung zwischen Meßröhre und Anzeigeinstrument zwischenschalten. In den Abb.

73, 74 und 75 ist diese Kompensation des Anodenruhestromes nicht eingezeichnet, um das Wesentliche an den Schaltungen klarer hervortreten zu lassen.

Zu Beginn und Ende der Messung wird das Voltmeter V abgelesen. Die Änderung ΔV der Spannung multipliziert mit der Kapazität C des Kondensators gibt die influenzierte Ladung. Wird diese durch die gemessene Zeitdauer t dividiert, so erhält man die Größe des Stromes.

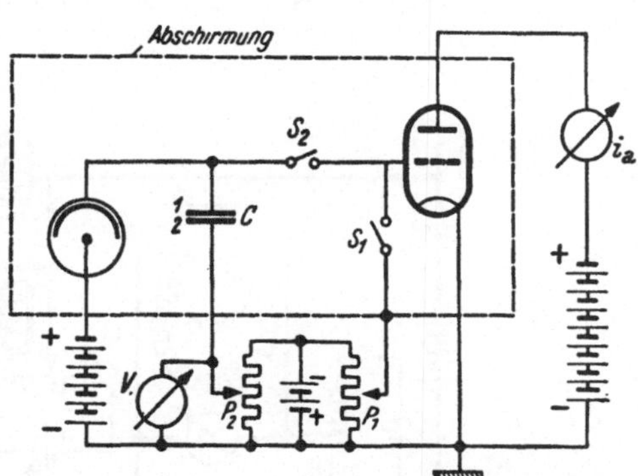

Abb. 74. Strommessung durch Kompensation der Ladung mit Influenzladungen.

Beträgt $\Delta V = 1$ Volt und $C = 100$ pF, so wird bei einer Stromstärke von 10^{-12} A die Meßzeit 100 Sekunden. Diese Zeit läßt sich mit Leichtigkeit auf 1% genau stoppen. Spannung und Kapazität lassen sich auf einige Promille genau bestimmen, so daß die Meßgenauigkeit etwa 10^{-14} A beträgt. Macht man die Kapazität C kleiner, etwa indem man einen sogenannten Influenzierungsring um die Gitterleitung legt, so wird die Empfindlichkeit noch größer. Eine Grenze ist auch hier durch die Gitterströme gesetzt. Es hat keinen Sinn, Ströme messen zu wollen, die kleiner sind als die unvermeidlichen Schwankungen des Gitterstromes. Allerdings gibt gerade die besprochene Methode eine Möglichkeit beim Gitterstrom Null zu messen. Man braucht dazu nur vor Beginn der Messung beide Schalter S_1 und S_2 zu öffnen. Das Gitter stellt sich dann auf das Potential ein, bei dem kein Gitterstrom fließt. Nun schließt man nur S_1 und stellt mit dem Potentiometer P_1 denselben Anodenstrom wie bei freiem Gitter her. Das Gitter hat dann wieder dasselbe Potential wie früher. Nun schließt man auch S_2 wieder und öffnet als Beginn der Messung S_1. Während der ständigen Nachkompensation mit dem Potentiometer P_2 trachtet man möglichst gleichartig zuviel und zuwenig zu kompensieren, das Gitterpotential also ebenso oft zu positiv wie zu negativ gegenüber dem Anfangswert zu machen. Es fließt dann ungefähr gleich viel positiver wie negativer Gitterstrom während der Meßzeit und die positiven und negativen Ladungen kompensieren sich annähernd. Es dürfte möglich sein, auf diese Weise noch etwa 10^{-16} A zu messen. Der Kondensator C muß hoch isolieren (Bernsteinisolation) und ist am besten zu evakuieren, damit nicht die Luft zwischen seinen Belegungen durch die überall vorhandene schwache radioaktive Strahlung sowie durch die Höhenstrahlung ionisiert werden kann. Diese Ionisationsströme fälschen das Meßergebnis. Alle unmittelbar mit dem Gitter verbundenen Leiterteile müssen durch ein Metallgehäuse vor zufälligen Influenzladungen geschützt werden. Die Abschirmung muß also die Röhre, die Schalter S_1 und S_2, den Kondensator C und auch die Photozelle umfassen. Dieses Gehäuse ist nicht zu erden, sondern soll an Gitter-

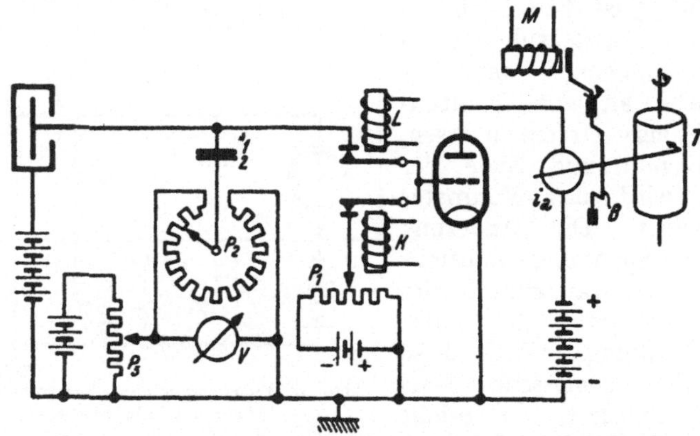

Abb. 75. Messung sehr schwacher Ströme durch Kompensation der Ladung mit Influenzladungen, verbunden mit einer automatischen Registriereinrichtung. Die Röhre wird dabei jeweils nur eine kurze Zeit an die Stromquelle und die Kompensationsvorrichtung angeschlossen.

potential liegen, wie es Abb. 74 zeigt. Dadurch vermeidet man, daß die Gitterleitung und das Gehäuse als Ionisationskammer wirken und Ionisationsströme auf das Gitter fließen, zum anderen besteht auch keine Spannungsdifferenz an den Isolationsstücken, die mit dem Gitter verbundene Teile tragen, so daß keine Isolationsströme fließen können. Das Gehäuse selbst wirkt dann sozusagen als „Schutzring" für die Halterungen. Die Luft im Gehäuse ist scharf zu trocknen, wenn äußerst schwache Ströme zu messen sind. Will man die Unannehmlichkeiten vermeiden, die ein nicht geerdetes Gehäuse wegen der Gefahr von Kurzschlüssen mit sich bringt, so kann man die Erde, statt wie in Abb. 74 an die Kathode der Röhre zu legen, mit dem Abgreifer des Potentiometers P_1 verbinden. Allerdings ist dann die Anodenspannungsquelle, Heizung der Röhre und die Spannungsquelle für die Photozelle gegenüber Erde zu isolieren.

Werden sehr schwache Ströme gemessen, und ist die Meßzeit sehr lang, so ist es vorteilhaft, während der Kompensation die Röhre abzuschalten. Es kann dann bei einem beliebigen Arbeitspunkt, bei dem negativer Gitterstrom fließt, gearbeitet werden, denn die Gitterströme können nur während einer sehr kurzen Zeit zum Kompensationskondensator fließen und also das Meßergebnis nicht erheblich beeinflussen. Abb. 75 zeigt eine solche Anordnung, bei der zugleich automatisch registriert wird. J. CLAY hat sie mit seinen Mitarbeitern[1] entwickelt, um die Ionisation durch Höhenstrahlung zu registrieren.

Ein Uhrwerk treibt das Potentiometer P_2, eine mit Papier überzogene Registriertrommel T und eine nicht gezeichnete Schaltwalze an, die im geeigneten Zeitpunkt den Elektromagneten K, L und M Strom gibt. Zunächst sind diese Elektromagnete erregt. K legt das Gitter an eine bestimmte Vorspannung, die mit dem Potentiometer P_1 eingestellt wird, L verbindet Ionisationskammer und Kompensationskondensator mit dem Gitter der Röhre und M betätigt ein Fallbügel-Registriergalvanometer. Ist M erregt, so drückt der Bügel B die Schreibspitze des Zeigers des Galvanometers auf das Papier der Registriertrommel und es wird eine Marke geschrieben. Die Trommel T und das Potentiometer P_2 werden in Gang gesetzt und als Beginn der Meßzeit werden alle Elektromagnete ausgeschaltet. Der Zeiger des Galvanometers wird dadurch freigegeben und die Verbindung der Röhre mit Ionisationskammer und Kondensator unterbrochen. Die Ladung, die von der Ionisationskammer zur Platte 1 fließt, wird nun zum größten Teil durch die Influenzladung von der Platte 2 her kompensiert, so daß annähernd die Platte 1 die Ausgangsspannung beibehält. Durch das Potentiometer P_3 kann die bei einer Umdrehung des Potentiometers P_2 auf die Platte 1 influenzierte Ladung eingestellt werden. Am Voltmeter V wird, wie bei der Schaltung nach Abb. 74, die Spannungsänderung der Platte 2 während eines Umlaufes von P_2 abgelesen. Knapp bevor der Abgreifer des Potentiometers P_2 das Ende des Widerstandsdrahtes erreicht, erhält zunächst der Magnet L Strom. Dem Steuergitter der Röhre wird dann ein Potential aufgedrückt, das dem nichtkompensierten Rest der Ladungen entspricht, und der Zeiger des Registriergalvanometers spielt auf den Anodenstrom ein, der sich einstellt. Nun erhält auch der Magnet M kurzzeitig Strom, wobei die Größe des Anodenstromes auf der Trommel T aufgezeichnet wird. Schließlich wird auch der Magnet K wieder eingeschaltet und stellt den Ausgangswert des Gitterpotentials wieder her. M wird nun neuerlich erregt und zeichnet diesen Ausgangswert wieder auf. Alle drei Magnete bleiben sodann eingeschaltet, bis der Abgreifer des Potentiometers P_2 vom Ende bis zum Beginn des Widerstandsdrahtes gedreht ist. Der Ausgangszustand ist dann wieder hergestellt, die Magnete K, L und M werden gleichzeitig abgeschaltet und eine neuerliche Ladungskompensation beginnt.

d) Entladungsmethode (Mekapion). Bei der von S. STRAUSS ent-

---

[1] J. CLAY, C. G. 'T HOOFT, L. J. L. DEY und J. T. WIERSMA: Physica 4, 121 (1937).

wickelten Entlademethode[1] wird ein negativ aufgeladener Kondensator durch den zu messenden Strom allmählich entladen und die Entladezeit gemessen. An den Kondensator ist die Meßröhre angeschlossen. Solange er eine genügend große negative Ladung enthält, ist die Röhre gesperrt. Ist das Potential am Kondensator jedoch bis zu dem Wert gesunken, bei dem der Anodenstrom einsetzt, so wird durch ein vom Anodenstrom betätigtes Relais auf ihn wieder eine negative Ladung gebracht und das Spiel kann von neuem beginnen. Die Entlademethode hat den Vorteil, daß fast während der ganzen Meßzeit kein Ionen-

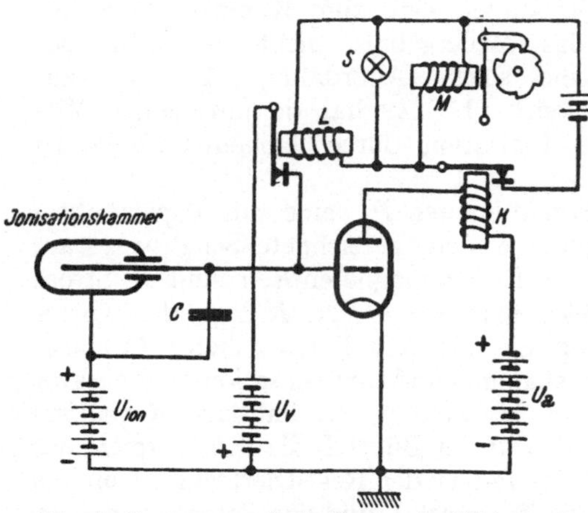

Abb. 76 Strommessung durch Messung der Zeitdauer der Entladung eines Kondensators (Mekapion).

gitterstrom fließen kann, da die Röhre gesperrt ist. Der Gitterstrom, der bei negativ geladenem Kondensator noch die Messung beeinflussen kann, rührt nur mehr von den Photoelektronen, die durch die glühende Kathode am Gitter ausgelöst werden, und von den wenigen an der Kathode thermisch erzeugten positiven Ionen her. Das Gerät führt den Namen „Mekapion",[2] weil damit entweder Hochohmwiderstände ($Megohm$-Widerstände) oder Kapazitäten oder Ionisationsströme gemessen werden können. Das Mekapion hat sich vor allem als Röntgendosismesser sehr bewährt. Abb. 76 zeigt das Schaltschema. Zunächst fließt nach dem Einschalten Anodenstrom. Das Anodenstromrelais K zieht dann den Anker an. Dadurch wird ein Hilfsstromkreis geschlossen, und der Magnet L legt eine Verriegelungsspannung U_v von etwa —240 Volt an das Steuergitter der Meßröhre und den mit ihm verbundenen Kondensator C. Die Röhre wird durch diese negative Spannung sofort gesperrt und die Anker der Magnete K und L fallen ab, so daß das Gitter frei wird. Es ist dabei beachtenswert, daß die Verriegelungsspannung den Spannungsunterschied zwischen Auffängerelektrode und Wand der Ionisationskammer erhöht. Es ist also die Sättigungsstromstärke des Ionisationsstromes gerade während der Verriegelung der Röhre besonders sicher gewährleistet. Der Ionisationsstrom entlädt nun die Kapazität. Bei einigen Volt negativer Gittervorspannung setzt der Anodenstrom ein, der Anker

---

[1] S. STRAUSS: Z. techn. Physik 7, 577 (1926); Elektrotechn. u. Maschinenb. 44, 348 (1926); Strahlentherapie 28, 205 (1928); Die Röntgen- (Radium-, Ultraviolettlicht-) Dosimetrie auf physikalisch-medizinischer Grundlage, 2. Aufl. Wien u. Leipzig: Moritz Perles, 1935.

[2] Hersteller: Uher & Co., Abteilung Laboratorium Strauß, Wien XIX/117, Mooslackengasse 17.

von K wird angezogen und der Hilfsstromkreis wieder geschlossen. Der Magnet L wird wieder erregt und legt die Verriegelungsspannung an das Gitter. Zugleich mit L wird auch der Elektromagnet M erregt, dessen Anker bei der Bewegung ein Zählwerk weiterschaltet. Außerdem leuchtet noch eine Lampe S auf oder es kann auch eine Glocke Strom bekommen. Der Stand des Zählwerkes zeigt die gesamte elektrische Ladung an, die durch die Ionisationskammer geflossen ist. Wird diese z. B. mit Röntgenstrahlen bestrahlt, so wird also die Integraldosis angegeben. Die jeweils fließende Stromstärke ist durch den zeitlichen Abstand zweier Zählungen gegeben. Um auch diese unmittelbar ablesen zu können, wird an Stelle des Zählwerkes eine elektrisch betätigte Stoppuhr angeschlossen, die bei der ersten Zählung in Gang gesetzt wird und nach einer wählbaren Anzahl von Zählungen wieder gestoppt wird.

Der Kondensator C ist wegzulassen, wenn sehr kleine Ströme gemessen werden sollen, da die Kapazität des Gitters mit den angeschlossenen Leitern gegen die Umgebung ohnedies nicht unter 15 pF betragen wird. Beträgt die Verriegelungsspannung 200 Volt, so wird diese Kapazität jedesmal mit $15 \cdot 10^{-12} \cdot 200$ Coulomb $= 3 \cdot 10^{-9}$ Coulomb aufgeladen. Bei einem durchschnittlichen Entladestrom von 10^{-13} A (so groß dürfte allenfalls der Gitterstrom sein) fließt diese Ladung erst in $3 \cdot 10^{-9}/10^{-13} =$ $= 3 \cdot 10^4$ Sekunden, das sind rund 8 Stunden, ab. Bei einem Strom von 10^{-10} A erfolgt unter diesen Verhältnissen alle 30 Sekunden eine Zählung.

Das Relais L kann vermieden werden, wenn der Kondensator C durch einen Induktionsstoß aufgeladen wird. Abb. 77 zeigt die dazu benutzte Schaltung. Spricht das Anodenstromrelais K an, so erhält die Primärwicklung des Transformators Tr Strom. Der Einschaltstromstoß überträgt sich auf die Sekundärwicklung. Diese muß nun so gepolt werden, daß über die Kapazität C das Gitter einen positiven Stromstoß erhält. Solange dessen Potential positiv ist, fließen negative Elektronen auf das Gitter. Verschwindet nun der Einschaltstromstoß, so verbleibt diese negative Ladung auf dem

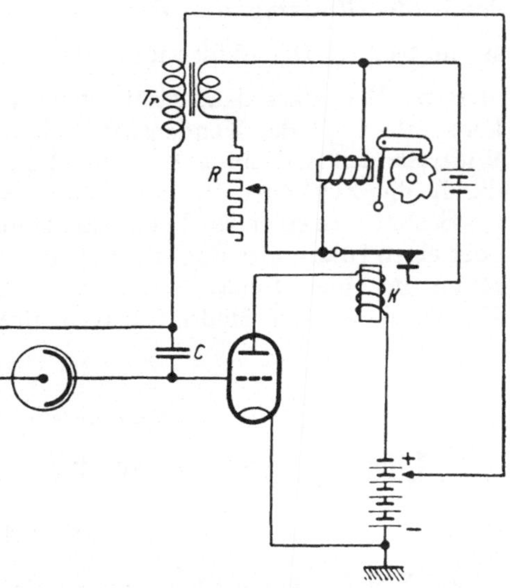

Abb. 77. Entladungsmethode zur Strommessung (Mekapion) wie Abb. 76, nur erfolgt die Aufladung des entladenen Kondensators nicht durch Betätigung eines Relais, sondern durch einen Induktionsstoß über einen Transformator.

Gitter und dessen Potential begibt sich daher ins Negative. Bei genügend negativem Potential wird nun die Röhre gesperrt. Das Relais K fällt ab und ein negativer Stromstoß gelangt vom Transformator auf das Steuergitter. Entsprechend dem Stromstoß schwankt nun zwar das Gitterpotential, nach Beendigung des Stromstoßes hat aber das Gitter wieder das Ausgangspotenial. Der negative Stromstoß hinterläßt also keinerlei Wirkung. Um die Größe der durch den positiven Spannungsstoß auf das Gitter induzierten Ladung regeln zu können, wird der Primärwicklung des Transformators ein regelbarer Widerstand R vorgeschaltet.

In Abb. 77 ist angenommen worden, daß der Strom, der durch eine Photozelle fließt, gemessen werden soll. Wird diese Photozelle mit einem Hochohmwiderstand vertauscht, wobei natürlich die Sekundärwicklung des Transformators nicht an positive Spannung zu legen, sondern zu erden ist, so lädt die Verriegelungsspannung den Kondensator C auf und die Entladung erfolgt über den Hochohmwiderstand. Kennt man nun das Gitterpotential, bei dem das Relais K anspricht, so kann aus dem Unterschied zwischen der Verriegelungsspannung und diesem Potential sowie aus der Kapazität und der Meßzeit gemäß den Formeln für die Kondensatorentladung (siehe S. 104) die Größe des Hochohmwiderstandes berechnet werden. Überschlagen wir noch, wie groß der Widerstand höchstens sein darf. Hat die Röhre einen Gitterstrom von etwa 10^{-13} A, so müssen bei einem Potentialunterschied von 1 Volt noch etwa 10^{-12} A durch den Widerstand fließen, damit der Einsatzpunkt des Anodenstromes unabhängig vom Gitterstrom bleibt. Der Widerstand darf also höchstens $\frac{1}{10^{-12}} = 10^{12}$ Ohm messen. Bei einer Kapazität von 50 pF beträgt dann die Zeitkonstante $C \cdot R$ der Kondensatorentladung 50 Sekunden. Bei kleineren Widerständen ist ein entsprechend größerer Kondensator zu wählen, damit die Zeitkonstante einen gut meßbaren Wert erhält.

Besitzt man einen Hochohmwiderstand, dessen Wert genau bekannt ist, oder einen Uran- oder Radiumstandard, der einen bekannten Ionisierungsstrom in einer Ionisationskammer liefert, so kann die unbekannte Kapazität aus der Meßzeit berechnet werden.

Vierter Abschnitt.

Die Elektronenröhre als Elektrometer.

1. Übersicht.

Entweder dienen Elektrometer dazu, kleine elektrische Ladungen zu messen oder sie werden zur statischen Messung von elektrischen Spannungen, bei denen also kein Strom verbraucht wird, benutzt. Die hiefür meist verwendeten Elektrometer beruhen auf den ponderomotorischen Wirkungen elektrischer Ladungen, durch die ein bewegliches System, z. B. ein Faden (Einfaden- und Zweifadenelektrometer) oder ein Flügel (Binanten-, Quadranten- und Duantenelektrometer) aus seiner Ruhelage abgelenkt wird. Diese Elektrometer sind mechanisch sehr empfindlich, besonders wenn angestrebt wird, sehr kleine Spannungen oder Ladungen zu messen. Es liegt nahe zu untersuchen, inwieweit und in welchen Fällen Elektronenröhren als Elektrometer verwendet werden können. Die Möglichkeit der Verstärkung bietet die Aussicht, kleinere Ladungen und Spannungen nachzuweisen als durch Elektrometer mit mechanisch beweglichen Teilen und elektrisch wenig störungsanfällige, mechanisch robuste und in bezug auf erschütterungsfreie Aufstellung anspruchslose Geräte zu schaffen. Diese Hoffnungen wurden tatsächlich erfüllt. Allerdings ist ein Röhrenelektrometer nicht in allen Fällen geeignet, die bisher üblichen Elektrometer zu ersetzen.

Das Röhrenelektrometer besitzt im Vergleich zu den anderen Elektrometern eine außerordentlich hohe Empfindlichkeit und eine extrem kleine Einstellzeit, jedoch aus prinzipiellen Gründen eine sehr schlechte Isolation, so daß einmal auf das Röhrenelektrometer aufgebrachte elektrische Ladungen ziemlich rasch wieder abfließen. Diese Eigenschaften umgrenzen das besondere Anwendungsgebiet. Röhrenelektrometer bieten demnach besondere Vorteile, wenn es sich darum handelt, kleinste ruckweise Aufladungen oder sehr rasche Ladungsänderungen zu messen. Beispielsweise wird es zum Messen piezoelektrischer Ladungen,[1] die bei Druck auf gewisse Kristalle auftreten, verwendet. Auch Kondensatoren, bei denen durch Ortsänderungen der einen Platte Influenzladungen auf die andere Platte influenziert werden, finden als Druckindikatoren Verwendung. Technisch haben diese Geräte Bedeutung, weil es möglich ist, sehr rasche Druckänderungen, wie etwa den Druckverlauf in Verbrennungsmotoren, Geschützen u. dgl., messend zu verfolgen. Die Ladungen sind dem Drucke proportional und daher kann eine Eichung der Geräte auf Druckeinheiten vorgenommen werden. Diese elektrischen Druckindikatoren sind in der Technik gut eingeführt,[2] und es erübrigt sich, im Rahmen dieses Buches sie nochmals eingehend darzustellen.

Sehr viel werden Röhrenelektrometer in der Kernphysik benutzt, wenn es sich darum handelt, rasch bewegte Atomkerne, vor allem also α- und H-Strahlen durch die in der Luft oder in einem anderen Gas erzeugten Ionen zu erfassen. Der Zusammenhang zwischen Ionisation, kinetischer Energie und Reichweite dieser Strahlen ist sehr genau bekannt, so daß sich aus der Messung der Zahl der erzeugten Ionenpaare wichtige Rückschlüsse auf die Energietönung von Kernumwandlungen ziehen lassen. Die Kernphysik vor allem ist heute das physikalisch wichtigste Anwendungsgebiet des Röhrenelektrometers. Diese Geräte, für die noch keine zusammenfassende Darstellung vorliegt, seien daher

---

[1] J. KLUGE und H. E. LINCKH: Z. Instrumentenkde. **52**, 177 (1932); VDI-Forsch.-Heft **2**, 153 (1931); **4**, 177 (1933); Z. VDI **73**, 1311 (1929); **74**, 887 (1930). — M. MAUZIN: Mécanique **23**, 13 (1939).

[2] Erwähnt seien z. B. die Druckindikatoren der Firmen Zeiß-Ikon A. G. in Dresden, AEG in Berlin und Philips in Eindhoven. — Literatur hierüber: K. J. DE JUHASZ und J. GEIGER: Der Indikator. Berlin: Springer, 1938. — A. SCHEIBE: Piezoelektrizität des Quarzes. Dresden: Th. Steinkopff, 1938. — M. PFLIER: Elektrische Messung mechanischer Größen. Berlin: Springer, 1940.

als Beispiel eingehend besprochen. Sollte das Bedürfnis vorliegen, für
einen anderen Zweck ein Röhrenelektrometer zu bauen, so wird es nicht
schwerfallen, mit den Erkenntnissen, die bei den Röhrenelektrometern
für die Kernphysikforschung gewonnen wurden, allenfalls nötige Kon-
struktionsänderungen zu treffen.

Die prinzipielle Anordnung eines Röhrenelektrometers für die Messung
von α-Strahlen ist in Abb. 78 schematisch dargestellt. Eine Ionisationskammer wird von einem Strahl durchsetzt, der in dem Gas der Kammer
gleich viele positiv und negativ geladene Ionen erzeugt. Die Wandung
der Ionisationskammer ist an eine hohe, z. B. positive Spannung gelegt,
während eine isoliert durchgeführte Auffängerelektrode mit dem Steuergitter der ersten Röhre des Röhrenelektrometers durch eine abgeschirmte

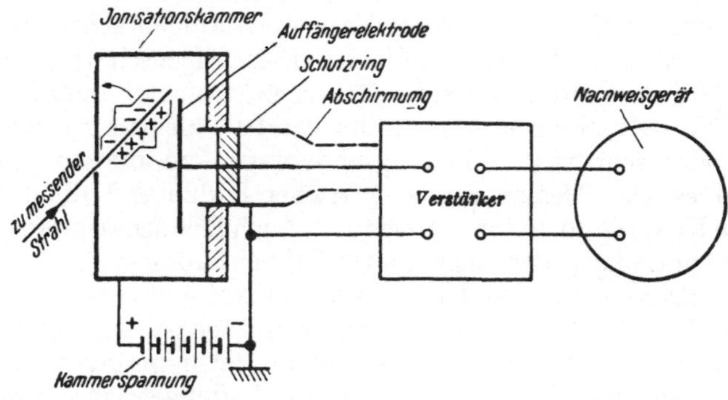

Abb. 78. Prinzip eines Röhrenelektrometers zur Messung der von α- oder H-Strahlen erzeugten Ionen.

Leitung verbunden ist und demnach ein Potential besitzt, das sich höchstens um einige Volt, nämlich nur um den Betrag der negativen Gittervorspannung dieser Röhre, vom Erdpotential unterscheidet. Damit
Kriechströme von der an Spannung liegenden Wand der Ionisationskammer zu der Auffängerelektrode verhindert werden, ist deren Durchführung von einem sogenannten Schutzring umgeben, der an ein Potential
gelegt wird, das sich möglichst wenig von dem der Auffängerelektrode
unterscheidet. Zwischen Auffängerelektrode und Schutzring herrscht
demnach keine Potentialdifferenz, so daß auch kein Isolationsstrom
fließen kann. Isolationsströme sind nur zwischen Kammerwand und
Schutzring möglich. Der Schutzring wird zweckmäßig mit der Abschirmung der Leitung zum Steuergitter verbunden. Werden durch einen
Strahl Ionen erzeugt, so wandern in dem elektrischen Feld zwischen
Auffängerelektrode und Kammerwand die Ionen des einen Vorzeichens zur Kammerwand, wo sie entladen werden, die des anderen
Vorzeichens werden auf der Auffängerelektrode niedergeschlagen und
geben dieser und dem mit ihr verbundenen Steuergitter der ersten Röhre
eine kleine Spannungsänderung. Bei einer Feldstärke von etwa 100
bis 200 Volt pro Zentimeter und einem Weg der Ionen von einigen Zentimetern ist die Aufladung in Zimmerluft in etwa $^1/_{100}$ Sekunde beendet.

Dieser sehr kurzzeitige Spannungsstoß durchläuft einen Verstärker und gelangt verstärkt zu dem Nachweisgerät. Als solches werden Saitengalvanometer, Einfaden-Elektrometer, Schleifenoszillograph, BRAUNsche Röhre, thyratronbetriebenes Meßzählwerk oder für Demonstrationen ein Lautsprecher verwendet.

H. GREINACHER[1] war der erste, der 1926 zeigte, daß auf diesem Wege Strahlen von schweren Korpuskeln gezählt werden können. Die Bedeutung seiner Arbeiten liegt vor allem darin, daß er den experimentellen Nachweis führte, daß durch Röhrenverstärker die Ionisation dieser Strahlen nachweisbar ist. Von einer proportionalen Verstärkung des Spannungsstoßes und damit einer Messung der erzeugten Ionenpaare konnte bei seiner Apparatur keine Rede sein. Die Gründe hierfür wurden von G. ORTNER und G. STETTER[2] aufgezeigt, außerdem wurde die Unzulänglichkeit der ersten Apparatur eingehend nochmals von L. ÜRMÉNYI[3] behandelt. G. ORTNER und G. STETTER haben rechnerisch und experimentell die Möglichkeiten untersucht, kleine rasche Aufladungen mit Elektronenröhren zu messen und haben 1928 und 1929 ihr „Röhrenelektrometer" veröffentlicht,[4] mit dem erstmalig Präzisionsmessungen durchführbar waren. Man unterscheidet heute zwei verschiedene Typen von Röhrenelektrometern. Bei der einen, der ursprünglichen Konstruktion von G. ORTNER und G. STETTER, wird die zu messende Ladung rasch dem Steuergitter einer Elektrometerröhre zugeführt, von dem sie über einen sehr hohen OHMschen Widerstand langsam abfließt. Der Ladungsänderung entsprechen Spannungsänderungen des Gitters, die durch einen Gleichspannungsverstärker formgetreu und proportional verstärkt werden und schließlich durch ein Saitengalvanometer und eine Projektionseinrichtung auf einem ablaufenden photographischen Papier registriert werden. Dieser Typ eines Röhrenelektrometers hat den Vorteil, daß durch Influenzladungen außerordentlich genau absolut geeicht werden kann, so daß Präzisionsmessungen kleinster elektrischer Ladungen (bis etwa 1000 Elementarquanten gleich $1,60 \cdot 10^{-16}$ Coulomb) mit einer Genauigkeit von einigen Promille ausgeführt werden können.

Sind sehr viele rasch aufeinanderfolgende Ladungsstöße zu registrieren, so muß für eine rasche Ableitung jeder einzelnen Aufladung des Steuergitters Sorge getragen werden. Für die Verstärkung empfiehlt sich dann die Anwendung eines widerstands-kapazitätsgekoppelten Verstärkers, dessen Kopplungsglieder allerdings gewissen Bedingungen genügen müssen, damit die Ladungsstöße streng proportional verstärkt werden. Das Registrierinstrument muß ferner eine genügend kleine Einstellzeit besitzen, damit es den raschen Spannungsschwankungen auch folgen kann.

---

[1] H. GREINACHER: Z. f. Physik 36, 364 (1926).
[2] G. ORTNER und G. STETTER: Z. f. Physik 54, 449 (1929).
[3] L. ÜRMÉNYI: Helv. phys. Acta 10, 285 (1937).
[4] G. ORTNER und G. STETTER: S.-B. Akad. Wiss. Wien, Abt. IIa 137, 667 (1928); Z. f. Physik 54, 449 (1929).

Meist wird dafür ein Schleifenoszillograph verwendet, doch auch Konstruktionen mit BRAUNschen Röhren (Kathodenstrahloszillographen) sind bekannt geworden. Unter Umständen muß man für eine äußerst rasche Ableitung jeder Einzelladung sorgen. Dies ist vor allem dann der Fall, wenn Strahlen schwerer Korpuskeln neben einer intensiven radioaktiven β- oder γ-Strahlung nachgewiesen werden sollen. C. E. WYNN-WILLIAMS und F. A. B. WARD[1] haben daher 1931 die ursprüngliche Konstruktion dieses Typs des Röhrenelektrometers wieder aufgegriffen und verbessert. Aber auch hier haben erst wieder G. ORTNER und G. STETTER 1933 die Bedingungen aufgezeigt,[2] die erfüllt sein müssen, um aus der Verstärkeranordnung ein exakt arbeitendes Meßgerät zu machen. Das Problem der Eichung eines Röhrenelektrometers mit kleiner Zeitkonstante und Widerstands-Kapazitätskopplung durch Influenzladungen ist erst in jüngster Zeit gelöst worden (siehe S. 167). Die Bestimmung der Ladungsempfindlichkeit eines solchen Verstärkers zur Messung von Korpuskularstrahlen wird aber noch vielfach auf indirektem Wege so vorgenommen, daß z. B. α-Strahlen von Polonium, von denen bekannt ist, wie viele Ionenpaare sie erzeugen, vergleichsweise registriert werden.

2. Die Zeitkonstante einer Kondensatorentladung.

Der Besprechung der Vorgänge in der Meßröhre und den Kopplungsgliedern sei als Einleitung eine Darstellung des Begriffes der Zeitkonstante vorausgeschickt, der die ganze Theorie des Röhrenelektrometers beherrscht.

Wie bei den Elektrometern, die auf den ponderomotorischen Wirkungen elektrischer Ladungen beruhen, ist auch bei dem Röhrenelektrometer die unmittelbare Ursache für die Anzeige die Spannungsänderung des Systems, bei einer Röhre also des Steuergitters, die durch eine Ladungsänderung bewirkt wird. Die Ladung, die auf einem Leiter sitzt, sei q Coulomb. Seine elektrische Spannung in Volt gemessen ist dann umgekehrt proportional seiner Kapazität. Wird diese in Farad gemessen, so gilt

$$u = \frac{q}{C}. \tag{1}$$

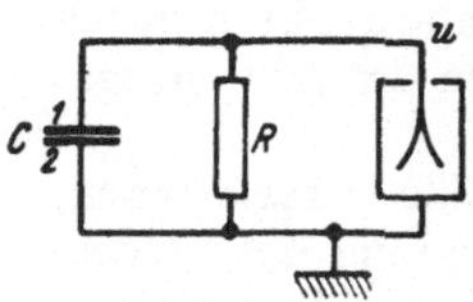

Abb. 79. Entladung eines Kondensators C über einen Widerstand R. Mit u ist die an dem Elektrometer abzulesende Spannung bezeichnet.

Fließt über einen Widerstand von R Ohm die Ladung ab, so sinkt entsprechend der Ladungsverminderung auch die Spannung u. In einer Schaltung nach Abb. 79 herrsche also zwischen den beiden Platten 1 und 2 eines Kondensators der Größe C die Spannung u, deren jeweilige Größe durch das schematisch angedeutete Blättchenelektroskop gemessen werde. Die Kapazität braucht nicht ein eigener Kondensator sein.

[1] C. E. WYNN-WILLIAMS und F. A. B. WARD: Proc. Roy. Soc., Lond. (A) 131, 391 (1931).

[2] G. ORTNER und G. STETTER: S.-B. Akad. Wiss. Wien, Abt. II a 142, 486 und 493 (1933).

Bei der Eingangsröhre eines Röhrenelektrometers ist z. B. die Belegung *1* durch das Steuergitter und die mit ihm verbundenen Leiterteile (Auffängerelektrode, Zuführungsdraht) gegeben, während die Belegung *2* durch die umgebenden Leiter dargestellt wird. Als Kapazität C ist dann die Kapazität des Gitters gegen die Umgebung zu betrachten. Die Frage, die wir stellen wollen, lautet nun: Wie ist der zeitliche Verlauf der Spannung u, wenn die anfängliche Ladung q_0 der Kapazität C abfließt?

Der Strom i, der durch den Widerstand R fließt, ist nach dem OHM-schen Gesetz

$$i = \frac{u}{R}, \tag{2}$$

anderseits ist gerade dann die Elektrizitätsmenge 1 Coulomb durch den Widerstand geflossen, wenn ein Strom von 1 Ampere 1 Sekunde lang fließt. In der kleinen Zeit dt fließt also die Elektrizitätsmenge $i \cdot dt$ ab, so daß also gilt

$$-dq = i \cdot dt. \tag{3}$$

Das Minuszeichen muß gesetzt werden, weil die Ladung der Kondensators um den Betrag dq kleiner wird. Wird nun $i = \frac{u}{R}$ eingesetzt, so ist

$$-dq = \frac{u}{R} \, dt. \tag{4}$$

Nun ist jedoch, wie schon bemerkt, $q = C\,u$ und daher $dq = C\,du$, so daß also folgende Differentialgleichung die Abhängigkeit der Spannung von der Zeit wiedergibt:

$$C\,du = -\frac{u}{R} \, dt \quad \text{oder} \quad \frac{du}{u} = -\frac{dt}{C\,R}. \tag{5}$$

$\frac{du}{u}$ integriert ergibt log nat $u + A$, wobei A eine aus den Anfangsbedingungen noch näher zu bestimmende Integrationskonstante ist, so daß also die Differentialgleichung integriert lautet:

$$\log \text{nat}\ u + A = -\frac{t}{C\,R}. \tag{6}$$

Zur Zeit $t = 0$ betrug die Ladung des Kondensators q_0 und die Spannung an ihm $\frac{q_0}{C} = u_0$, so daß also die Gleichung gilt:

$$\log \text{nat}\ u_0 + A = 0 \quad \text{oder} \quad A = -\log \text{nat}\ u_0. \tag{7}$$

Damit ist nun die Integrationskonstante A bestimmt, so daß also die gesuchte Lösung lautet:

$$\log \text{nat}\ u - \log \text{nat}\ u_0 = \log \text{nat}\ \frac{u}{u_0} = -\frac{t}{C\,R}. \tag{8}$$

Vom Logarithmus kann man nun zum Antilogarithmus übergehen und schreiben:

$$u = u_0\, e^{-\frac{t}{C\,R}}, \tag{9}$$

wobei $e = 2{,}71828\ldots$ die Basis der natürlichen Logarithmen ist. Die Spannung sinkt demnach von ihrem Anfangswert u_0 gemäß einer e-Po-

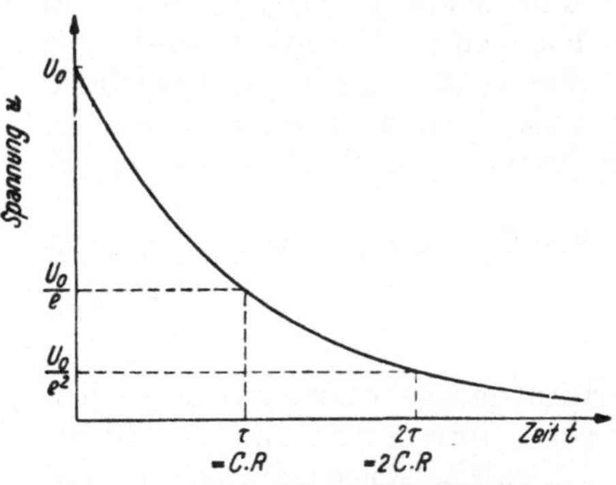

Abb. 80. Zeitlicher Verlauf des Absinkens einer Spannung bei der Entladung eines Kondensators über einen Ohmschen Widerstand.

tenzkurve ab, wie sie in Abb. 80 dargestellt ist. Maßgebend für die Schnelligkeit des Absinkens ist nur das Produkt aus Kapazität und Widerstand. Ist t gerade gleich diesem Produkt $C\,R$ geworden, das im übrigen auch die Dimension einer Zeit hat, so wird

$$\frac{t}{C\,R} = 1 \quad \text{und} \quad u = u_0\,e^{-1} = \frac{u_0}{e},$$

das heißt nach einer Zeit $C\,R$ ist die Spannung auf den e-ten Teil (ungefähr $^1/_3$) abgesunken und damit auch die Ladung q_0 bis auf den e-ten Teil abgeflossen.

Da durch das Produkt $C\,R$ der zeitliche Verlauf der Kondensatorentladung völlig bestimmt ist, führt es den Namen die *Zeitkonstante*. Sie wird im folgenden mit dem griechischen Buchstaben τ bezeichnet.

In genau der gleichen Weise, wie wir soeben die Entladung eines Kondensators betrachtet haben, läßt sich auch die Aufladung eines Kondensators gemäß der Schaltung nach Abb. 81 über einen Widerstand R berechnen. Der formelmäßige Ansatz unterscheidet sich nur dadurch von dem der Entladung, daß in Gleichung (3) für die Ladungsänderung dq des Kondensators statt des Minuszeichens nunmehr ein Pluszeichen zu setzen ist, da ja jetzt Ladung zufließt, und daß der durch den Widerstand fließende Strom nunmehr $i = \dfrac{U-u}{R}$ wird, wobei U die Spannung der Stromquelle und damit auch die Endspannung am Kondensator und u den Augenblickswert der Spannung am Kondensator bedeutet. $U-u$ ist die am Widerstand R liegende Spannung, die für den Ladestrom i maßgebend ist. Die jeweils zufließende Ladung dq ist dann also so wie früher

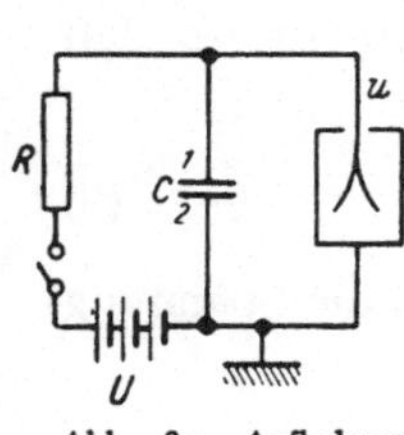

Abb. 81. Aufladung eines Kondensators C über einen Widerstand R.

$$dq = C\,du = \frac{U-u}{R}\,dt, \qquad (10)$$

woraus sich die Differentialgleichung für die Spannungsänderung ergibt zu

$$\frac{du}{U-u} = \frac{dt}{C\,R}. \qquad (11)$$

Um diese Gleichung zu integrieren, führt man eine neue Variable $u' = = U-u$ ein. du ist dann $-du'$, so daß also gilt:

$$-\frac{du'}{u'} = \frac{dt}{C\,R}. \qquad (12)$$

Dies integriert ergibt

$$\log\mathrm{nat}\ u' + A = -\frac{t}{C\,R}. \tag{13}$$

Zu Beginn der Aufladung, also zur Zeit $t = 0$, ist die Spannung u zwischen den Platten 1 und 2 des Kondensators Null, demnach $u' = U$. Dies eingesetzt ergibt $\log\mathrm{nat}\ U + A = 0$ oder $A = -\log\mathrm{nat}\ U$. Die Lösung der Differentialgleichung lautet also

$$\log\mathrm{nat}\ (U-u) - \log\mathrm{nat}\ U = -\frac{t}{C\,R}. \tag{14}$$

Beim Übergang zum Antilogarithmus erhält man

$$U-u = U\,e^{-\frac{t}{C\,R}} \quad\text{oder}\quad u = U\left(1 - e^{-\frac{t}{C\,R}}\right). \tag{15}$$

Der Spannungsverlauf bei Aufladung eines Kondensators hat also graphisch dargestellt die in Abb. 82 wiedergegebene Form. Auch der Verlauf der Aufladung ist somit durch die Zeitkonstante $\tau = C\,R$ charakterisiert. Nach dieser Zeit ist die Spannung am Kondensator auf $U - \dfrac{U}{e}$ angestiegen, es fehlt also nur mehr der e-te Teil bis zur Erreichung des Endzustandes.

Es ist für überschlägige Betrachtungen oft vorteilhaft, sich

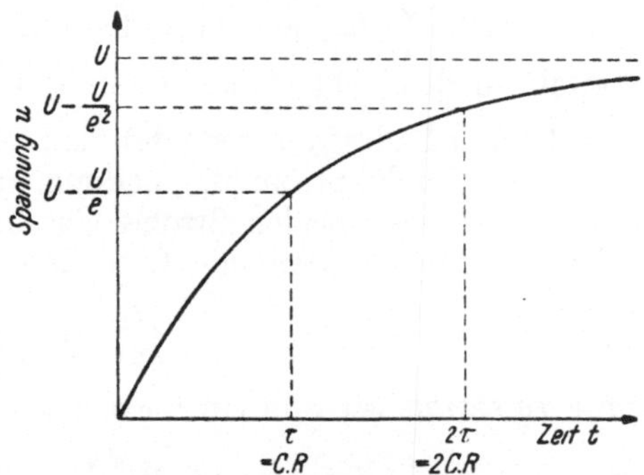

Abb. 82. Zeitlicher Verlauf des Ansteigens der Spannung an einem Kondensator bei der Aufladung über einen Ohmschen Widerstand.

zu vergegenwärtigen, daß die Spannung und die Ladung eines Kondensators bei Aufladung wie auch bei Entladung nach einer Zeit von $2{,}3\ \tau$ noch 10%, nach $4{,}6\ \tau$ nur mehr 1% und nach $6{,}9\ \tau$ bereits nur mehr 1 Promille von dem theoretisch erst nach unendlich langer Zeit erreichten Endzustand abweicht.

3. Der Aufladevorgang in einer Ionisationskammer bei einmaliger Ionisation.

Wie aus den folgenden Ausführungen noch hervorgehen wird, muß man bei der Konstruktion und der Dimensionierung eines Röhrenelektrometers vor allem die Form und Zeitdauer des Ladungsstoßes kennen, der gemessen werden soll. Liefert den Ladungsstoß die Ionisation durch einen einzelnen α- oder H-Strahl, so muß man sich daher zunächst über den Auflade- und Entladevorgang in einer Ionisationskammer bei einmaliger Ionisation Rechenschaft geben.

Wird in einer Ionisationskammer eine momentane einmalige Ionisation erzeugt, beispielsweise durch einen α-Strahl, so vergeht eine gewisse, wenn auch meist ziemlich kurze Zeit, bis das letzte Ion im elektrischen Feld zur Auffängerelektrode gewandert ist. Während nun die

Ionen Ladung zur Auffängerelektrode transportieren, fließt jedoch ein gewisser Teil der Ladung über den Ableitwiderstand R wieder ab. Es ist nun wichtig, in jedem einzelnen Falle zu wissen, wieviel dieser Verlust an Ladung ausmacht. Nehmen wir der Einfachheit halber an, daß während des Aufladevorganges in der Zeiteinheit jeweils gleich viele Ionen auf den Auffänger gelangen. Die Ionen stellen dann einen konstanten, während der Aufladezeit T zur Auffängerelektrode fließenden Strom dar. Es gilt nun, den mathematischen Ausdruck für den Anstieg der Spannung eines Kondensators mit Ableitwiderstand bei Aufladung durch einen konstanten Strom zu finden. Um den formelmäßigen Ansatz zu gewinnen, ziehen wir die Strombilanz. Ist Q die Gesamtladung, die von den Ionen auf die Auffängerelektrode transportiert wird und T die Aufladezeit, so ist der Bruch $\frac{Q}{T}$ der konstante Ladestrom. u sei der jeweilige Spannungsabfall an dem Ableitwiderstand R, über den mithin der Strom $\frac{u}{R}$ abfließt. Der Ladestrom bedeutet die Ladung, die in der Zeiteinheit zufließt, der abfließende Strom die Ladung, die in der Zeiteinheit abfließt, die Differenz dieser beiden Ströme also die Änderung der Ladung des Kondensators in der Zeiteinheit, so daß mithin gilt:

$$\frac{dq}{dt} = \frac{Q}{T} - \frac{u}{R} \; ; \tag{1}$$

für dq setzen wir nun ein $C\,du$ und erhalten nach einer Umstellung

$$C\,R\,\frac{du}{dt} = \frac{RQ}{T} - u. \tag{2}$$

Um diese Differentialgleichung zu integrieren, setzen wir die rechte Seite der Gleichung einer neuen Variablen u' gleich, so daß also gilt:

$$u' = \frac{RQ}{T} - u \quad \text{und} \quad du = -du'. \tag{3}$$

Wir schreiben noch für das Produkt $C\,R$, das die Zeitkonstante für die Entladung des Kondensators darstellt, τ und erhalten

oder
$$-\tau\,\frac{du'}{dt} = u' \tag{4}$$

mit der Lösung:
$$\frac{du'}{u'} = -\frac{dt}{\tau} \tag{5}$$

$$\log \operatorname{nat} u' + A = -\frac{t}{\tau}. \tag{6}$$

Um die Integrationskonstante A zu bestimmen, beachten wir, daß zur Zeit $t = 0$ noch kein Strom fließt und mithin der Spannungsabfall u am Widerstand R ebenfalls Null ist, so daß bei $t = 0$ $u' = \frac{RQ}{T}$ zu setzen ist. Die Integrationskonstante A ist daher gleich $-\log \operatorname{nat} \frac{RQ}{T}$. Die Differentialgleichung ergibt also integriert:

$$\log \operatorname{nat}\left(\frac{RQ}{T} - u\right) - \log \operatorname{nat} \frac{RQ}{T} = -\frac{t}{\tau}. \tag{7}$$

Zum Antilogarithmus übergehend, erhält man

$$\frac{RQ}{T} - u = \frac{RQ}{T}\, e^{-\frac{t}{\tau}} \tag{8}$$

und daraus schließlich als gesuchte Lösung der Fragestellung

$$u = \frac{RQ}{T}\left(1 - e^{-\frac{t}{\tau}}\right). \tag{9}$$

Dies ist also der Verlauf der Spannung u während der Dauer der Aufladung, also zwischen der Zeit $t = 0$ und $t = T$. Die maximale Spannung tritt am Kondensator nach Beendigung der Aufladung, also zur Zeit T auf. Bezeichnen wir diese Spannung mit u_T, so wird also:

$$u_T = \frac{RQ}{T}\left(1 - e^{-\frac{T}{\tau}}\right). \tag{10}$$

Daraus läßt sich nun die von den Ionen auf die Auffängerelektrode transportierte Ladung Q berechnen. Es ist:

$$Q = \frac{u_T\, T}{R\left(1 - e^{-\frac{T}{\tau}}\right)}. \tag{11}$$

Wäre kein Ableitwiderstand vorhanden, also $R = \infty$, so würde diese Ladung gleich dem Produkt aus Spannung mal Kapazität sein, also

$$Q = u_T \cdot C. \tag{12}$$

Um nun auch die Gleichung (11) für einen endlichen Ableitwiderstand auf eine ähnliche Form zu bringen, in der sich der Einfluß der Aufladezeit und der Zeitkonstante leichter überblicken läßt, bedenken wir, daß $CR = \tau$ oder $\frac{1}{R} = \frac{C}{\tau}$ ist. Dies in Gleichung (11) eingesetzt, ergibt

$$Q = u_T\, C\, \frac{T}{\tau} \cdot \frac{1}{\left(1 - e^{-\frac{T}{\tau}}\right)}. \tag{13}$$

Für praktische Ausrechnungen empfiehlt es sich, die Reihenentwicklung anzuwenden, die schließlich zu folgendem Ausdruck für die za berechnende Ladung führt:

$$Q = u_T\, C\left[1 + \frac{1}{2}\frac{T}{\tau} + \frac{1}{12}\left(\frac{T}{\tau}\right)^2 + \ldots\right]. \tag{14}$$

Nach Beendigung der Aufladung gilt das Gesetz der Kondensatorentladung, wie es Gleichung (9) von S. 105 darstellt. Die Spannung nach Beendigung der Aufladung ist der Anfangswert für die Entladung; da diese nach der Zeit T beginnt, so gilt also dafür die Gleichung

$$u = u_T\, e^{-\frac{t-T}{\tau}} \tag{15}$$

oder unter Berücksichtigung der Gleichung (13)

$$u = \frac{Q}{C} \cdot \frac{\tau}{T}\left(1 - e^{-\frac{T}{\tau}}\right) e^{-\frac{t-T}{\tau}} = \frac{Q}{C} \cdot \frac{\tau}{T}\left(e^{\frac{T}{\tau}} - 1\right) e^{-\frac{t}{T}}. \tag{16}$$

In Abb. 83 sind die Gleichungen (9) und (16) numerisch ausgewertet wiedergegeben.

Bei den bisherigen Überlegungen haben wir nicht beachtet, daß die Ionen nicht erst dann die Auffängerelektrode aufladen, wenn sie auf diese auftreffen, sondern daß sie schon im Augenblick der Entstehung auf ihr eine Influenzladung erzeugen. Diese Influenzladungen können die Form des Spannungsverlaufes der Auffängerelektrode und, was besonders wichtig ist, auch die Höhe des Spannungsmaximums und die Zeit, wann es erreicht wird, erheblich beeinflussen, wie G. STETTER[1] nachwies. Ohne Einfluß auf die Höhe des Spannungsmaximums sind sie, wenn der Ableitwiderstand unendlich groß ist, also im Falle unendlich hoher Isolation der Auffängerelektrode. Die Form des Spannungsanstieges wird allerdings auch hiebei beeinflußt. Je näher nämlich ein bestimmtes Ion der Auffängerelektrode kommt, um so größer wird die von ihm erzeugte Influenzladung, bis sie schließlich unmittelbar vor der Elektrode genau so groß wird wie die Ladung des Ions selbst. Entlädt sich nun das Ion an der Elektrode, so wird dabei nur die Influenzladung in wahre Ladung umgewandelt. Der Ladungs- und damit auch der Spannungsanstieg muß also anfänglich steiler verlaufen, als er ohne Berücksichtigung der Influenzwirkung berechnet wurde, und gegen Ende der Aufladezeit wird die Spannung nur mehr wenig zunehmen. Bei der genauen Berechnung der Influenzwirkungen darf im

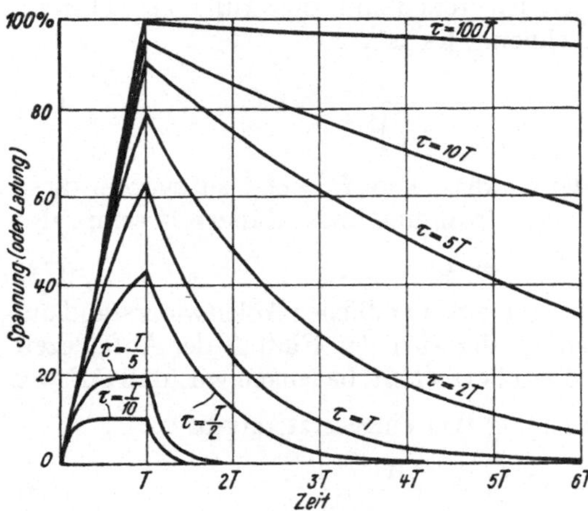

Abb. 83. Zeitlicher Verlauf der Spannung (oder Ladung) eines Kondensators bei kurzzeitiger Aufladung durch einen konstanten Strom und gleichzeitiger Entladung über einen Ohmschen Widerstand. T bedeutet die Aufladezeit, τ die Zeitkonstante der Entladung.

übrigen nicht übersehen werden, daß nicht nur die Ionen des einen Vorzeichens, die zur Auffängerelektrode wandern, auf dieser Influenzladungen erzeugen, sondern auch die des anderen Vorzeichens eine entgegengesetzte Ladung influenzieren. Die in Wirklichkeit auftretende Influenzladung ist die algebraische Summe beider. Im Augenblick ihrer Erzeugung liegen beide Ionen im Raume nahe beisammen, so daß die algebraische Summe ihrer influenzierten Ladungen Null ist. Die wegwandernden Ionen erniedrigen jedoch die von den hinwandernden Ionen influenzierte Ladung in um so geringerem Maße, als ihr Abstand von der Auffängerelektrode zunimmt. Ist der Ableitwiderstand sehr klein oder, genauer ausgedrückt,

---

[1] G. STETTER: S.-B. Akad. Wiss. Wien, Abt. IIa 142, 471 (1933).

ist die Zeitkonstante nicht sehr groß gegenüber der Aufladezeit, so wird ein Teil der Influenzladung in dem Zeitintervall zwischen der Entstehung eines Ions und seinem Auftreffen auf der Auffängerelektrode abfließen. G. STETTER hat die wichtigsten Fälle bei Ionisation durch α-Strahlen in einem Plattenkondensator durchgerechnet. Aus seinen Ergebnissen folgt, daß in allen Fällen der Spannungsanstieg steiler erfolgt als ohne Berücksichtigung der Influenzladungen gefunden wird und daß das Spannungsmaximum schon vor Beendigung der Aufladung erreicht wird. Ist die Zeitkonstante größer als die Aufladezeit, so liegt das Spannungsmaximum niedriger, ist die Zeitkonstante jedoch kleiner als die Aufladezeit, so ergibt sich überraschenderweise, daß das Spannungsmaximum, das nunmehr knapp nach Beginn der Aufladung erreicht wird, höher liegt als ohne Influenzkorrektur berechnet. Dies rührt davon her, daß wegen der Influenzladung der Spannungsanstieg anfänglich etwa doppelt so steil verläuft und daher anfänglich weniger Ladung abfließt. Nun könnte man ja in der Praxis in jedem einzelnen Falle die Änderung in der Höhe des Spannungsmaximums infolge der Influenzladung berechnen. Dies Verfahren ist jedoch in den wenigsten Fällen durchführbar, da dazu die Bahn des ionisierenden Teilchens in der Ionisationskammer bekannt sein muß. Es ist daher zweckmäßig, nach Mitteln und Wegen zu suchen, die Influenzladung nicht zur Wirkung kommen zu lassen.

Am einfachsten ist es dafür zu sorgen, daß die Aufladezeit gegenüber der Zeitkonstante sehr klein ist. Vergleicht man die Gleichungen (12) und (14), so folgt, daß während der Aufladung nur 1 Prozent der Ladung abfließt, wenn $\tau = 50\,T$ ist, daß 1 Promille bei $\tau = 500\,T$ abfließt und daß nur 0,1 Promille der Ladung verlorengeht, wenn $\tau = 5000\,T$ gewählt wird. Etwa rund um eine Zehnerpotenz noch geringer ist dabei die nötige Korrektur wegen der Influenzladung. Da die Messung der Ladung ohnedies höchstens mit einer Genauigkeit von 5 Promille durchgeführt werden kann, erübrigt es sich dann, diese Korrektur überhaupt anzubringen.

Es fragt sich nun, welche Zeitkonstante ist praktisch erforderlich, wenn z. B. ein α-Strahl eine 4 cm tiefe, als Plattenkondensator ausgebildete Ionisationskammer durchsetzt, wie sie in Abb. 78, S. 102, schematisch dargestellt ist. Damit die gebildeten positiven und negativen Ionen rasch genug voneinander getrennt werden und nicht Gelegenheit haben, sich zum Teil wieder zu vereinigen, muß die Feldstärke eine gewisse Höhe besitzen. Aus den Messungen von M. M. MOULIN, G. JAFFÉ und K. DIEBNER[1] ist zu ersehen, daß in Luft mindestens eine Feldstärke von rund 200 Volt pro Zentimeter nötig ist, wenn die Strahlen nicht

---

[1] M. M. MOULIN. Ann. Chim. et Physique 21, 550 (1910); 22, 26 (1911). — G. JAFFÉ: Ann. d. Physik 42, 303 (1913); Physik. Z. 15, 353 (1914); 30, 849 (1929). — K. DIEBNER: Ann. d. Physik 10, 947 (1931). — Siehe auch Handbuch der Physik Bd. XIV (Beitrag H. STÜCKLEN. S. 20), Berlin, 1927; Bd. XXII, 2. Teil (Beitrag H. GEIGER, S. 211), Berlin, 1933.

gerade genau parallel zum Felde verlaufen, damit bei Atmosphärendruck annähernd Sättigung erreicht wird. Nun gilt es noch, die Wanderungszeit der Ionen in einem solchen Feld aus deren Beweglichkeit zu berechnen. Unter der Beweglichkeit der Ionen wird der Weg verstanden, den sie in einer Sekunde bei einer Feldstärke von 1 Volt pro Zentimeter zurücklegen. In Tab. 1 sind die Beweglichkeiten von positiven und negativen Ionen für einige Gase zusammengestellt.[1] Wählen wir in unserem Beispiel Luft als Kammerfüllgas, so erhält man als Aufladezeit $T = \dfrac{4}{1,37 \cdot 200} =$

$= 0,015$ Sekunden. Die Zeitkonstante soll nun das 50fache davon betragen, muß also zu ungefähr $^3/_4$ Sekunden gewählt werden. Es muß also dann ein Röhrenelektrometer mit großer Zeitkonstante und Gleichspannungsverstärkung an die Ionisationskammer angeschlossen werden. Der Grenzfall für die kleinste Aufladezeit dürfte gegeben sein, wenn die Ionisationskammer eine Tiefe von nur 4 mm besitzt und eine Feldstärke von etwa 4000 Volt pro Zentimeter in ihr herrscht. Noch größere Felder können praktisch nicht mehr angewendet werden, weil jede Ionisa-

Tabelle 1. *Beweglichkeiten von Ionen bei $0°$ C und 760 Torr in Zentimeter pro Sekunde bei einer Feldstärke von 1 Volt pro Zentimeter.*

	Positive Ionen	Negative Ionen
Luft	1,37	1,91
Wasserstoff	5,91	8,26
Kohlendioxyd	0,76	0,99
Helium	5,09	6,31
Argon..................	1,37	1,70
In sehr reinen Gasen:		
Stickstoff	1,27	$\sim 30\,000$[2]
Helium	5,09	~ 500[3]
Argon..................	1,37	~ 200[3]

tionskammer ein Kondensatormikrophon darstellt und geringste Erschütterungen bei noch höherer Feldstärke derart stören, daß ein Arbeiten sehr erschwert ist (siehe hiezu S. 73). Die Aufladezeit beträgt dann mit Luftfüllung $7 \cdot 10^{-5}$ Sekunden, und von der Wirkung der Influenzladungen kann nur abgesehen werden, wenn die Zeitkonstante $3,7 \cdot 10^{-3}$ Sekunden beträgt. Ein Röhrenelektrometer mit einer solchen Zeitkonstante kann bereits mit Widerstands-Kapazitätskopplung ausgeführt werden.

Nun zeigt die Zusammenstellung der Tab. 1, daß in sogenannten elektropositiven Gasen, also hochgereinigtem Stickstoff, Wasserstoff und hochgereinigten Edelgasen, die negativen Ionen eine abnorm hohe Beweglichkeit besitzen. Diese großen Beweglichkeiten rühren davon her, daß die bei den Ionisierungsprozessen entstehenden Elektronen sich nicht an neutrale Gasmolekeln anlagern und so normale negative Ionen bilden, sondern freie Elektronen bleiben. Geringste Spuren

---

[1] Nach E. SCHWEIDLER: Handbuch der Experimentalphysik, Bd. XIII, 1. Teil, S. 61, 62, 69. Leipzig: Akad. Verlagsgesellschaft, 1929.

[2] Nach L. B. LOEB: Physic. Rev. (2), **23**, 157 (1924).

[3] Ältere Messungen. Gase vielleicht nicht ganz rein? Siehe hierzu auch S. 113 und R. A. NIELSEN: Physic. Rev. **50**, 950 (1936).

elektronegativer Gase, vor allem Sauerstoff und Kohlendioxyd, fangen diese freien Elektronen ein und führen zur Bildung von negativen Ionen normaler Beweglichkeit. Da in elektropositiven Gasen mit Spuren von Verunreinigungen elektronegativer Gase ein Gemisch von Elektronionen mit normalen negativen Ionen bei Ionisation sich bildet, dürften die älteren Beweglichkeitsmessungen für reines Helium und reines Argon zu kleine Werte geliefert haben. Es hat den Anschein, als ob bei besonders sorgfältiger Reinigung die Beweglichkeit für die Elektronionen bei allen elektronegativen Gasen ungefähr gleich groß wird, also für He und A erheblich höher liegt, als die in der Tab. 1 angeführten Werte angeben. In hochgereinigtem Stickstoff oder Argon lassen sich für die negativen Elektronionen ohne Schwierigkeiten Aufladezeiten von 10^{-6} bis 10^{-7} Sekunden erreichen.[1] Besonders bei sehr hohen Ionendichten, z. B. beim Nachweis der Kernbruchstücke aus neutronenbestrahltem Uran, ist die Ausnutzung der großen Beweglichkeit der Elektronionen der bequemste Weg, die Wiedervereinigung zu verhindern.[2] Dabei ist jedoch zu beachten, daß die Feldstärke nicht zu hoch, bei Stickstoff z. B. nicht höher als etwa 700 Volt pro Zentimeter gewählt wird, da bei höheren Feldstärken Stoßionisation durch die rasch beschleunigten freien Elektronen eintritt. Die bei der Stoßionisation erzeugten negativen Ionen vergrößern die auf der Auffängerelektrode niedergeschlagene Ladung und fälschen das Ergebnis der Messung.

Noch ein anderer Umstand, den W. JENTSCHKE, J. SCHINTLMEISTER und F. HAWLICZEK[3] untersucht haben, ist in diesem Zusammenhang von Bedeutung. Enthalten Stickstoff, Wasserstoff und Edelgase geringste Spuren von elektronegativen Gasen, es genügen Bruchteile von Promille, so können Elektronionen auf dem Wege zur Auffangelektrode auf elektronegative Gasatome stoßen, sich an diese anlagern und normale negative Ionen bilden. Diese haben dann eine viel geringere Beweglichkeit und erreichen die Auffangelektrode erst sehr viel später als die Elektronionen. Bei genügend großer Zeitkonstante des Röhrenelektrometers bleibt dieser Zeitunterschied ohne Wirkung. Auch die Elektronionen, die sich später in normale negative Ionen umwandeln, laufen anfänglich so rasch von den positiven Ionen fort, daß eine Wiedervereinigung von positiven und negativen Ladungen nicht stattfinden kann. Als normale negative Ionen erreichen sie dann die Auffangelektrode noch immer so schnell, daß innerhalb der Aufladezeit praktisch nichts von der Ladung abfließt. Anders liegt der Fall jedoch bei einem Röhrenelektrometer mit kleiner Zeitkonstante. Nur diejenigen negativen Ionen, die Elektronionen bleiben, erreichen die Auffangelektrode in einer Zeit, die klein ist gegenüber der Zeitkonstante. Die Scheitelspannung der Auffangelektrode ist schon überschritten, wenn die normalen negativen Ionen eintreffen. Diese bewirken nur, daß die Entladung etwas verzögert

---

[1] G. ORTNER und G. STETTER: Anzeiger Akad. Wiss. Wien **70**, 241 (1933); S. B. Akad. Wiss. Wien, Abt. IIa **142**, 493 (1933).

[2] W. JENTSCHKE und F. PRANKL: Physik. Z. **40**, 706 (1939).

[3] Veröffentlicht in der 1. Auflage dieses Buches, S. 104.

verläuft. Scheinbar gehen also Ionen auf dem Wege zur Auffangelektrode verloren, es können dies 10 bis 20% sein, obwohl die Ausschlagsgröße unabhängig von der Feldstärke ist, also anscheinend auch Sättigung herrscht. Eine Erhöhung der Feldstärke ändert nämlich nichts, weil der Unterschied zwischen der Beweglichkeit der normalen negativen Ionen und der Elektronionen mehrere Zehnerpotenzen beträgt.

Wenngleich nun bei Verwendung gewisser hochgereinigter Gase die gebildeten negativen Ionen in sehr kurzen Zeiten niedergeschlagen werden, so wandern doch die normalen positiven Ionen, die positive Influenzladungen auf der Auffängerelektrode hervorrufen, nur langsam zur Wandung der Ionisationskammer. Dies hat z. B. zur Folge, daß die Ausschlagsgröße, z. B. eines α-Strahles, davon abhängig wird, wie nahe der Auffängerelektrode er seinen Weg nimmt. In nächster Nähe der Auffängerelektrode ist die von den positiven Ionen erzeugte Influenzladung am größten und der Ausschlag, den die wahre negative Ladung der negativen Ionen hervorruft, wird dadurch am meisten verkleinert. An ein Röhrenelektrometer, das als Meßgerät dienen soll, ist die Forderung zu stellen, daß die Ausschlagsgröße unabhängig davon ist, an welcher Stelle der Ionisationskammer die Ionen erzeugt werden. Es muß also die positive Influenzladung der nach der Aufladung zurückbleibenden positiven Ionen unschädlich gemacht werden.

Viel erreicht man dadurch, daß die Auffängerelektrode so geformt wird, daß sie eine möglichst kleine Oberfläche hat. Z. B. wird man Drahtspiralen oder Netze an Stelle von massiven Platten verwenden. Bevorzugen wird man Kammerformen, bei denen die Auffängerelektrode ein dünner Stift sein kann. Die Wirkung der positiven Ionen wurde von K. KRAMMER[1] nach einem Vorschlag von G. STETTER in einer Ionisationskammer, wie sie in Abb. 84 dargestellt ist, dadurch praktisch gänzlich ausgeschaltet, daß eine Wendel aus dünnem Draht (0,2 mm), die so gebogen war, daß sich die Abstände von der Kammerwand etwa wie $1:2$ verhielten, als Auffängerelektrode benutzt wurde. Wie immer auch ein α-Strahl eine solche Ionisationskammer durchsetzt, stets wird nur ein sehr kleines Stück der zurückbleibenden positiven Ionenkolonne nahe der Auffängerelektrode liegen können, wodurch die Influenzwirkung an sich schon sehr klein wird, und was vor

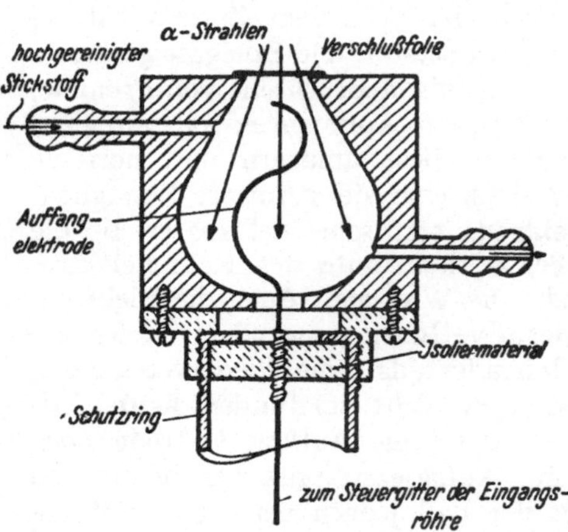

Abb. 84. Ionisationskammer zum Nachweis einzelner α-Strahlen mit einer Drahtwendel als Auffangelektrode zur Unterdrückung des Einflusses von Influenzladungen der Ionen.

---

[1] K. KRAMMER: S.-B. Akad. Wiss. Wien, Abt. II a 146, 71 (1937).

allem von Bedeutung ist: die Influenzwirkung dieser positiven Ionenkolonne auf die Auffängerelektrode ist unabhängig von dem Weg des α-Strahles in der Kammer immer dieselbe. Kann die Auffängerelektrode nicht als Drahtwendel ausgebildet werden, z. B. wenn die damit erreichbare Feldstärke zu niedrig ist oder wenn man im Plattenkondensator Beweglichkeiten bestimmen will, indem man die Zeit zwischen der Erzeugung der Ionen und ihrem Eintreffen auf der Auffängerplatte mißt, so kann man sich helfen, indem vor dieser Platte ein Gitter angebracht wird, das die Influenzladungen abschirmt.[1] Damit dieses Gitter selbst keine negativen Ionen aufnimmt, kann es an eine genügend negative Spannung gelegt werden. Zur Berechnung der Feldstärke in der Ionisationskammer werden dann zweckmäßig die in der Verstärkerröhrentechnik angewendeten Formeln für den Durchgriff von Kraftlinien durch ein Gitter herangezogen. Übrigens kann man die Wirkung der Influenzladungen bei Röhrenelektrometern mit sehr kleiner

Zeitkonstante dadurch leicht bestimmen, daß man die Kammerspannung umpolt, die schnell beweglichen negativen Elektronionen wandern dann zur Kammerwand und die trägen positiven Ionen bleiben praktisch an Ort und Stelle. Der Ladungsstoß, der registriert wird, rührt dann ausschließlich von der Influenzladung her, die von den positiven Ionen erzeugt wird.

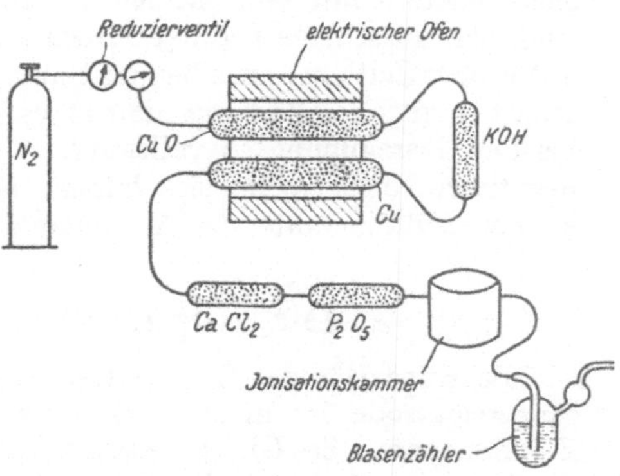

Abb. 85. Apparatur zur Reinigung von Stickstoff.

Hochgereinigter Stickstoff ist leicht herstellbar. Abb. 85 gibt ein Schema für eine Reinigungsapparatur. Zwei Röhren aus hochschmelzendem Glas von etwa 1 m Länge, von denen die eine mit Kupferspänen, die andere mit Kupferoxyd beschickt ist, werden in einem elektrischen Ofen erhitzt. Stickstoff aus einer handelsüblichen Stahlflasche wird über ein Reduzierventil zuerst über Kupferoxyd geleitet zur Oxydation organischer Verunreinigungen zu CO_2 und H_2O, dann über festes KOH zur Entfernung von CO_2. Sodann wird er über Kupfer geführt, damit auch jede Spur von Sauerstoff entfernt wird. Schließlich wird der Stickstoff in Röhren, die mit Kalziumchlorid und Phosphorpentoxyd beschickt sind, scharf getrocknet. Zur Verbindung der Röhren genügen Gummischläuche, wenn ein ständiger Stickstoffstrom fließt. Nach der Ionisationskammer ist ein längerer Schlauch anzuschließen, um Rückdiffusion von Luft zu verhindern. Mit einem Blasenzähler wird der Gasstrom einreguliert.

Schwere Edelgase (Argon, Krypton, Xenon) werden in einem Kreis-

---

[1] G. STETTER: Physik. Z. 33, 294 (1932).

lauf gereinigt, der eine mit metallischem Kalzium beschickte Hartglasröhre enthält. Das Kalzium adsorbiert neben Sauerstoff auch noch Stickstoff, wenn es etwas Kalziumnitrid enthält und die Temperatur auf 300° C eingestellt wird. Auch bei einer Temperatur von 700° C wird Stickstoff adsorbiert, hier ohne Nitridbildung. Bei 500° C wird der adsorbierte Stickstoff im Hochvakuum wieder abgegeben.

Neon und Wasserstoff wird am besten durch Adsorptionskohle gereinigt, die mit flüssiger Luft gekühlt wird. Das Fortschreiten der Reinigung kann leicht dadurch beobachtet werden, daß die Größe der Ausschläge von α-Strahlen bei sehr geringen Feldstärken beobachtet wird. Ist die Reinigung des Kammerfüllgases so weit fortgeschritten, daß Elektronionen in ihm beständig sind, so wandern diese auch bei sehr kleinen Feldstärken so rasch von den positiven Ionen fort, daß kein Ionenverlust durch Wiedervereinigung möglich ist. Außerdem wächst in diesem Augenblick auch die Aufladezeit sprunghaft an, was bei Röhrenelektrometern mit sehr kleinen Zeitkonstanten ebenfalls eine Vergrößerung der Ausschläge bedingt. Doch auch bei einem Röhrenelektrometer mit großer Zeitkonstante bemerkt man, daß die Ausschläge plötzlich sehr scharf werden. Allerdings dauert es dann noch immer geraume Zeit, bis die Gasreinigung so vollständig ist, daß überhaupt keine normalen negativen Ionen mehr sich bilden, bei einem Röhrenelektrometer mit kleiner Zeitkonstante der Ausschlag also seine volle Größe erreicht.

4. Die Kapazität des Steuergitters.

Die Kapazität des Steuergitters und der mit ihm verbundenen Auffängerelektrode ist nicht bloß bestimmend für das Produkt $C R$, die Zeitkonstante τ des Gitterkreises, sie ist auch maßgebend dafür, wie hoch die Spannungsänderung des Steuergitters ausfällt, wenn auf die Auffängerelektrode eine bestimmte Ladung Q gebracht wird. Auch bei großer Zeitkonstante wird man daher Vorsorge treffen, daß die Kapazität C möglichst klein wird. Der Anteil des Steuergitters an der Gesamtkapazität ist durch die Wahl der Eingangsröhre festgelegt. Beim Bau der Ionisationskammer wird man jedoch darauf achten, daß die Kapazität der Auffängerelektrode und der Verbindungsleitung zum Steuergitter nicht zu groß ausfällt. Die Verbindungsleitung soll kurz sein, dies auch schon mit Rücksicht auf äußere Störungen, und die Leitung wie die Auffängerelektrode soll nicht zu nahe an anderen Leitern zu liegen kommen. Als Abschirmungshülle für die Verbindungsleitung ist daher ein Rohr zu verwenden, das einige Zentimeter lichten Durchmesser hat. Isoliermaterialien sollen möglichst wenig Verwendung finden, da sie mit ihrer meist hohen Dielektrizitätskonstante eine unerwünschte Kapazitätsvermehrung bringen. Eine Konstruktion, wie sie in Abb. 86a dargestellt ist, ist daher wenig günstig. Schutzring und plattenförmige Auffängerelektrode bilden hier einen mit Dielektrikum gefüllten Plattenkondensator. Die Konstruktion ist zweckmäßig so auszuführen, wie es in Abb. 86 b schematisch angedeutet ist. Das verlängerte Abschirmrohr ist zugleich der Schutzring, der gegenüber der Auffängerelektrode eine möglichst kleine Kapazität besitzt. Die Wand der Ionisationskammer bedeckt einen Teil des für die Halterung des Schutzringes nötigen Isoliermaterials. Dies hat einmal den Vorteil, daß keine Kraftlinien von Störfeldern in die Ionisationskammer eindringen können, da sie von dieser Wand abgeschirmt werden, zum anderen wird das elektrische Feld in der Ionisationskammer dadurch definiert. Die Oberfläche des Isoliermaterials hat nämlich ein in den meisten Fällen schwer ermittelbares Potential, das sich noch dazu, z. B. unter dem Einfluß der nachzuweisenden Strahlen, ändert. Es ist daher günstig, die freie Oberfläche von Isoliermaterial in der Ionisationskammer möglichst klein zu halten, besonders an den Stellen, bei denen das Potential der Wand zur Berechnung der herrschenden Feldstärke, z. B. zur Bestimmung der Aufladezeit, bekannt sein muß.

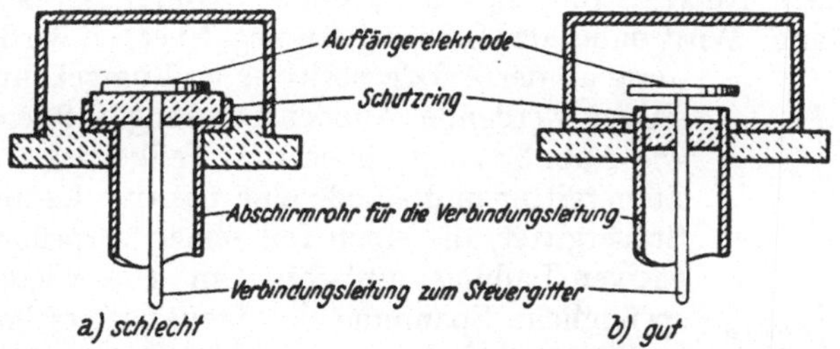

Abb. 86. Eine schlechte und eine gute konstruktive Ausführung einer Ionisationskammer.

Die Eingangskapazität ist keineswegs eine Konstante, sondern hängt ab von den Betriebsbedingungen der Elektronenröhre. Es ist also nicht möglich, durch Messung der Kapazität in kaltem Zustande dieser Röhre, z. B. durch ein Einfadenelektrometer, die im Betrieb gegebene Kapazität C zu bestimmen. Zwei Ursachen sind es, die eine Kapazitätsänderung, und zwar eine Vergrößerung der sogenannten „statischen" Kapazität, d. i. der Kapazität bei kalter Röhre, verursachen. Einmal sind es die Raumladungen in der Entladungsstrecke der Röhre und zum anderen die Influenzladungen, die im Betrieb von der Anode auf das Steuergitter influenziert werden.

Die Wirkung der Raumladungen wird verständlich, wenn wir bedenken, daß zwischen jedem freien Elektron in der Entladungsstrecke und dem Steuergitter eine gewisse, wenn auch sehr kleine Teilkapazität besteht, da jedes freie Elektron auf dem Steuergitter eine kleine Influenzladung hervorruft. Um die Summe dieser Teilkapazitäten ist die „dynamische" Kapazität des Steuergitters, wie die Kapazität unter den Betriebsbedingungen genannt wird, größer als seine statische. Besonders erhöht wird die Kapazität des Steuergitters durch Ansammlungen von freien Elektronen, den Raumladungswolken. Eine solche umgibt eine geheizte Kathode (siehe S. 8). Je stärker die Kathode geheizt wird, um so kräftiger ist die Raumladungswolke und um so größer wird daher die Kapazität des benachbarten Steuergitters. Anderseits ist die Dichte der Raumladungswolke und ihr Abstand von der Kathode auch von der Größe des Emissionsstromes stark abhängig. Neben der Raumladungswolke um die geheizte Kathode sind es auch die zur Anode hinüberfliegenden Elektronen, die eine merkliche Kapazitätserhöhung verursachen, besonders dann, wenn weitere negative Gitter Elektronen abbremsen und einen Teil zur Umkehr und Pendelung um positive Gitter veranlassen wie z. B. bei Oktoden. Im allgemeinen kann man sagen, daß wegen der Raumladungen die dynamische Kapazität um etwa 1 bis 2 pF größer ist als die statische, im kalten Zustand der Röhre gemessene.[1]

Eine weitere Vergrößerung der dynamischen Kapazität des Steuergitters wird durch Influenzladungen von der Anodenseite her verursacht. Bei Änderungen der Spannung des Steuergitters ändert sich bekanntlich die Spannung an der Anode der Röhre entsprechend dem mit dem Anodenstrom sich ändernden Spannungsabfall am Anodenwiderstand. Wird dabei das Steuergitter negativer, so wird die Spannung an der Anode positiver und umgekehrt. Die positiver werdende Anodenspannung influenziert nun, wie Abb. 87 zeigt, über die Teilkapazität zwischen Steuergitter und Anode eine positive Ladung auf das Steuergitter, die einen Teil seiner ursprünglichen negativen Ladung aufhebt. Um also wieder die ursprüngliche Spannung des Steuergitters herzustellen, muß neuerlich negative Ladung zugeführt werden oder wenn, wie im Falle der Verwendung der Röhre als Elektrometer, das Steuergitter durch eine bestimmte Ladung Q einmalig aufgeladen wird, so bleibt die Spannung des Steuergitters infolge dieser Influenzwirkung niedriger, als sie es ohne Anodenspannungsänderung sein würde. Beides kommt darauf hinaus, daß die Kapazität des Steuergitters scheinbar vergrößert wird. Die gesamte Spannungsänderung, die zwischen Steuergitter und Anode auftritt, wenn die Spannung des Steuergitters um dU_g geändert wird, ist $dU_g - dU_a$. Die auf das Steuergitter influenzierte Ladung dQ beträgt dann das Produkt aus dieser Spannungsänderung und der Teilkapazität C_{ga} zwischen Gitter und Anode, also

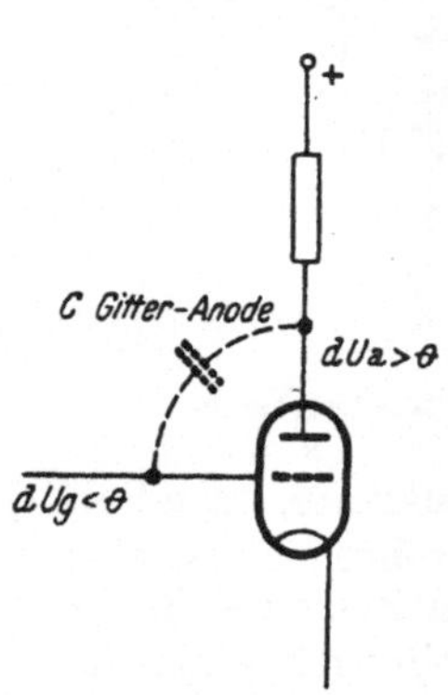

Abb. 87. Über die Gitter-Anodenkapazität werden bei Spannungsänderungen der Anode Ladungen auf das Steuergitter influenziert.

$$dQ = C_{ga}\,(dU_g - dU_a).$$

Bezeichnen wir mit V_u die bei den gegebenen Verhältnissen erzielte Spannungsverstärkung, also das Verhältnis zwischen Gitterspannungsänderung zu Anodenspannungsänderung, so gilt $-dU_a = V_u\,dU_g$. Dies eingesetzt liefert die Gleichung

$$dQ = C_{ga}\,(dU_g + V_u \cdot dU_g) = C_{ga} \cdot dU_g\,(1 + V_u).$$

---

[1] Näheres siehe M. J. O. STRUTT: Moderne Mehrgitter-Elektronenröhren, 2. Aufl., S. 192. Berlin: Springer, 1940.

Die Spannungsänderung dU_g des Steuergitters wird mithin, wenn eine bestimmte Ladung Q, die zu messen ist, darauf gebracht wird:

$$dU_g = \frac{Q - dQ}{C_d},$$

worin unter C_d die wirkliche Kapazität des Steuergitters samt der mit ihm verbundenen Leiterteile unter den Betriebsbedingungen verstanden werden soll, also das, was man unter der dynamischen Kapazität bezeichnet, wenn die Anodenspannung konstant bleibt. Für dQ eingesetzt ergibt sich

$$dU_g = \frac{Q - C_{ga} \cdot dU_g\,(1 + V_u)}{C_d}$$

oder als Schlußresultat:

$$dU_g = \frac{Q}{C_d + C_{ga}\,(1 + V_u)},$$

d. h. in Worten, daß die wirkliche Kapazität des Gitters durch die Influenzwirkung der Anode um den Betrag der Teilkapazität zwischen Gitter und Anode mal dem Faktor der Spannungsverstärkung plus 1 scheinbar erhöht wird, und demnach gilt

$$C_g = C_d + C_{ga}\,(1 + V_u).$$

Es sei übrigens bemerkt, daß unsere Ableitung nur für den Fall richtig ist, daß Gitterspannungsänderung und Anodenspannungsänderung genau in Gegenphase sind, was bekanntlich der Fall ist, wenn der äußere Widerstand im Anodenkreis ein rein OHMscher Widerstand ist. Bei Gleichspannungsverstärkern und widerstands-kapazitätsgekoppelten Verstärkern, die als Elektrometerverstärker allein in Frage kommen, trifft dies zu.

Die Teilkapazität C_{ga} zwischen Gitter und Anode setzt sich aus zwei Teilen zusammen. Erstens der Teilkapazität zwischen den Zuführungsleitungen und den Sockelanschlüssen und der Teilkapazität zwischen dem eigentlichen Gitter und dem Anodenblech. Bei Schirmgitterröhren (Pentoden) wird diese Teilkapazität entsprechend dem Durchgriff der Anodenkraftlinien durch das Schirmgitter stark verringert, so daß z. B. neuzeitliche Hochfrequenzpentoden eine Kapazität zwischen Gitter und Anode von insgesamt etwa 0,002 bis 0,007 pF besitzen. Bei einem Verstärkungsfaktor V_u von 200 bedeutet dies, daß die scheinbare Kapazitätsvergrößerung 0,4 bis 1,4 pF beträgt. Bei Röhren ohne Schirmgitter, zu denen auch alle marktgängigen Elektrometerröhren gehören, wird C_{ga} der Größenordnung nach 1 bis 5 pF. Elektrometerröhren geben eine Spannungsverstärkung V_u von höchstens 2, die Kapazitätsvermehrung durch die Anodenrückwirkung beträgt also bei ihnen etwa 2 bis 10 pF.

Rechnet man für eine Rundfunkempfängertriode überschlägig mit einem Verstärkungsfaktor $V_u = 10$, so wird bei ihr die scheinbare Kapazitätsvergrößerung durch die Influenzladungen von der Anode 11 bis 55 pF. Dabei ist die Teilkapazität zwischen den Zuführungsleitungen noch gar nicht berücksichtigt! Bei der Verwendung von Elektronenröhren als Spannungs- oder Strommesser spielt diese Kapazitätsvermehrung nur insofern eine Rolle, als sie eine Rückkopplung darstellt, die unter Umständen zu Schwingungen Anlaß geben kann. Die Meßgenauigkeit wird durch die Kapazitätsvermehrung nicht beeinträchtigt, da die Ladeströme für das Steuergitter immer genügend groß sein werden. Ausschlaggebend ist diese Kapazitätsvermehrung jedoch bei der Verwendung der Röhre als Elektrometer, da hier mit einer bestimmten gegebenen Ladung, die meist sehr klein ist, eine möglichst große Spannungsänderung des Steuergitters erzielt werden soll, die sich möglichst weit über den Störspiegel erhebt. Nun geben zwar die als Elektrometerröhren im Handel erhältlichen Spezialröhren eine außerordentlich geringe Spannungsverstärkung, so daß bei ihnen aus diesem Grunde die scheinbare Kapazitätsvermehrung des Steuergitters nicht allzu groß ausfällt. Wenn jedoch auf kleinste Gitterströme kein besonderes Gewicht gelegt wird, wie bei den Röhrenelektrometern mit kleiner Zeitkonstante, so ist es auf jeden Fall empfehlenswert, keine Triode, sondern eine Schirmgitterröhre (Pentode) als Eingangsröhre zu verwenden und Gitter- und Anodenzuführung möglichst weit voneinander entfernt zu legen, also insbesondere Röhren mit oben am Kolben ausgeführtem Steuergitter zu wählen.

5. Der Gitterwiderstand und die Störschwankungen im Anodenstrom.

Die Vorgänge in der Röhre beeinflussen nicht bloß die Kapazität des Steuergitters, sie sind auch für die Größe des wirksamen Gitterwiderstandes von Bedeutung. Die Gitterstromkennlinie der Röhre hat eine gewisse Neigung gegen die Abszissenachse, wie die Abb. 14, 22 24 und 25 zeigen. Der Tangens des Neigungswinkels hat die Dimension eines reziproken Widerstandes, er gibt die reziproken Größe des differentiellen inneren Gitterwiderstandes an. Bei der Besprechung der Elektronenröhre als Galvanometer war eingehend gezeigt worden (Abb. 69, S. 83), daß der wirksame Gitterwiderstand sich aus dem angelegten äußeren Gitterwiderstand R_{ga} und diesem inneren Gitterwiderstand R_{gi} zusammensetzt. Zugleich war auch darauf hingewiesen worden, daß R_{ga} kleiner sein soll als $\frac{1}{25} R_{gi}$, damit Änderungen in den Gitterströmen vernachlässigt werden können. Der innere Gitterwiderstand einer Rundfunk-Empfängerröhre im Arbeitspunkt beträgt etwa 10^9 Ohm, allenfalls auch noch 10^{10} Ohm. Der äußere Gitterwiderstand darf dann nicht größer als $4 \cdot 10^7$ bis höchstens $4 \cdot 10^8$ Ohm sein. Bei Elektrometerröhren ist der innere Gitterwiderstand bedeutend größer, etwa 10^{13} bis 10^{14} Ohm, R_{ga} kann dann $4 \cdot 10^{11}$ bis $4 \cdot 10^{12}$ Ohm messen.

Nicht bloß die Gitterströme und der innere Gitterwiderstand legen in der Wahl des äußeren Gitterwiderstandes Beschränkungen auf, von großer Bedeutung ist auch ein eigentümlicher Störeffekt, der auf die Wärmebewegung der Elektronen im Widerstand zurückzuführen ist. Schon bei der Erörterung des Zustandekommens der Kennlinie einer Röhre war erwähnt worden, daß die freien Elektronen in einem Leiter nicht ruhen, sondern wegen der Wärmebewegung eine gewisse kinetische Energie besitzen. Die einzelnen Geschwindigkeiten waren nach Gesetzen der Wahrscheinlichkeit verteilt (siehe S. 4 und 5). Die Energie der Elektronen konnte entweder als kinetische Energie $\dfrac{m\,v^2}{2}$ oder im thermodynamischen Maß kT oder in Elektronvolt eV ausgedrückt werden.

Jedes einzelne Elektron, das in einem geschlossenen Stromkreis ein Stück Weg zurücklegt, stellt einen Strom in diesem Stromkreis dar. Das heißt aber, daß die Bewegung des Elektrons im Leiter eine elektromotorische Kraft hervorruft. Fliegen nun von zwei Elektronen das eine in der einen Richtung, das andere nach der entgegengesetzten, so heben sich die dadurch entstehenden elektromotorischen Kräfte gegenseitig auf. Die Wärmebewegung ist eine völlig ungeordnete Bewegung. Es wird daher vorkommen, daß in einem bestimmten Zeitpunkt mehr Elektronen nach der einen Richtung fliegen als nach der anderen. Dann wird aber zwischen den Enden des Widerstandes eine elektromotorische Kraft gewisser Größe gemessen werden können. Die Elektronen ändern bei den vielen Zusammenstößen dauernd Größe und Richtung ihrer Geschwindigkeit. Auch die elektromotorische Kraft, die von den Unregelmäßigkeiten in der thermischen Elektronenbewegung herrührt, ändert daher dauernd Richtung und Größe. Im Mittel ist die Schwankung der Spannung an den Enden des Widerstandes aber Null, da die Spannung ebenso oft positiv wie negativ ist. Um dennoch die Schwankungen zahlenmäßig erfassen zu können, löst man sie in ein Frequenzspektrum auf, betrachtet also nur Schwankungen innerhalb einer gewissen Zeitdauer. Aus dem Frequenzspektrum wird dann ein kleiner Bereich Δf herausgeschnitten. Bei welcher Frequenz dieser Bereich liegt, ist gleichgültig, denn es läßt sich beweisen, daß die Schwankungen über das ganze Frequenzspektrum gleichmäßig verteilt sind. Es hängt dies mit dem völlig unregelmäßigen Verlauf der Schwankungen zusammen, der nur statistischen Gesetzen gehorcht und der es gleich wahrscheinlich macht, daß eine Schwankung bestimmter Größe innerhalb einer kurzen Zeit erreicht wird oder innerhalb einer längeren Zeit sich ereignet. Die Größe der Schwankung, die innerhalb der einzelnen Zeiten $\dfrac{1}{\Delta f}$ zu beobachten sind, quadrieren wir nun. Damit fällt das Vorzeichen der Schwankung heraus und das Mittel, das wir nunmehr über die einzelnen quadrierten Schwankungen bilden und das den Namen „mittleres Schwankungsquadrat" führt, hat einen bestimmten positiven Wert. Die Wurzel aus dem mittleren Schwankungsquadrat schließlich wird als Maß für die durchschnittliche Schwankung, die innerhalb der Zeit $\dfrac{1}{\Delta f}$ zu beobachten ist, genommen.

H. NYQUIST[1] hat auf Grund thermodynamischer Überlegungen gezeigt, daß das mittlere Schwankungsquadrat der elektromotorischen

---

[1] H. NYQUIST: Physic. Rev. **32**, 110 (1928). — Siehe auch E. SPENKE: Wiss. Veröff. Siemens-Werke **18**, 54 (1939).

Kraft, $\bar{U}_w{}^2$, proportional ist der mittleren Energie der Elektronen und der Größe des Widerstandes R und daß für das Frequenzgebiet Δf gilt:

$$\Delta \bar{U}_w{}^2 = 4\,k\,T\,R\,\Delta f, \tag{1}$$

wenn die Energie der Elektronen durch kT gemessen wird. Der Index w deute an, daß die Schwankungen von der Wärmebewegung herrühren.

Je größer der Gitterwiderstand R genommen wird, einen um so größeren Störhintergrund des Röhrenelektrometers müßte man daher eigentlich erwarten. Die Gründe, warum bei sehr großen Gitterwiderständen der Störhintergrund gar nicht so besonders unruhig ist, hat G. STETTER[1] aufgedeckt. Der Gitterwiderstand liefert eine elektromotorische Kraft U_{EMK}, die als Wechselspannung in Erscheinung tritt, die gleichmäßig aus allen möglichen Frequenzen besteht, und deren Amplitude durch die Wurzel aus dem mittleren Schwankungsquadrat zahlenmäßig erfaßt werden kann. Der Widerstand kann daher als Wechselstromgenerator angesehen werden, der den inneren Widerstand R besitzt und die elektromotorische Kraft U_{EMK} erzeugt. Diesen Generator denken wir uns nun durch einen äußeren Widerstand R_a überbrückt, so wie es Abb. 88 zeigt. Wir fragen nach der Klemmenspannung U_{Kl}, die an den Anschlußpunkten von R_a gemessen werden kann. Da in dem ganzen Stromkreis derselbe Strom fließt, muß offenbar gelten:

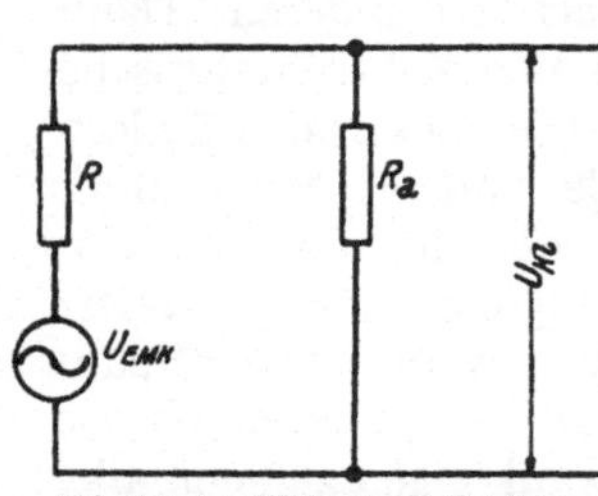

Abb. 88. Am Widerstand R tritt infolge der Wärmebewegung der Leitungselektronen eine ständig wechselnde elektromotorische Kraft U_{EMK} auf. Der Widerstand R wird als Generator aufgefaßt, der durch den äußeren Widerstand R_a belastet werden kann. An diesem wird dann die Klemmenspannung U_{Kl} gemessen.

oder

$$\frac{U_{\mathrm{Kl}}}{R_a} = \frac{U_{\mathrm{EMK}}}{R + R_a} \tag{2}$$

$$U_{\mathrm{Kl}} = U_{\mathrm{EMK}}\,\frac{R_a}{R + R_a}. \tag{3}$$

Im Falle einer Elektronenröhre mit einem Gitterwiderstand R stellt nun die Kapazität C des Steuergitters den äußeren Widerstand R_a dar, der besonders für die hohen Frequenzen, für die der kapazitive Widerstand $\frac{1}{\omega C}$ klein wird, eine erhebliche Belastung des Generators R bedeutet. Bei hohen Frequenzen wird daher die Klemmenspannung zusammenbrechen. Anderseits kommt es auch auf die Größe des Widerstandes R an. Rechnen wir mit dem mittleren Schwankungsquadrat selbst, statt mit dessen Wurzel, so hat es am Steuergitter nach den Gleichungen (1) und (3) die Größe:

$$\Delta \bar{U}_w{}^2 = 4\,k\,T\,R\,\Delta f\,\frac{\dfrac{1}{4\,\pi^2\,f^2\,C^2}}{R^2 + \dfrac{1}{4\,\pi^2\,f^2\,C^2}} \tag{4}$$

<hr>

[1] G. STETTER: S.-B. Akad. Wiss. Wien, Abt. IIa **142**, 481 (1933). — Siehe hierzu auch G. L. PEARSON: Physics **5**, 233 (1934). — E. A. JOHNSON und A. G. JOHNSON: Physic. Rev. **50**, 170 (1936).

Das Nachweisgerät spreche auf alle Frequenzen an, die zwischen f_1 und f_2 liegen. Das mittlere Schwankungsquadrat der Spannungsschwankung, die als „Klemmenspannung" am Steuergitter liegt, wird dann

$$\overline{U}_w{}^2 = 4\,k\,T\,R \int\limits_{f_1}^{f_2} \frac{df}{1 + 4\,\pi^2\,R^2\,C^2\,f^2} \tag{5}$$

oder integriert

$$\overline{U}_w{}^2 = \frac{4\,k\,T}{2\,\pi\,C}\,(\text{arc tg } 2\,\pi\,R\,C\,f_2 - \text{arc tg } 2\,\pi\,R\,C\,f_1). \tag{6}$$

Die Wurzel aus dem mittleren Schwankungsquadrat der Spannung am Steuergitter ist dann:

$$\sqrt{\overline{U}_w{}^2} = \sqrt{\frac{4\,k\,T}{2\,\pi\,C}\,\text{arc tg}\left(\frac{2\,\pi\,R\,C\,(f_2 - f_1)}{1 + 4\,\pi^2\,R^2\,C^2\,f_1\,f_2}\right)} \tag{7}$$

Wir wollen nun diese Formel für einen bestimmten Fall auswerten und wählen dafür das Röhrenelektrometer mit großer Zeitkonstante, wie es im folgenden Abschnitt beschrieben wird. Die Temperatur des Widerstandes sei die Zimmertemperatur 20° C, die Kapazität des Steuergitters 20 pF. Wir nehmen weiters an, daß das Nachweisinstrument (Saitengalvanometer oder Einfadenelektrometer) Schwankungen, die schneller als $^1/_{1000}$ Sekunden sind, nicht mehr folgen kann, aber alle langsameren Schwankungen wiedergibt. Schwankungen, die langsamer sind als $^1/_{10}$ Sekunden, wird man im allgemeinen noch gut von den zu messenden rascheren Ausschlägen unterscheiden können. Wir fragen also nach der Wurzel aus dem mittleren Schwankungsquadrat der Störspannung am Gitter für die Frequenzen $f_1 = 10$ Hz bis $f_2 = 1000$ Hz. Die numerische Auswertung der Gleichung (7) für verschiedene Gitterwiderstände gibt Abb. 89 wieder. Man sieht, daß die Störspannung bei 10^8 Ohm ein Maximum hat und zwischen 10^7 und 10^9 Ohm größer ist als 10^{-5} Volt. Spannungsstöße dieser Größe heben sich aber noch erkennbar vom Störhintergrund ab, der von der Röhre selbst stammt. Eine Störspannung von 10^{-5} Volt ist daher unzulässig groß. Fordert man, daß die Störspannung, die vom Gitterwider-

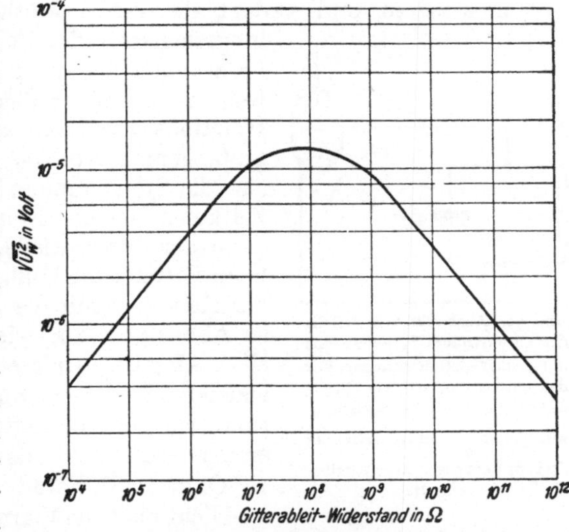

Abb. 89. Wurzel aus dem mittleren Schwankungsquadrat der Störspannung am Gitter, hervorgerufen durch die Wärmebewegung der Leitungselektronen im Gitterwiderstand für Frequenzen zwischen 10 und 1000 Hz, wenn die Kapazität des Steuergitters gegen Erde 20 pF und die Temperatur des Widerstandes 20° C beträgt.

stand herrührt, kleiner ist als $5 \cdot 10^{-6}$ Volt, so muß der Widerstand entweder größer sein als $6 \cdot 10^9$ Ohm oder kleiner als $2 \cdot 10^6$ Ohm. Der linke, ansteigende Ast der Kurve rührt davon her, daß die Störspannung mit wachsendem Widerstand zunimmt, der rechte, abfallende Ast hat seinen Grund darin, daß die Kapazität für die höheren Frequenzen einen Kurzschluß bedeutet. Daraus folgt, was die Kurve nicht zeigen kann, daß langsame Schwankungen, z. B. von einer Sekunde Dauer, bei kleinen Widerständen nicht auftreten, bei den großen Widerständen aber sehr beträchtlich sein können. Hätten wir also, mit anderen Worten gesagt, die Frequenz f_1 nicht bei 10 Hz, sondern bei einer niedrigeren Frequenz gewählt, so würde der rechte Ast der Kurve nach rechts rücken und das Maximum verbreitert werden.

Widerstände von einigen 10^6 Ohm bis knapp 10^{10} Ohm können also wegen des großen Störhintergrundes, den sie hervorrufen, nicht als Gitterwiderstände in der ersten Stufe eines Röhrenelektrometers verwendet werden. Strebt man möglichst hohe Ladungsempfindlichkeit an, hält also die Kapazität des Steuergitters so niedrig wie möglich, so daß sie nur ungefähr 10 bis 20 pF mißt, so bedeutet dies, daß Zeitkonstanten von rund 10^{-5} Sekunden bis 0,1 Sekunden in der ersten Stufe, hergestellt durch Wahl der Gitterwiderstände, nicht verwendet werden können. Soll das Röhrenelektrometer trotzdem kleine Zeitkonstanten aufweisen, so läßt man die erste Stufe überhaupt mit freiem Gitter arbeiten und verlegt die kleine Zeitkonstante in die Kopplungselemente der folgenden Verstärkerstufen (siehe auch S. 161). Läßt man das Steuergitter frei, so ist als äußerer Gitterwiderstand der Isolationswiderstand anzusehen. Dieser ist sehr groß, gemäß Abb. 89 und Gleichung (7) wird also die Störspannung klein. Maßgebend für die Zeitkonstante der Röhre mit freiem Gitter ist dann der differentielle innere Gitterwiderstand beim Gitterstrom Null, also beim Schnittpunkt der Kennlinie mit der Abszissenachse. Aus der in Abb. 14, S. 19, wiedergegebenen Kennlinie einer AF 7 ist abzulesen, daß der innere Gitterwiderstand dieser Röhre bei freiem Gitter rund 10^8 Ohm beträgt. Die Zeitkonstante der ersten Stufe hat dann die Größenordnung 10^8 Ohm $\cdot 10^{-11}$ Farad $= 10^{-3}$ Sekunden.

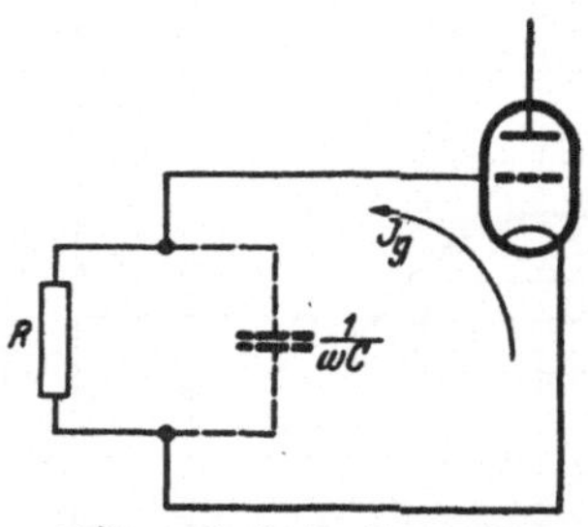

Abb. 90. Auch der Schroteffekt des Gitterstromes I_g liefert eine unregelmäßige Störspannung. Für den Gitterstrom ist dem Gitterwiderstand R der Wechselstromwiderstand $\dfrac{1}{\omega C}$ der Kapazität des Steuergitters gegen Erde parallelgeschaltet.

Nicht bloß die Wärmebewegung der Elektronen im Gitterwiderstand liefert eine unregelmäßige Störspannung, auch der Gitterstrom I_g verschlechtert den Störhintergrund durch den sogenannten „Schroteffekt". Der Gitterstrom verdankt ja sein Entstehen zum größten Teil Emissions- und Stoßprozessen, bei denen in einzelnen, voneinander unabhängigen Akten Ladungen von der Größe des Elementarquantums zum Gitter hin oder von ihm weg transportiert werden. Ein genauer Zeitpunkt, wann der einzelne Emissions- oder Stoßprozeß eintritt, ist dabei nicht festgelegt, sondern das Eintreten des einzelnen Ereignisses beherrschen Wahrscheinlichkeitsgesetze. Der Gitterstrom kann daher kein gleichmäßig fließender Strom sein, sondern er muß unregelmäßig schwanken, weil es eben vorkommen kann, daß einmal zufällig mehr, ein anderes Mal wieder zufällig weniger Ladungstransporte in der gleichen Zeit sich ereignen. Um die Größe der Stromschwankungen zahlenmäßig angeben zu können, nimmt man in gleicher Weise wie bei den Wärmeschwankungen der Elektronen als Maß dafür die Wurzel aus dem mittleren Schwankungsquadrat $\sqrt{\overline{I_g}^2}$. Auf Grund der Wahrscheinlichkeitsgesetze findet man, daß das mittlere Schwankungsquadrat gegeben ist durch

$$\Delta \overline{I_g}^2 = 2\,e\,I_g \cdot \Delta f. \tag{8}$$

e ist dabei das elektrische Elementenquantum: $1{,}60 \cdot 10^{-19}$ Coulomb.

Der Gitterstrom fließt nun über den Gitterwiderstand R, für die höheren Frequenzen der Schwankung stellt außerdem noch der kapazitive Widerstand des Steuergitters $\dfrac{1}{\omega C}$ einen zu R parallelgeschalteten, ziemlich kleinen Widerstand dar. Entsprechend den Stromschwankungen des Gitterstromes schwankt auch der Spannungsabfall am resultierénden Widerstand und damit auch das Potential des Steuergitters. Die Wurzel aus dem mittleren Schwankungsquadrat des Spannungsabfalles $\sqrt{\overline{U_{ig}}^2}$ ist daher als Maß für die Störspannung anzusehen, mit der die Schwankungen des Gitterstromes infolge dès Schroteffekts den Störhintergrund verschlechtern. Es ist

$$\Delta \overline{U}_{ig}^2 = 2\,e\,I_g\,R^2 \Delta f\, \frac{\dfrac{1}{4\,\pi^2\,f^2\,C^2}}{R^2 + \dfrac{1}{4\,\pi^2\,f^2\,C^2}}. \tag{9}$$

Man erhält also für das mittlere Schwankungsquadrat des Spannungsabfalles des Gitterstromes einen Ausdruck, der einen ähnlichen Bau hat wie der Ausdruck (4) für die Schwankungen infolge der Wärmebewegung. Dividiert man Gleichung (9) durch Gleichung (4), so erhält man:

$$\sqrt{\overline{U_{ig}}^2} = \sqrt{\frac{2\,e\,I_g\,R}{4\,k\,T}} \cdot \sqrt{\overline{U_w}^2}. \tag{10}$$

Je größer also unter sonst gleichen Verhältnissen der Widerstand R gewählt wird, um so mehr trägt der Gitterstrom I_g zum allgemeinen Störpegel bei. Nimmt man bei dem Zahlenbeispiel, das der Kurve der Abb. 89 zugrunde liegt, an, daß $I_g = 10^{-13}$ A und $R = 5 \cdot 10^{10}$ Ohm mißt, so wird

$$\sqrt{\overline{U_{ig}}^2} = 0{,}316 \sqrt{\overline{U_w}^2} = 5{,}65 \cdot 10^{-7}\,V. \tag{11}$$

Als Größe des Gitterstromes ist bei der Auswertung der Gleichung (10) nicht der volle gemessene Betrag einzusetzen, sondern nur der Teil des Stromes, der in voneinander unabhängigen, den Wahrscheinlichkeitsgesetzen unterworfenen Transporten einzelner Elementarquanten seine Ursache hat. Insbesondere der Isolationsstrom ist also vom Gesamtgitterstrom zunächst abzuziehen. Er gibt einen Beitrag zu den Störspannungen, der durch Gleichung (7) beschrieben wird.

Bei freiem Gitter ist der Gitterstrom I_g Null. Die Störspannung $\sqrt{\overline{U_{ig}^2}}$ verschwindet dabei aber nicht nach Gleichung (9). Der Strom ist Null, weil sich positiver und negativer Gitterstrom gerade aufheben. Die Schwankungen kompensieren sich jedoch nicht. Sie sind für jeden dieser Teile gesondert zu berechnen. Die mittleren Schwankungsquadrate addiert geben die Gesamtschwankung [siehe auch Gleichung (14)]. Als Widerstand R ist der differentielle innere Gitterwiderstand beim Gitterstrom Null einzusetzen.

Im Zusammenhang mit den Störschwankungen des Steuergitterpotentials, die ihren eigentlichen Grund in der Einschaltung eines Gitterwiderstandes haben, seien auch noch kurz die anderen Störschwankungen besprochen, die an einer Röhre zu beobachten sind.[1] Es ist dies vor allem der Schroteffekt des Anodenstromes. Die einzelnen Elektronen, aus denen sich der Anodenstrom zusammensetzt, werden unabhängig voneinander von der Kathode emittiert und legen wenigstens im Anlaufstromgebiet und Sättigungsstromgebiet auch unabhängig voneinander ihren Weg von der Kathode zur Anode zurück. Die zufälligen statistischen Schwankungen in der Emission müssen dann ebenso wie beim Gitterstrom völlig unregelmäßige, über das ganze Frequenzspektrum verteilte Schwankungen des Anodenstromes zur Folge haben. Die einzelnen Elektronen prasseln wie Schrotkörner unregelmäßig auf die Anode und der Stromübergang in der Elektronenröhre ist keineswegs gleichmäßig fließend. Das mittlere Schwankungsquadrat des Anodenstromes im Frequenzbereich Δf hat wie bei Gleichung (8) die Größe:

$$\Delta \overline{I_a^2} = 2\,e\,I_a \cdot \Delta f. \tag{12}$$

Im Raumladungsgebiet beeinflussen sich durch die Raumladungswolke die einzelnen Elektronen und der Wert für die Wurzel aus dem mittleren Schwankungsquadrat des Stromes ist dann mit einem Schwächungsfaktor F zu multiplizieren, der zwischen 1 und 0,1 liegt.

Es ist nun zweckmäßig, sich vorzustellen, daß der Anodenstrom völlig gleichmäßig fließt und daß die Schwankungen des Schroteffekts durch eine Störspannung hervorgerufen werden, mit der das Steuergitter gesteuert wird. Man erhält dann unmittelbar einen zahlenmäßigen Vergleich, wieviel der Schroteffekt des Anodenstromes im Verhältnis zu den anderen Störungen ausmacht. Liegt kein Widerstand im Anodenkreis, ist also der Fall eines äußeren Kurzschlusses gegeben, so ist dazu nur die Wurzel aus dem mittleren Schwankungsquadrat des Anodenstromes durch die Steilheit der Röhre zu dividieren. Es ist also:

$$\sqrt{\Delta \overline{U_{ia}^2}} = \frac{\sqrt{2\,e\,I_a\,\Delta f}}{S}. \tag{13}$$

Um die gesamte Störspannung zu erhalten, die am Steuergitter liegend zu denken ist, sind die mittleren Schwankungsquadrate zu addieren, so daß also wird:

$$\overline{U_{\mathrm{res.}}^2} = \overline{U_w^2} + \overline{U_{ig}^2} + \overline{U_{ia}^2}. \tag{14}$$

---

[1] Zusammenfassende Darstellung mit Literaturnachweisen in H. ROTHE und W KLEEN: Elektronenröhren als Anfangsstufen-Verstärker, S. 225. Leipzig: Akadem. Verlagsgesellschaft, 1940.

Nur nebenbei sei noch erwähnt, daß es ebenfalls dem Zufall unterliegt, ob ein bestimmtes Elektron zum Raumladungsgitter, zu einem Schirmgitter oder zur Anode fliegt. Die Stromverteilung bringt also ebenfalls Schwankungen in die Ströme hinein. Sind die Schwankungen schon dadurch hervorgerufen, daß eine gänzliche Unregelmäßigkeit im Übergang der Elektronen von der Kathode zur Anode herrscht, so kann diese völlige Unregelmäßigkeit durch Hineintragen weiterer Unregelmäßigkeiten offenbar nicht mehr gesteigert werden. Der Schroteffekt kann also niemals größer werden, als es die Gleichung (12) angibt. Hat jedoch die Schwankung noch nicht die volle Höhe, wie etwa bei einem Elektronenstrom, der aus einer Raumladungswolke herausgezogen wird, so werden sie durch die Stromverteilungsschwankungen vergrößert.

Für den Störhintergrund ist schließlich noch der sogenannte „Funkeleffekt" von Bedeutung.[1] Die Kathodenoberfläche ändert sich im Betrieb dauernd. Bald sendet diese, bald jene Oberflächenstelle einmal mehr, dann wieder weniger Elektronen aus. Die Kathode „funkelt" also, wenn man den Vergleich mit einem leuchtenden Körper zieht. Die Ursache hiefür ist in dem zeitweiligen Auftreten einzelner Fremdatome an der Kathodenoberfläche zu sehen, die eine örtliche Änderung der Emissionsfähigkeit zur Folge hat. Die Fremdatome kommen durch Diffusion aus dem Inneren der Kathode oder sie entstehen aus den chemischen Verbindungen des Kathodenmaterials durch Aufprall von Ionen oder Dampfatomen oder durch eine sonstige Auflösung der chemischen Verbindung. Der Funkeleffekt ist nur bei Frequenzen unterhalb 100000 Hz, besonders stark im Gebiet unterhalb 1000 Hz bemerkbar. Dies rührt davon her, daß die Fremdatome eine gewisse Zeit unverändert auf der Kathodenoberfläche verweilen.

Alle diese verschiedenen Ursachen für die Störungen eines glatten stetigen Flusses des Anodenstromes bringen es mit sich, daß die Gitterspannungsänderung im allgemeinen größer sein muß als 10^{-5} Volt ($10\,\mu$V, 0,01 mV), soll sie sich noch erkennbar aus den unregelmäßigen Schwankungen herausheben.

6. Das Röhrenelektrometer mit großer Zeitkonstante und Gleichspannungsverstärkung.

a) Die Konstruktion. Bei der Besprechung des Aufladevorganges in einer Ionisationskammer nach der Ionisation durch einen einzelnen α-Strahl war an einem Beispiel gezeigt worden, daß die praktisch vorkommende größte Aufladezeit ungefähr 0,015 Sekunden beträgt. Die Zeitkonstante soll ungefähr mindestens 50mal so groß sein, also rund $^3/_4$ Sekunden messen. Rechnet man mit einer Kapazität des Gitters von rund 20 pF, so muß dann der Gitterableitwiderstand etwa $4 \cdot 10^{10}$ Ohm betragen. Es ist klar, daß Spannungsänderungen, die kontinuierlich über einige Sekunden Dauer sich erstrecken wie eine Kondensatorentladung mit einer Zeitkonstante von $^3/_4$ Sekunden, eine Elektro-

---

[1] Siehe z. B. W. GRAFFUNDER: „Die Telefunkenröhre", H. 15, S. 41, April 1939.

meterröhre mit kleinem Gitterstrom als erste Röhre erfordern und nur mittels eines Gleichspannungsverstärkers formgetreu und proportional verstärkt werden können. Da es nun gilt, kleinste Spannungsänderungen des Steuergitters der Elektrometerröhre nachzuweisen, anderseits ein Gleichspannungsverstärker mit vielen Stufen zu Instabilitäten neigt und schwierig einzustellen und zu bedienen ist, wird man ein empfindliches Registrierinstrument für die Ausschläge wählen. Das Registrierinstrument muß außerdem eine Einstelldauer von nur 0,01 bis 0,001 Sekunden besitzen, um den raschen Aufladeausschlägen folgen zu können.

Große Empfindlichkeit mit der geforderten raschen Einstelldauer vereinigt das Saitengalvanometer, das daher auch von G. ORTNER und G. STETTER[1] bei ihrer ursprünglichen Konstruktion des Röhrenelektrometers Verwendung fand. Bei einem Saitengalvanometer wird ein dünner metallischer Faden, die Saite, der in einem kräftigen Magnetfeld ausgespannt ist, je nach dem Strom, der ihn durchfließt, mehr oder weniger stark parallel zu den Polschuhen des Magneten abgelenkt. Um die Bewegung der Saite photographisch zu registrieren, wird mit einem Mikroskopobjektiv ein Bild von ihr projiziert. Die Saite wird dabei von rückwärts kräftig beleuchtet, so daß ihr Bild ein schwarzer strichförmiger Schatten auf hellem Grunde ist. G. ORTNER und G. STETTER benutzten bei ihrem Röhrenelektrometer das große Elektromagnet-Saitengalvanometer der Firma Dr. M. Th. Edelmann & Sohn in München. Um die kleine Einstellzeit von 10^{-2} Sekunden zu erreichen, muß bei diesem Instrument der dünnste Faden, metallisierter (vergoldeter) Quarz von $3\,\mu$ Dicke, der einen Widerstand von etwa 6000 bis 10000 Ohm besitzt, eingezogen werden. Außerdem ist es notwendig den Faden möglichst stark zu spannen, was allerdings eine Einbuße an Empfindlichkeit mit sich bringt. Trotzdem erfolgt die Einstellung infolge der kräftigen Dämpfung durch die Luftreibung noch ohne Schwingungen. Es ist nicht vorteilhaft, die Vergrößerung bei der Projektion der Saite allzu hoch zu treiben. Einmal wird dadurch das Bild der Saite nicht mehr ein haarfeiner Strich, sondern sie bildet sich als ein etwas breiterer Schatten ab, was die Güte der photographischen Registrierung beeinträchtigt, zum anderen erfordert eine stärkere Vergrößerung auch eine kräftigere Beleuchtung der Saite. Bewährt hat sich die Projektion der Saite durch das Zeiß-Mikroskopobjektiv Achromat DD, durch das auf einem 1,5 m entfernten Schirm die Bewegungen der Saite 350fach vergrößert abgebildet werden. Das Gesichtsfeld hat dabei in der Projektion einen Durchmesser von 18 cm, doch kann davon nur das mittlere Drittel bei der photographischen Registrierung Verwendung finden, da infolge der starken Spannung der Saite größere Ausschläge nicht mehr proportional der Stromstärke sind. Für eine Breite von 6 cm ist jedoch Proportionalität noch gewährleistet. Die Registrierung erfolgt auf 6 cm breitem, photographischem Registrierpapier, das hinter einer Zylinderlinse stetig abläuft. Die Zylinderlinse hat dabei die Aufgabe, ein Stück des Saitenbildes zu einem Punkt

---

[1] G. ORTNER und G. STETTER: Z. f. Physik 54, 449 (1929).

zusammenzuziehen. Zur Beleuchtung der Saite genügt eine Projektions-
glühlampe mit Kondensor hinter einem geeigneten Mikroskopobjektiv,
z. B. Zeiß-Achromat A. Sehr angenehm ist ein regelbarer Widerstand
im Stromkreis der Glühlampe, durch den die Helligkeit des Gesichtsfeldes der Ablaufgeschwindigkeit des photographischen Papieres angepaßt
werden kann.

Die Grenze der Leistungsfähigkeit des Röhrenelektrometers ist erreicht,
wenn $10\,\mu$V am Eingang des Verstärkers einen Ausschlag von 1 mm
hervorrufen. Bei einer Kapazität von 16 pF bedeutet dies eine Ladung
von $1,6 \cdot 10^{-16}$ Coulomb, das sind rund 1000 Elementarquanten. Eine kleinere
Aufladung, die also eine kleinere Spannungsänderung als $10\,\mu$V an
der Elektrometerröhre bewirkt, läßt sich dagegen nicht mehr sicher in
der allgemeinen Störunruhe erkennen, auch wenn sie ruckweise erfolgt.
Unter den angegebenen Bedingungen entspricht ein Ausschlag des
Saitenbildes von 1 mm einer Stromstärke von rund $1 \cdot 10^{-7}$ A. Da nun
diesem Strom eine Spannungsänderung von $10\,\mu$V im Verstärkungs-
eingang entsprechen soll, muß die Gesamtsteilheit des Gleichspannungsverstärkers 10^{-7} A/10^{-5} V oder gleich 10 mA/V betragen. Die Steilheit
von Elektrometerröhren beträgt ungefähr 0,05 mA/V bis 0,5 mA/V,
es ist also nötig, zwischen Elektrometerröhre und Saitengalvanometer Verstärkerstufen dazwischenzuschalten. Die Elektrometerröhre selbst wirkt dann in dieser Schaltung als Spannungsverstärker-
röhre.

Die marktgängigen Elektrometerröhren geben so gut wie keine
Spannungsverstärkung. Nehmen wir zur Überschlagsrechnung den
Faktor ihrer Spannungsverstärkung V_u mit 1 an, so müßte bereits
eine neuere Endpentode großer Steilheit, z. B. eine EL 12 mit einer
Steilheit von 15 mA/V als Verstärkungsstufe genügen, um die infolge des Störhintergrundes der Elektrometerröhre überhaupt mögliche
höchste Ladungsempfindlichkeit der Anordnung zu erreichen. Aus
mehreren Gründen ist jedoch eine solche Endpentode im vorliegenden
Falle nicht empfehlenswert. Zunächst ist es unbedingt nötig, den Heizstrom der Kathoden der Röhren Akkumulatoren zu entnehmen. Eine
Heizung aus dem Stadtnetz, insbesondere auch eine Heizung mit Wechselstrom, bringt in die an sich hochempfindliche Apparatur immer Störungen.
Nun wird die große Steilheit durch eine entsprechend große Heizleistung
der Kathode erkauft. Auch ist diese Steilheit nur bei hohen Anodenspannungen und größeren Anodenströmen erreichbar. Dies ist bei
Batteriebetrieb unbequem. Es wird also vorzuziehen sein, nach
Möglichkeit Röhren zu verwenden, die für Batteriebetrieb eigens
bestimmt sind und also kleine Heiz- und Anodenströme und eine
niedrige Anodenspannung erfordern. Dann muß jedoch zwischen der
Endröhre, in deren Anodenkreis das Saitengalvanometer liegt, und
der Elektrometerröhre eine Spannungsverstärkerstufe eingeschaltet
werden.

Drei Röhren sind auch noch aus einem anderen Grund vorteilhaft.
Bei drei Röhren ist nämlich keine Rückkopplung zwischen dem Eingang

der ersten Röhre und dem Ausgang der letzten bei Widerstandskopplung möglich. Wird wie in Abb. 91 veranschaulicht, die Spannung des Gitters der Eingangsröhre nach der positiven Richtung hin geändert, so verschieben sich die Spannungen ihrer Anode und des Gitters der zweiten Röhre in negative Richtung, deren Anode hinwiederum und das Gitter der dritten Röhre ändert sich nach der positiven Richtung und an der Anode der dritten Röhre sinkt die positive Spannung. Vom Anodenkreis des Ausganges kann mithin bei

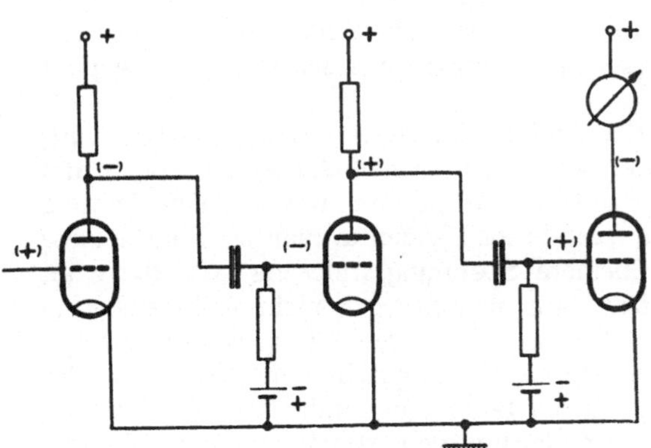

Abb. 91. Wechsel des Vorzeichens der Spannungsänderungen in einem Widerstandsverstärker.

mangelhafter Abschirmung nur eine negative Ladung auf das Gitter des Eingangskreises influenziert werden, wenn dessen Spannung nach der positiven Richtung geändert wird und umgekehrt. Das heißt, es liegt eine verstärkungsvermindernde negative Rückkopplung vor, also eine Gegenkopplung, die nicht zu Instabilitäten Anlaß geben kann. Dies ist sehr angenehm, da eine völlige Abschirmung des Einganges des Verstärkers schwer durchführbar ist. Die Wand der Ionisationskammer ist nämlich, wie Abb. 78 (S. 102) zeigt, über eine Spannungsquelle geerdet, die unter Umständen, z. B. wenn sie aus zehn Trocken-Anodenbatterien besteht, einen ziemlich hohen inneren Widerstand besitzt, etwa einige tausend Ohm je nach dem Alter der Batterien. Werden Ladungen auf die Wand der Ionisationskammer influenziert, so fließen Ausgleichsströme über diesen Widerstand und die Ionisationskammerwand nimmt ihr Ruhepotential nicht sofort, sondern entsprechend dem Spannungsverlauf einer Kondensatorentladung an, wobei die Zeitkonstante das Produkt aus der Kapazität der Kammerwand und dem inneren Widerstand der Kammerspannungsbatterie darstellt. Potentialänderungen der Kammerwand geben Influenzladungen auf der Auffängerelektrode. Weitere Influenzladungen können durch die noch zu besprechende Eichvorrichtung auf das Steuergitter der Eingangsröhre gelangen. Eine vollständige Abschirmung der Batterien und der Eichvorrichtung wäre ziemlich umständlich. Doch auch das Saitengalvanometer ist nicht einfach abzuschirmen, soll die Vorrichtung zur Regelung der Saitenspannung griffbereit bleiben. Bei der Verwendung von drei Verstärkerröhren erübrigen sich solche Abschirmungen des Einganges und Ausganges (jedoch nicht die der Verbindungsleitungen zwischen erster und zweiter sowie zwischen zweiter und dritter Stufe).

Die erforderliche Gesamtsteilheit von 10 mA/V wird mit insgesamt drei Verstärkerstufen leicht erreicht. Die zweite Röhre braucht nur wenig verstärken und die dritte Röhre kann eine kleine Steilheit besitzen. Man wird also für diese beiden Stufen der Einfachheit halber Trioden wählen. Bewährt haben sich nach eigenen Erfahrungen die Röhren Telefunken Re 084 oder Philips A 415 (Durchgriff 6,5 und 6,7%, Steilheit 1,5 und 2,0 mA/V) für die zweite Stufe und als Endröhren Telefunken Re 074 oder Philips A 409 (Durchgriff 10% und 11%, Steilheit 0,9 und 1,2 mA/V). Bei einer Bestückung mit neuzeitlichen Röhren wäre für die zweite Stufe etwa eine KC 1 zu wählen und für die dritte Stufe eine KC 3 oder eine KL 4, die als Triode geschaltet wird, indem Schirmgitter und Anode miteinander verbunden werden, wenn man nicht des kleineren Heizstromes wegen auch in der dritten Stufe eine KC 1 verwendet. Es wäre auch daran zu denken, für die zweite

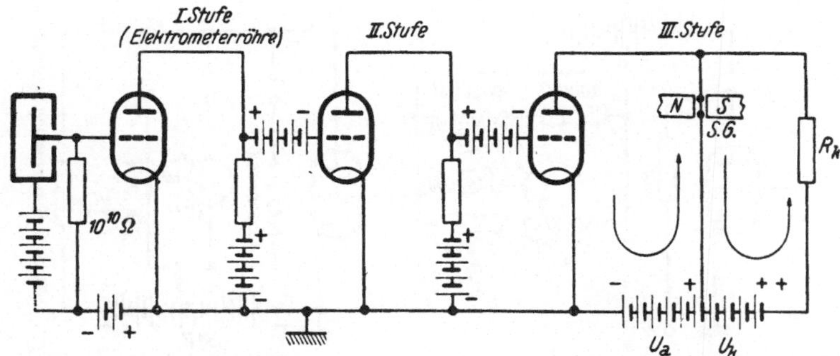

Abb. 92. Prinzipschaltung eines Röhrenelektrometers mit großer Zeitkonstante und Gleichspannungsverstärkung. S. G. bedeutet das Saitengalvanometer, N und S den Nord- und Südpol seines Magneten.

und dritte Stufe die Verbundröhre ECL 11 zu benutzen, die ein Triodensystem und ein Tetrodensystem, die voneinander elektrisch unabhängig sind, in einem Glaskolben vereinigt.

Da der Gleichspannungsverstärker keine besonders hohen Frequenzen zu verstärken hat, ist eine Kompensation der Anodenspannung durch Gittergegenbatterien, deren Kapazität gegen Erde im vorliegenden Falle keine Rolle spielt, angezeigt (Abb. 53, S. 64). Es ergibt sich so das in Abb. 92 dargestellte Prinzipschema des Röhrenelektrometers. Zu diesem Schema ist im einzelnen folgendes zu bemerken: Der Anodenruhestrom der Endröhre darf selbstverständlich nicht in voller Stärke durch die Saite des Saitengalvanometers fließen, da diese eine solche Belastung nicht verträgt. Durch einen entgegengesetzt durch die Saite fließenden Strom muß daher der Ruhestrom kompensiert werden. In diesen Kompensationsstromkreis muß ein Widerstand R_k gelegt werden, der groß gegen den Widerstand der Saite ist. Der Kompensationswiderstand stellt nämlich einen Nebenschluß zur Saite dar und verringert daher die Empfindlichkeit des Saitengalvanometers z. B. um 10%, wenn er nur zehnmal so groß ist wie der Widerstand der Saite. Außerdem ist ersichtlich, daß dieser Widerstand während einer Messung unverändert bleiben muß. Es ist daher am besten, es wird von vornherein ein Fixwiderstand eingebaut und der Anodenruhestrom durch eine Feineinstellung der Gittervorspannung der dritten Röhre auf den Wert gebracht, bei dem er gerade im Stromzweig des Saitengalvanometers kompensiert ist. Wird z. B. bei einer Anodenspannung U_a der Endröhre von 60 Volt und einem Anodenstrom von 1 mA gearbeitet, so beträgt der Kompensationswiderstand R_k 60000 Ohm bei einer Spannung der Kompensationsbatterie U_k von ebenfalls 60 Volt. Für Anodenspannung und Kompensationsspannung kann dann eine einzige 120-Volt-Trockenbatterie, die in der Mitte angezapft wird, verwendet werden. Zur Kompensation selbst schaltet man zunächst an Stelle der Saite ein Zeiger-Drehspul-Nullinstrument mit etwa 10^{-6} bis 10^{-5} A Empfindlichkeit pro Skalenteil ein, das zweckmäßig noch durch einen ausschaltbaren Nebenschluß

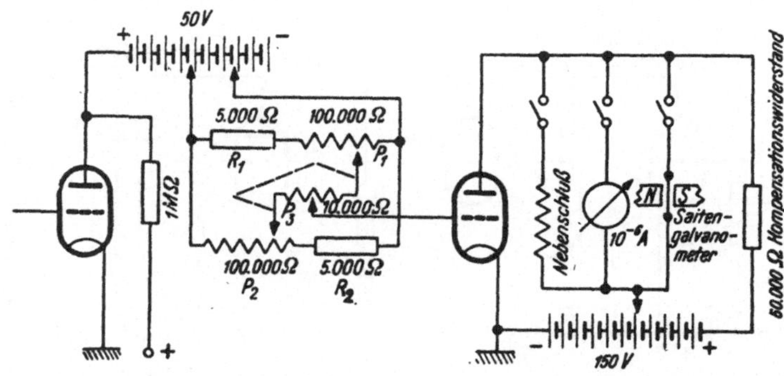

Abb. 93. Praktische Ausführung der dritten Verstärkerstufe eines Röhrenelektrometers mit großer Zeitkonstante, Gleichspannungsverstärkung und einem Saitengalvanometer. Zur Voreinstellung wird statt des Saitengalvanometers ein Drehspul-Nullinstrument mit ausschaltbarem Nebenschluß in den Anodenstromkreis gelegt. Durch eine Dreifachpotentiometeranordnung kann das Steuergitterpotential sehr fein eingestellt werden.

gesichert wird, wie dies in Abb. 93 veranschaulicht ist. Zuerst wird mit eingeschaltetem Nebenschluß der Ausschlag des Zeigerinstruments auf Null gebracht, dann der Nebenschluß ausgeschaltet und wiederum auf Null kompensiert und dann erst das Zeigerinstrument ausgeschaltet und die Saite eingeschaltet.

Zur Feineinstellung der Gittervorspannung hat sich eine Potentiometeranordnung bewährt, die ebenfalls in Abb. 93 dargestellt ist. P_1 und P_2 sind zwei gleiche Potentiometer, neuzeitliche Kohlepotentiometer sind genügend störungsfrei, deren Rotoren auf einer gemeinsamen Achse sitzen. Die Widerstände R_1 und R_2 sind ebenfalls einander gleich und bewirken, daß bei jeder Stellung dieser Achse die Rotoren einen gleichen Spannungsunterschied abgreifen. Dieser Spannungsunterschied wird durch das Feinregelpotentiometer P_3 überbrückt. Das Feinregelpotentiometer muß einen Widerstand haben, der mindestens ungefähr so groß ist wie derjenige der Fixwiderstände. Alle drei Potentiometer lassen sich in Form eines Dreifach-Potentiometers mit Hohlachse zusammenbauen.

Anodenwiderstand und Betriebsspannung für die Röhre der zweiten

Stufe wird so gewählt, daß man auch bei Änderung der Gittervorspannung um rund 1,5 Volt noch immer innerhalb des annähernd geradlinigen Teiles der Kennlinie bleibt. Dann nutzt man den Vorteil, daß die Gittervorspannung an dieser Röhre durch einfaches Zu- und Abschalten von Elementen einer Trockenbatterie eingestellt werden kann. Wird die Elektrometerröhre z. B. mit 7 Volt Anodenspannung betrieben, kann man mit einer kleinen sogenannten Gitterbatterie, von der man etwa 9 Volt abnimmt, das Auslangen als Gittergegenspannungsbatterie finden.

Die Anodenbetriebsspannung der Elektrometerröhre ist um den Spannungsabfall im Anodenwiderstand größer zu wählen als die tatsächlich für die Anode vorgeschriebene Spannung. Die Einstellung wird am schnellsten so vorgenommen (siehe auch S. 40), daß zunächst bei der festen Gittervorspannung von z. B. — 4 Volt und der direkt an die Röhre gelegten Anodenspannung von 7 Volt der Anodenstrom gemessen wird. Sodann wird der Anodenwiderstand in den Anodenkreis geschaltet und eine solche Betriebsspannung von der Anodenbatterie abgegriffen, daß derselbe Anodenstrom wie früher fließt. Dann liegt offenbar auch wiederum dieselbe tatsächliche Spannung an der Anode wie vorhin. Die Größe der Gittergegenspannungsbatterie zur Kopplung zwischen erster und zweiter Stufe ist dann gegeben durch diese tatsächliche Anodenspannung, vermehrt um die nötige negative Vorspannung der zweiten Röhre.

Irgendwelche Kunstschaltungen zur Konstanthaltung des Nullpunktes (S. 53) erübrigen sich, da ja immer nur die Größe ruckartiger, sehr kurzzeitiger Ausschläge gemessen wird und es nicht darauf ankommt, wo im Gesichtsfeld die Ausschläge beginnen und enden. Es wird außerdem in der Regel ein neuer Ausschlag bereits auftreten, bevor noch die vom ersten Ausschlag herrührende Ladung abgeflossen ist. Es stört gar nicht, wenn der Nullpunkt des Saitengalvanometers langsame Schwankungen ausführt, sofern nur nicht der Faden aus dem Gesichtsfeld wandert. Im übrigen ist zu beachten, daß eine bemerkenswert gute Nullpunktskonstanz zu erreichen ist, wenn für die Heizung der zweiten und dritten Röhre ein reichlich großer Akkumulator (etwa 60 Amperestunden Kapazität) Verwendung findet, die Elektrometerröhre mit einem eigenen Heizakkumulator der gleichen Größe geheizt wird und vor Beginn des Versuches die Apparatur etwa eine halbe Stunde unter Betriebsbedingungen gehalten wird. Ausdrücklich sei darauf hingewiesen, daß bei der erstmaligen Verwendung neuer Röhren die Nullpunktskonstanz erst dann beurteilt werden soll, wenn das Röhrenelektrometer etwa drei Tage hindurch ständig in Betrieb gehalten wurde. Erst dann sind die Röhren genügend „eingebrannt". Die Gittervorspannung für die Elektrometerröhre wird ebenfalls einem größeren Akkumulator entnommen. Im übrigen jedoch genügen Trockenbatterien für die Anoden- und Gittergegenspannungen.

Abb. 94 gibt einen Ausschnitt aus einem Registrierstreifen, wie er bei der Aufnahme von Polonium-α-Strahlen erhalten wird. Wie aus dem Registrierstreifen zu ersehen ist, kann der Faden bei rasch aufeinanderfolgenden Ausschlägen leicht aus dem Gesichtsfelde wandern. Es zeigt sich, daß die obere Grenze für ihre Häufigkeit aus diesem

Grunde etwa bei 150 bis 200 unregelmäßig verteilten Ausschlägen in der Minute liegt. Eine untere Grenze für die Zahl der registrierten Ausschläge ist aus praktischen Erwägungen heraus gesetzt. Das Registrierpapier darf nicht zu langsam ablaufen, die kleinste Geschwindigkeit liegt etwa bei 1 cm Papiervorschub in der Sekunde. Diese Minimalgeschwindigkeit ist dadurch gegeben, daß langsamere Schwankungen des Fadens, die bei raschem Papierablauf ohne weiteres von kleinen zitterigen Unruheschwankungen unterschieden werden, bei langsamem Papierablauf nicht mehr von den kurzzeitigen Schwankungen sich abheben können, so daß also dadurch der Störhintergrund verschlechtert wird. Im allgemeinen stören alle spontanen Fadenschwankungen, deren Zeit kleiner ist als die Zeit, in der der Faden etwa 0,2 bis 0,4 mm Weg auf dem Papier überstreicht.

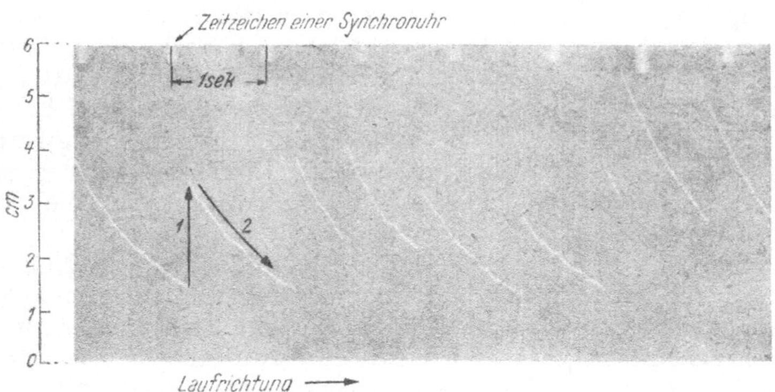

Abb. 94. Beispiel für die Registrierung von Polonium-α-Strahlen mit einem Röhrenelektrometer mit großer Zeitkonstante. *1* ist der Ausschlag, bei *2* fließt die Ladung vom Gitter der ersten Röhre langsam wieder ab (Aufnahme von J. SCHINTLMEISTER).

Diese Zeit ist etwa auch nötig, damit zwei rasch aufeinanderfolgende Ausschläge noch durch das kleine Anhalten des Fadens als getrennte Ausschläge erkannt werden können. Damit die Zahl der voneinander nicht trennbaren Ausschläge vernachlässigbar klein bleibt, darf im Durchschnitt höchstens ein Ausschlag auf etwa 1 cm Länge des Registrierpapiers kommen. Da somit eine Minimalgeschwindigkeit des Papiervorschubes festgelegt ist, wird es unwirtschaftlich, bei der Registrierung von α-Strahlen, von denen meist eine größere Zahl erfaßt werden muß, mit weniger als etwa 15 Strahlen in der Minute zu arbeiten.

Unangenehm ist bei der ursprünglichen Konstruktion des Röhrenelektrometers mit großer Zeitkonstante, daß die Empfindlichkeit im Verlauf von 1 bis 2 Stunden stets um mehrere Prozente absinkt. Es ist daher nötig, etwa alle halben Stunden Eichungen vorzunehmen. Die Ursache für diese Änderung der Empfindlichkeit liegt darin, daß die Stromwärme des Elektromagneten des Saitengalvanometers und die Erwärmung der Saite durch die intensive Beleuchtung eine geringfügige Änderung der Fadenspannung durch die thermische Ausdehnung des

Spannmechanismus und eine Änderung der Fadenelastizität und des elektrischen Widerstandes der Saite bedingt.

Von J. SCHINTLMEISTER und G. URM wurde daher das Röhrenelektrometer einer Neukonstruktion unterzogen.[1] Mit ihr wurde erreicht, daß die Empfindlichkeit über viele Stunden hindurch nicht mehr als um $\pm$ 1% um den Mittelwert schwankte. Als Nachweisgerät wurde das Einfadenelektrometer nach WULF der Firma Günther & Tegetmeyer in Braunschweig benutzt. Bei diesem Instrument ist zwischen zwei an Hilfspotential gelegten Schneiden mittels eines elastischen Quarzbügels ein dünner Faden ausgespannt. Wird an den Faden ein Potential gelegt, so wird er infolge der elektrostatischen Kräfte von der einen Schneide angezogen und von der anderen abgestoßen. Die Bewegung des Fadens wird mit einem Ablesemikroskop beobachtet. Der Faden muß ziemlich stark gespannt werden, damit die Einstellzeit genügend klein wird.[2] Bei zu starker Spannung schwingt allerdings der Faden über die Ruhelage hinaus, ohne daß die Einstellzeit erheblich kleiner würde. Am günstigsten ist es, wie in allen solchen Fällen, im Übergangsgebiet zwischen aperiodischer Einstellung und der Schwingung zu arbeiten. Die Einstellzeit des Fadens beträgt dann 0,03 Sekunden, ist also gerade noch genügend klein für ein Röhrenelektrometer mit großer Zeitkonstante. Für die Registrierung der Fadenbewegung wird das Okular des Ablesemikroskops entfernt und der Faden mit einem Kleinbildprojektor ohne Objektiv beleuchtet. Steht der Projektionsschirm 70 cm vom Faden entfernt, so ist das Gesichtsfeld 18 cm groß. Wird auf 6 cm breitem Registrierpapier photographiert, so wird gerade ein Drittel des Gesichtsfeldes ausgenutzt. Innerhalb des Gesichtsfeldes läßt die Schärfe der Projektion und die Proportionalität des Ausschlages mit der angelegten Spannung nichts zu wünschen übrig.

Damit die letzte Röhre des Verstärkers mit niedriger Anodenspannung betrieben werden kann, ohne daß die Proportionalität der Verstärkung gefährdet ist (siehe Abb. 33, S. 39), sollte der Faden bei einer Spannungsänderung von höchstens 12 Volt den ausgenutzten Teil des Gesichtsfeldes überstreichen, d. h. 0,2 Volt sollten 1 mm Ausschlag ergeben. Bei einem Schneidenabstand von etwa 5 bis 6 mm vom Faden und der erforderlichen starken Fadenspannung ist dazu ein Potentialunterschied von etwa 400 Volt zwischen den Schneiden erforderlich. Die höchstmögliche Empfindlichkeit des Röhrenelektrometers von rund 1.000 Elementarquanten pro 1 mm Ausschlag ist erreicht, wenn 10 μV an der Eingangsröhre 0,2 V Spannungsänderung am Ausgang liefern. Es ist also eine 20000fache Spannungsverstärkung notwendig. Dies erfordert zwei Hochfrequenzpentoden nach der Elektrometerröhre. Unter Umständen ist es wünschenswert, das Röhrenelektrometer nicht mit der höchsten Empfindlichkeit zu benutzen, z. B. wenn längere α-Strahlen gemessen werden sollen. Die

---

[1] Veröffentlicht in der 1. Auflage des vorliegenden Buches, Seite 126.

[2] Über die Einstellzeit des Einfadenelektrometers nach WULF siehe J. SCHINTL-MEISTER und G. URM: Phys. Z. **43**, 486 (1942).

Empfindlichkeit darf dann nicht durch Verringern der Schneidenspannung des Fadenelektrometers erniedrigt werden. Die letzte Röhre würde nämlich dabei übersteuert werden und nicht mehr proportional verstärken, außer man erhöht beträchtlich ihre Anodenbetriebsspannung. Vorteilhafter ist es, durch entsprechend kleine Anodenwiderstände in der zweiten Verstärkerstufe die Empfindlichkeit herabzusetzen.

Das Röhrenelektrometer von J. SCHINTLMEISTER und G. URM wurde von J. SCHINTLMEISTER noch dadurch verbessert,[1] daß zur Ankopplung der Elektrometerröhre an die Hochfrequenzpentode der II. Verstärkerstufe die Spannungsteilerschaltung benutzt wurde, die in Abb. 58 (S. 66) dargestellt ist. Abb. 95 gibt das Schaltschema des Röhrenelektrometers mit den Einzelheiten wieder. Als Hochfrequenzpentoden wurden Röhren der E-Serie gewählt. Sie werden mit einem gemeinsamen Akkumulator geheizt. Bei Röhren der K-Serie, die für Batteriebetrieb bestimmt sind, blieb der Emissionsstrom auf die Dauer nicht so konstant, wie es für Gleichspannungsverstärker notwendig ist. Der Heizstrom der Elektrometerröhre wird einem eigenen Akkumulator entnommen. Die Verwendung der Spannungsteilerkopplung ist gerade bei Elektrometerröhren besonders günstig, weil die Spannung der Anode sehr niedrig ist, der Potentialunterschied zwischen der Elektrometerröhren-Anode und dem Steuergitter der Folgeröhre also gering ist und außerdem mit verhältnismäßig kleinen Anodenwiderständen praktisch die überhaupt mögliche Spannungsverstärkung zu erreichen ist (siehe Abb. 39, S. 44). Beide Umstände haben zur Folge, daß die Anodenspeisespannung und die negative Kompensationsspannung einer einzigen Trocken-Anodenbatterie von 120 Volt entnommen werden können, ohne daß die Widerstände des Spannungsteilers die Verstärkung zu sehr herabsetzen. Bei der Berechnung der Größe der Widerstände ist übrigens zu berücksichtigen, daß der Anodenwiderstand sowohl vom Strom des Spannungsteilers, wie auch vom Anodenstrom der Röhre durchflossen wird. Die Größe der Widerstände muß nicht besonders genau eingehalten werden. Es genügt also der Einbau von Fixwiderständen mit runden Widerstandswerten. Ein ungefährer Abgleich ist durch Stöpseln in den Buchsen der Trockenbatterie unter ständigem Beobachten des Anodenstromes der Elektrometerröhre zu erreichen. Fließt der vorgeschriebene Anodenstrom, so liegt an der Röhre die richtige Betriebsspannung. Um das Ruhepotential des Steuergitters der Folgeröhre nach diesem beiläufigen Abgleich einzustellen, wird der Erdungspunkt der Anoden- und Kompensationsbatterie sehr feinstufig verstellt. Es wird deshalb diese Batterie nicht direkt geerdet, sondern, wie in Abb. 95 eingezeichnet, über ein dreifaches Potentiometer, das den Heizakkumulator der Elektrometerröhre überbrückt. Der mittlere Widerstand dient der Grobeinstellung, die beiden äußeren, kleineren Drehwiderstände haben eine gemeinsame Achse, mit ihnen wird die Feineinstellung vorgenommen. Mit dem Schalter S_1 kann eine Dauerbelastung der Batterie verhindert werden. Zu dem an negative Spannung gelegten Teilwiderstand des

---

[1] Noch nicht veröffentlicht.

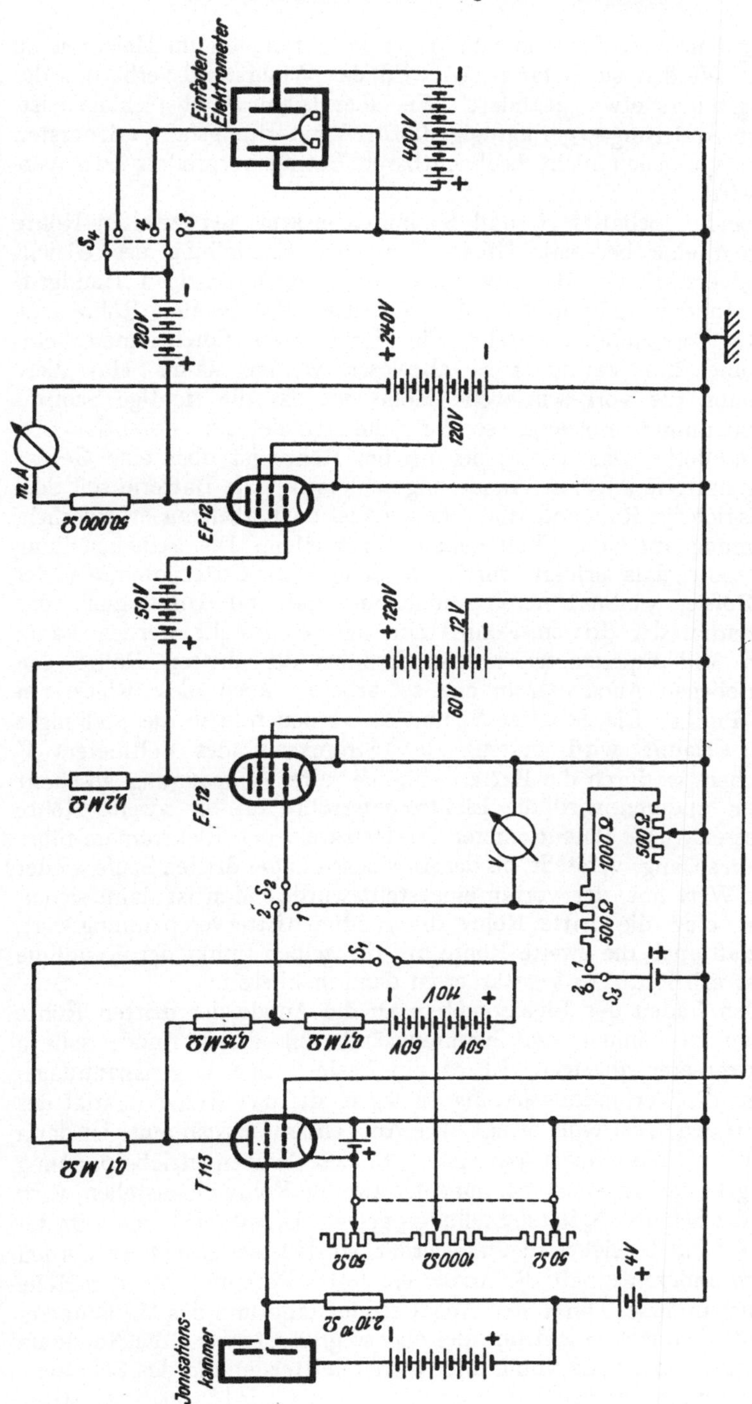

Abb. 95. Praktische Ausführung eines Röhrenelektrometers mit großer Zeitkonstante, bei dem ein Einfadenelektrometer als Nachweisinstrument verwendet wird. Zur Verstärkung dienen zwei Hochfrequenzpentoden.

Spannungsteilers ist der Widerstand der Potentiometer im Heizkreis zu addieren. Werden sie betätigt, so wird das Widerstandsverhältnis des Spannungsteilers etwas geändert. Wie aber leicht zu überschlagen ist, bleibt diese Änderung so geringfügig, daß der Verstärkungsfaktor der ersten Stufe nur um einen nicht beobachtbaren Betrag vergrößert oder verkleinert wird.

Die beiden Schalter S_2 und S_3 im Gitterkreis der zweiten Röhre ermöglichen eine bequeme Überprüfung der Einstellung des Gleichspannungsverstärkers. Beide werden durch einen einzigen Handgriff betätigt. In der Stellung 1 wird dem Gitter der zweiten Röhre eine bestimmte Vorspannung erteilt, die durch zwei Potentiometer eingestellt und am Voltmeter V abgelesen werden kann. Hat diese Vorspannung die vorgeschriebene Höhe und ist die richtige Schirmgittervorspannung angelegt, so hat die Anode ein Potential von etwa $+ 50$ Volt. Das Gitter der dritten Röhre ist über eine Gegenspannungsbatterie an diese Anode angeschlossen. Die Batterie soll dem Gitter das richtige Ruhepotential geben. Es ist dazu aber nur erforderlich, die Spannung auf einige Volt genau abzugreifen. Die Feineinstellung des Ruhepotentials erfolgt durch Regelung des Gitterpotentials der zweiten Röhre, wodurch deren Anodenpotential und damit auch das Gitterpotential der dritten Röhre sehr fein eingestellt werden kann. Zeigt ein Milliamperemeter im Anodenkreis der dritten Röhre den vorgeschriebenen Anodenstrom an, so arbeitet auch diese Röhre am richtigen Punkt. Die Schalter S_2 und S_3 werden nun in die Stellung 2 umgelegt. Damit wird erstens der Stromkreis des Voltmeters V unterbrochen, wodurch die Batterie für die feste Vorspannung geschont wird, zum anderen wird die Elektrometerröhre an die zweite Röhre angeschlossen. Die Potentiometer im Heizkreis der Elektrometerröhre werden nun so lange verstellt, bis der Anodenstrom der dritten Stufe wieder denselben Wert hat, der vorhin eingestellt wurde. Man ist dann sicher, daß nicht bloß die dritte Röhre die richtige Gittervorspannung hat, sondern daß auch die zweite Röhre auf demselben Punkt der Kennlinie wie früher arbeitet. Der Verstärker ist dann meßbereit.

Um den Faden des Elektrometers an die Anode der dritten Röhre anschließen zu können, die Spannungsänderung dieser Anode soll ja das Elektrometer anzeigen, ist es am besten, eine Gegenspannungsbatterie in die Verbindungsleitung zu legen, die das Ruhepotential des Fadens auf den Wert Null bringt. Die Anodenbetriebsspannung ist dann ebenso groß wie diese Gegenspannung. Um diese Anodenbetriebsspannung durch Regeln der Gittervorspannung der zweiten Röhre einzustellen, wird zunächst der Schalter S_4 in die Stellung 3 gelegt. Damit wird einerseits der Faden des Einfadenelektrometers geerdet, so daß dieses justiert werden kann, zum anderen erhält die Anode ein festes Potential von der Höhe der Gegenspannung. Durch den Anodenwiderstand und das Milliamperemeter fließt demnach ein Strom, der ebenso groß ist, wenn die Anode im Betriebe diese Spannung annimmt. In der Mittelstellung des Schalters, in der die Erdung der Gegenbatterie aufgehoben ist, wird dann dieser Strom

wieder eingestellt. Das negative Ende der Gegenspannung hat dann Erdpotential. Nun kann durch Umlegen des Schalters in die Stellung 4 das
Einfadenelektrometer angeschlossen werden.

Für die Größen der Bauteile sind in Abb. 95 solche Werte eingetragen,
daß eine Empfindlichkeit des Röhrenelektrometers von rund 5000
Elementarquanten für 1 mm Ausschlag erhalten wird, wie sie bei der
Messung von α-Strahlen bequem ist. Durch Ändern des Anodenwiderstandes der zweiten Stufe läßt sie sich leicht in größeren Grenzen ändern.
Eine Feineinstellung der Empfindlichkeit wird am besten durch Ändern
des Schneidenabstandes des Fadenelektrometers vorgenommen.

b) **Die Eichung.** α) *Bestimmung der Ladungsempfindlichkeit.* Das
Röhrenelektrometer mit großer Zeitkonstante und Gleichspannungsver-
stärkung hat den großen Vorzug, daß durch eine einfache Eichvorrichtung
die Ladung, die einen bestimmten Ausschlag bewirkt, in Coulomb oder in
Elementarquanten auf etwa 5 Promille genau angegeben werden kann[1]. Die
Eichung erfolgt zweckmäßig in ähnlicher Weise, wie sie G. HOFFMANN[2] für
sein hochempfindliches Vakuum-Duantenelektrometer ausgearbeitet hat.
Das Wesen dieser Eichmethode besteht darin, daß mittels einer eigenen
Elektrode, dem sogenannten Influenzierungsring, der die Verbindungsleitung zwischen Ionisa-
tionskammer und Elek-
trometerröhre ringförmig
umgibt, auf das System
Auffängerelektrode und
Steuergitter sehr genau
bekannte elektrische La-
dungen influenziert wer-
den. Abb. 96 zeigt die
dazu dienende Schaltung.
Ein Akkumulator V_2 von
2 oder 4 Volt, dessen
Spannung durch ein genau
zeigendes Drehspulinstru-
ment gemessen wird, ist
durch einen Präzisions-

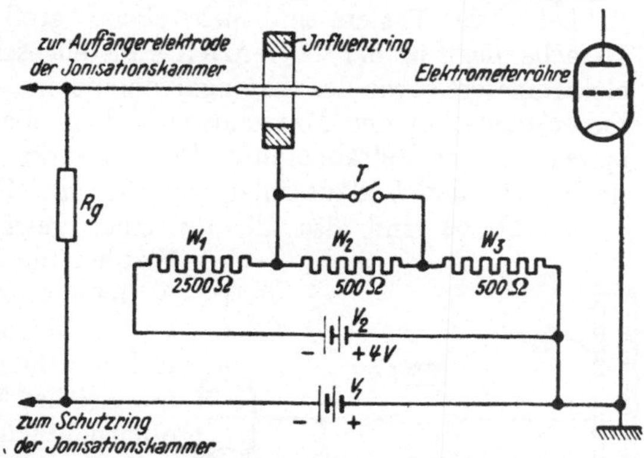

Abb. 96. Schaltschema zur Feststellung der Ladungsempfindlichkeit eines Röhrenelektrometers mittels Influenzladungen.

Stöpselwiderstand überbrückt. Wird der Taster T niedergedrückt, so
erfährt der Influenzring eine berechenbare Spannungsänderung. Sie beträgt bei der Schaltung nach Abb. 96

$$\Delta V = V_2 \frac{W_1 \cdot W_2}{(W_1 + W_2 + W_3)(W_1 + W_3)}. \tag{1}$$

Liegt der Influenzring zwischen den Teilwiderständen W_2 und W_3, so ist
die Spannungsänderung eine andere und die Formel lautet:

$$\Delta V = V_2 \frac{W_2 \cdot W_3}{(W_1 + W_2 + W_3)(W_1 + W_3)}. \tag{2}$$

[1] W. JENTSCHKE: S.-B. Akad. Wiss. Wien II a, **144**, 151 (1935).
[2] G. HOFFMANN: Physik. Z. **13**, 1029 (1912); Ann. Physik **42**, 1196 (1913);
52, 665 (1917). — H. ZIEGERT: Z. f. Physik **46**, 668 (1928).

Als Spannungsquelle für die Eichausschläge kann im übrigen auch der Gittervorspannungsakkummulator V_1 dienen (siehe Abb. 100).

Die auf das Steuergitter aufgebrachten Influenzladungen ergeben Ausschläge, die den von wirklichen Ladungen herrührenden völlig gleichen, mit der alleinigen Ausnahme, daß beim Schließen des Tasters die Eichausschläge nach der einen, beim Öffnen des Tasters jedoch nach der anderen Richtung gehen. Dies und der Umstand, daß die Eichladungen in regelmäßigen Zeitabständen auf das Gitter influenziert werden können, gibt die Unterscheidungsmöglichkeit gegenüber Ausschlägen z. B. von α-Strahlen. Da bei der Tasterbetätigung die Spannungsänderung des Influenzringes in einer so kurzen Zeit erfolgt, daß ihr gegenüber eine Zeitkonstante von der Größenordnung 1 Sekunde praktisch mehrere hundert Male so groß ist, erübrigt sich eine Korrektur bezüglich der Ladung, die während des Influenzierungsvorganges wieder abfließt. Dem Störhintergrund ist es zuzuschreiben, daß nicht alle Eichausschläge gleich groß gemessen werden. Es ist daher bei Präzisionsmessungen nötig, eine Ausschlagsgrößenstatistik über je etwa 100 Eichausschläge aufzustellen und das Mittel daraus zu bilden. Dieses gibt die wirkliche Ausschlagsgröße auf etwa 2 Promille genau wieder.[1] Die Ausschläge beim Schließen des Tasters sind nicht ebenso groß wie die beim Öffnen. Die Ursache liegt in der begrenzten Einstellgeschwindigkeit des Einfadenelektrometers sowie des Saitengalvanometers. Das Potential des Elektrometerfadens hat den Maximalwert schon überschritten und nimmt entsprechend der Zeitkonstante des Verstärkers ab, während der Faden noch nicht den Vollausschlag erreicht hat. Die registrierten Ausschläge nach Abb. 94 sind also alle um einen gewissen Prozentsatz zu klein. Werden die Eichladungen während der Aufnahme der Ausschläge von Korpuskularstrahlen auf das Gitter der ersten Röhre influenziert, so sind die Eichstöße mit gleicher Ausschlagsrichtung wie diese offensichtlich um denselben Prozentsatz verkürzt. Werden nur diese Eichstöße ausgemessen, so erhält man mithin die richtigen Werte für die Ionenmengen der Korpuskularstrahlen. Wird nun während des Zurückwanderns des Fadens in die Ruhelage ein Eichstoß in der entgegengesetzten Richtung wie vorhin influenziert, so vergrößert in diesem Falle das Nachhinken der Fadenbewegung hinter dem Fadenpotential den Ausschlag. Eichstöße dieser Richtung dürfen also nicht zur Berechnung der Ladungsempfindlichkeit des Röhrenelektrometers herangezogen werden. Um bei den Messungen die größte

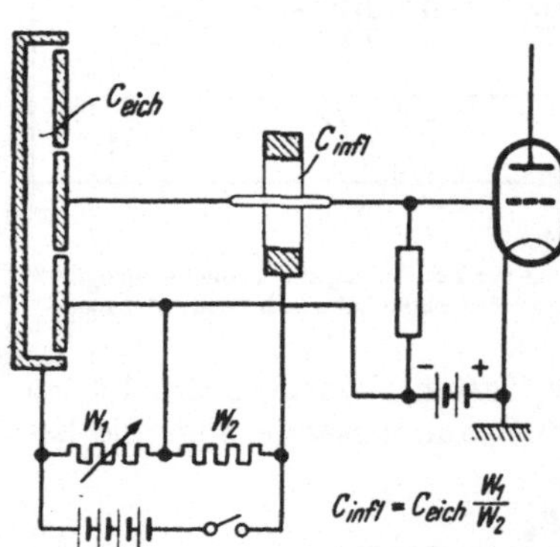

Abb. 97. Schaltschema für die Bestimmung des Influenzierungsfaktors eines Influenzringes durch Vergleich mit der Kapazität eines Schutzringkondensators.

---

[1] J. Schintlmeister und K. Lintner: S.-B. Akad. Wiss. Wien, Abt. IIa 148, 279 (1939).

Genauigkeit zu erreichen, wird man im übrigen die Größe der Eichausschläge ungefähr gleich den zu messenden Ausschlägen einstellen und sie während der eigentlichen Registrierung unter die aufzunehmenden Stöße mischen.

Es ist nun zwar die Spannungsänderung bekannt, die der Influenzring bei Betätigung des Tasters T erfährt. Um die Influenzladung zu kennen, muß jedoch die Teilkapazität (Influenzierungskapazität) zwischen dem Influenzierungsring und den mit dem Steuergitter verbundenen Leiterteilen bekannt sein. Die influenzierte Ladung Q ist dann gleich dem Produkt $Q = \Delta V \cdot C_{\mathrm{infl}}$. Die Influenzierungskapazität kann nun sehr genau durch Vergleich mit einem Kondensator bekannter Größe gemessen werden. Nach einer von G. HOFFMANN und H. ZIEGERT[1] entwickelten Methode, die auf G. LEBEDEW[2] zurückgeht, werden dabei über den bekannten Kondensator und über den zu bestimmenden Kondensator entgegengesetzt gleiche Ladungen auf ein mit dem Elektrometer verbundenes Leitersystem influenziert, so daß dieses bei dem Influenzierungsvorgang in Ruhe bleibt. Die Schaltung, die dies durchzuführen gestattet, ist in Abb. 97 wiedergegeben. $C_{\mathrm{eich.}}$ ist ein kleiner Schutzringkondensator, dessen Kapazität aus den Abmessungen genau berechenbar ist.[3] Wird der Schalter geschlossen, so erhalten die eine Platte des Eichkondensators und der Influenzring, die früher an gleicher Spannung lagen, nunmehr Spannungen, die sich so verhalten wie die Widerstände W_1 und W_2. Einer dieser Widerstände, z. B. W_1, wird nun solange verändert, bis das Röhrenelektrometer bei Betätigen des Schalters in Ruhe bleibt. Dann gilt offensichtlich

$$C_{\mathrm{eich.}} \cdot W_1 = C_{\mathrm{infl.}} \cdot W_2 \quad \text{oder} \quad C_{\mathrm{infl.}} = C_{\mathrm{eich.}} \frac{W_1}{W_2}. \tag{3}$$

Als Widerstand W_2 dient zweckmäßig ein Präzisionswiderstand von etwa 1000 Ohm und als Widerstand W_1 ein Dekaden-Kurbelwiderstand, bei dem aus der Stellung der Kurbeln der Widerstandswert abgelesen werden kann. Die Eichung des Influenzierungsringes ist nicht zuletzt wegen der großen Ladungsempfindlichkeit des Röhrenelektrometers auf etwa $1^0/_{00}$ genau, wenn $C_{\mathrm{eich.}}$ und $C_{\mathrm{infl.}}$ ungefähr gleich groß sind.

Steht kein Schutzringkondensator zum Kapazitätsvergleich zur Verfügung, sondern nur ein WULFscher Zylinderkondensator,[4] bei dem zwei koaxiale Zylinder durch eine Mikrometerschraube ineinander verschoben werden, so kann auch mit diesem der Influenzring geeicht werden. Bei einem Zylinderkondensator ist im allgemeinen nicht die jeweilige Kapazität bekannt, dagegen kann aus der Stellung der Mikrometerschraube mit großer Genauigkeit die Kapazitätsdifferenz zwischen zwei Einstellungen abgelesen werden, da die Randkorrekturen durch die

---

[1] H. ZIEGERT: Z. f. Physik 46, 668 (1928).

[2] G. LEBEDEW: Wied. Ann. 41, 289 (1891).

[3] Über die Konstruktion eines solchen Schutzringkondensators siehe z. B. J. SCHINTLMEISTER: S.-B. Akad. Wiss. Wien, Abt. II a 146, 371 (1937). — G. HOFFMANN: Physik. Z. 15, 360 (1914).

[4] TH. WULF: Physik. Z. 26, 353 (1925). — Siehe auch J. CLAY: Z. f. Physik 78, 250 (1932).

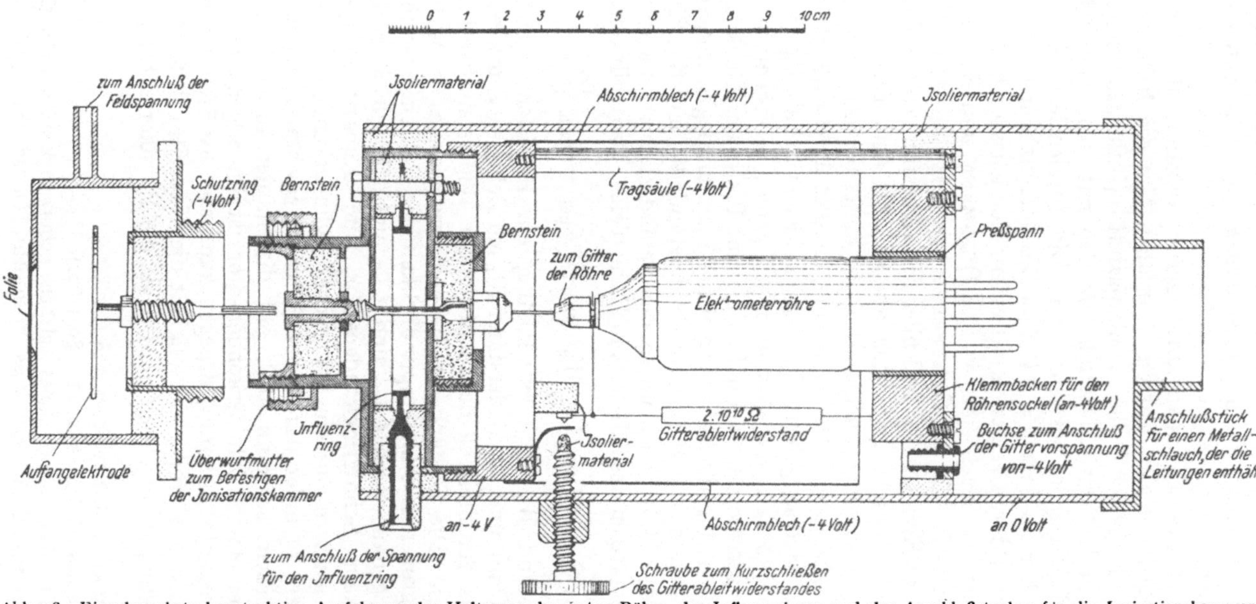

Abb. 98. Eine bewährte konstruktive Ausführung der Halterung der ersten Röhre, des Influenzringes und des Anschlußstuckes für die Ionisationskammer.

Streufelder beide Male gleich sind. Es wird dann zweimal geeicht. Einmal bei einer Kapazität $C'_{eich.}$ und einmal bei der Kapazität $C''_{eich.}$. Bekannt ist also deren Unterschied. Das eine Mal hat der Widerstand W_1 die Größe W_1', das andere Mal die Größe W_1''. Der Widerstand W_2 sei beide Male gleich. Es gilt dann wiederum wie früher:

$$\text{und} \qquad C'_{eich.} = C_{infl.} \frac{W_2}{W_1'} \quad \text{sowie} \quad C''_{eich.} = C_{infl.} \frac{W_2}{W_1''} \tag{4}$$

$$C'_{eich.} - C''_{eich.} = C_{infl.} \left(\frac{W_2}{W_1'} - \frac{W_2}{W_1''} \right) \tag{5}$$

$$\text{oder} \qquad C_{infl.} = \frac{(C'_{eich.} - C''_{eich.})}{W_2} \cdot \frac{W_1' \cdot W_1''}{(W_1'' - W_1')}. \tag{6}$$

Es ist nötig, für eine sehr stabile Bauart des Influenzringes zu sorgen, damit er über längere Zeiträume seinen Kapazitätswert nicht ändert. Besonders ist darauf zu achten, daß die Verbindungsleitung zwischen Elektrometerröhre und Ionisationskammer möglichst ihre Lage im Raume beibehält. Die Ionisationskammer und die Elektrometerröhre sind, schon um diese sehr störanfällige Leitung äußerst kurz zu halten, starr miteinander zu verbinden. Eine bewährte Konstruktion, die von J. SCHINTLMEISTER und G. URM[1] stammt, ist in Abb. 98 abgebildet. Die Verbindungsleitung ist ein Röhrchen, in das ein auf der Ionisationskammer festsitzender, geschlitzter Stift hineinpaßt und Kontakt gibt. Das Röhrchen ist in Bernstein gehaltert. Die feste Verbindung mit der Ionisationskammer stellt eine Überwurfmutter her. Das Gitter der Elektrometerröhre liegt an —4 Volt, das Gehäuse der Halterung ist geerdet. Zwischen der Gitterleitung und diesem Gehäuse besteht daher ein elektrisches Feld, das zwar schwach ist, aber bereits genügt, positive Ionen zur Gitterleitung hinzuführen. Eine geringe radioaktive Infektion der Werkstoffe ist immer vorhanden. α-Strahlen dieser „Verseuchung" geben trotz des schwachen Feldes deutlich erkennbare, störende Ausschläge. Um sie zu unterdrücken, gibt es zwei Wege: entweder wird das Innere des Gehäuses evakuiert, so daß keine Ionen entstehen können, oder die Elektrometerröhre samt der Gitterleitung wird, wie es Abb. 98 zeigt, mit einem Blech umgeben, das an —4 Volt gelegt wird, so daß kein elektrisches Feld zwischen diesem Abschirmblech und der Gitterleitung besteht.

β) *Bestimmung der Spannungsempfindlichkeit.* Für manche Zwecke ist es wichtig, neben der Ladungsempfindlichkeit des Röhrenelektrometers auch noch seine Spannungsempfindlichkeit zu kennen, z. B. wenn die Spannungsänderung der Auffängerelektrode auf eine andere Elektrode influenzierend wirkt wie beim Doppelröhrenelektrometer, oder wenn die Kapazität des Steuergitters samt der Auffängerelektrode bestimmt werden soll.

Zur Spannungseichung soll bei kurzgeschlossenem Gitterwiderstand die Gittervorspannung durch einen Tasterdruck um einen genau bekannten Betrag geändert werden können. Am einfachsten ge-

---

[1] Erstmals veröffentlicht in der 1. Auflage des vorliegenden Buches, S. 132.

schieht dies mit einer Schaltung nach Abb. 99. Die Gittervorspannungsbatterie U wird durch einen Präzisionsstöpselwiderstand überbrückt, der bei einer Abzapfung mit der Kathode der Röhre verbunden und damit geerdet wird. Wird nun ein Teil dieses Widerstandes durch einen Tasterdruck kurzgeschlossen, so ändert sich das Potential des Erdungspunktes und damit die Gittervorspannung in berechenbarer Weise. Mit der in Abb. 99 dargestellten Bezeichnungsweise wird:

$$\varDelta U_g = U \frac{W_1 \, \varDelta W_2}{(W_1 + W_2)(W_1 + W_2 - \varDelta W_2)}. \tag{7}$$

$\varDelta W_2$ ist dabei die Änderung des Widerstandes W_2 bei Betätigung des Tasters T. Man könnte natürlich die Erdungsanzapfung des Potentiometers so wählen, daß ein Kurzschließen des ganzen Widerstandsteiles W_2 die gewünschte Spannungsänderung liefert. Wenn man den Stöpselwiderstand zugleich auch für die Ladungseichung nach Abb. 96 be-

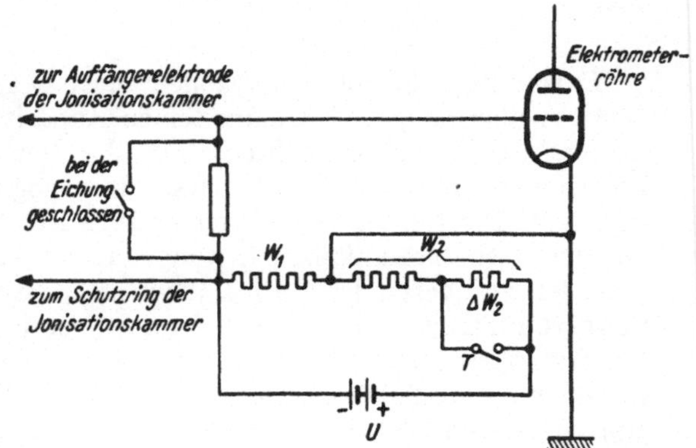

Abb. 99. Schaltschema zur Bestimmung der Spannungsempfindlichkeit eines Röhrenelektrometers mit großer Zeitkonstante.

nützen will, ist die Anzapfung jedoch vorgegeben. Bei der Ladungseichung ist das Ende des Widerstandes geerdet und der Gitterableit-

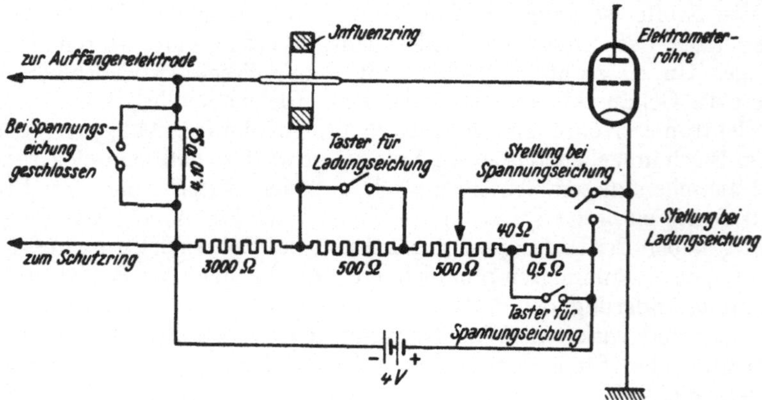

Abb. 100. Schaltschema für die wahlweise Bestimmung der Ladungs- oder Spannungsempfindlichkeit eines Röhrenelektrometers mit großer Zeitkonstante.

widerstand eingeschaltet. Bei Kurzschließen des Gitterableitwiderstandes ist dann die Gittervorspannung zunächst einmal um den Betrag des Spannungsabfalles des Gitterstromes positiver einzustellen, damit wiederum dieselbe tatsächliche Gittervorspannung wie früher herrscht. Diese Verstellung ins Positive geschieht aber durch passende Wahl der Anzapfung. Nur bei kleineren Gitterableitwiderständen oder besonders niedrigen Gitterströmen macht sich der Spannungsabfall am Gitterwiderstand nicht mehr geltend. Dann wird man natürlich den ganzen Widerstand W_2 kurzschließen und bei Betätigung der Ladungseichung kurzgeschlossen halten, damit deren Berechnung nach einfacheren Formeln erfolgen kann. Die endgültige Schaltung für Ladungs- und Spannungseichung mit einem einzigen Stöpselwiderstand und unter Benutzung des Akkumulators für die Gittervorspannung ist in Abb. 100 wiedergegeben.

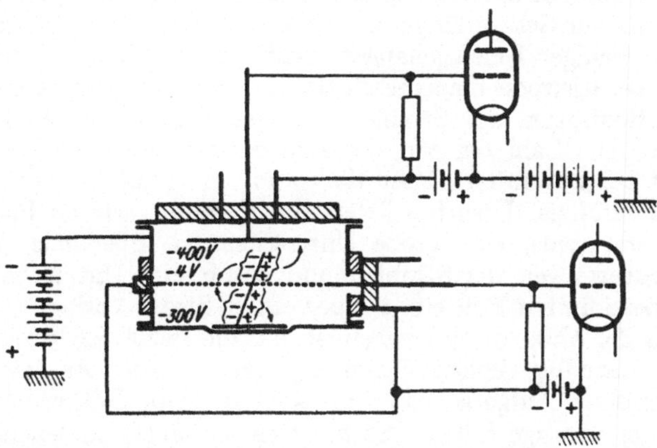

Abb. 101. Ionisationskammer mit zwei Elektroden zur Bestimmung der Richtung und zur Unterscheidung von α- und H-Strahlen. Beispiel für die Anwendung eines Doppelröhrenelektrometers.

Es ist weiter nicht störend, wenn der Stöpselwiderstand ohne Abschirmung aufgestellt wird. Auch die Leitungen zu den beiden Tastern können beliebig lange ohne Abschirmung verlegt werden, allerdings muß der Leitungswiderstand in Rechnung gesetzt werden. Störanfällig ist die Gitterleitung erst ab dem Gitterwiderstand. Es ist daher notwendig, diesen in die metallische Abschirmung der Röhre einzubeziehen.

c) Das Doppelröhrenelektrometer.[1] Für manche praktische Anwendungen in der Kernphysik ist es vorteilhaft, zwei Röhrenelektrometer zu verwenden, die, zusammen arbeiten und deren Ausschläge gleichzeitig auf ablaufendem Registrierpapier photographiert werden. Z. B. ist dies dann der Fall, wenn einem ionisierenden Strahl an zwei Stellen Ionen entnommen werden. Als Anwendungsbeispiel sei die Möglichkeit erwähnt, damit die Richtung des Strahles zu bestimmen.[2] Eine Ionisationskammer, wie sie in Abb. 101 dargestellt ist, enthält zwei Elektroden, die mit je einem Röhrenelektrometer verbunden sind. Die eine Elektrode ist gitterförmig

---

[1] G. STETTER und J. SCHINTLMEISTER: S.-B. Akad. Wiss. Wien, Abt. IIa 142, 427 (1933).

[2] J. SCHINTLMEISTER: Physik. Z. 39, 612 (1938); S.-B. Akad. Wiss. Wien, Abt. IIa 148, 263 (1939).

ausgebildet und unterteilt die Ionisationskammer in zwei Räume. Vom Boden des unteren Raumes aus treten die Strahlen in die Kammer. Der obere Raum wird durch die andere Elektrode, eine Kreisplatte, abgeschlossen. Die Spannungen an der Kammerwand und den Elektroden sind, wie die Abbildung zeigt, derart angelegt, daß die im oberen wie im unteren Raum erzeugten negativen Ionen sich an der die Ionisationskammer teilenden Elektrode niederschlagen, während die im unteren Teil erzeugten positiven Ionen an die Kammerwand wandern und somit unwirksam bleiben und die im oberen Teil erzeugten positiven Ionen an die Plattenelektrode gehen. Ein Strahl durchsetze den unteren Raum völlig und ende im oberen. Je mehr die Bahn dieses Strahles geneigt ist, um so kleiner ist das Stück im Verhältnis zur Gesamtlänge, mit dem er in die obere Kammer reicht und um so weniger Ionen gelangen somit an die Plattenelektrode. Die an der Gitterelektrode niedergeschlagenen negativen Ionen entsprechen der Gesamtionisation des Strahles und lassen damit dessen Reichweite bestimmen. Die Zahl der auf der Plattenelektrode niedergeschlagenen Ionen gibt bei bekannter Gesamtionisation ein Maß für den Austrittswinkel des Strahles. Überdies liefert die Kammer, wie im Prinzip jedes Zweikammersystems, eine grobe Unterscheidung über das spezifische Ionisierungsvermögen der Strahlen und damit eine Unterscheidung, ob in einem bestimmten Fall ein α- oder ein H-Strahl vorlag.[1]

Wie aus der Abb. 101 zu ersehen ist, hat die zweite Elektrometerröhre eine verhältnismäßig hohen Spannung gegen Erde. Es liegt nun die elektrotechnische Aufgabe vor, ein solches Doppelröhrenelektrometer betriebssicher auszugestalten. Es hat sich bewährt, in solchen Fällen Elektrometerröhre und zweite Stufe des zweiten Röhrenelektrometers als Ganzes an Spannung gegen Ende zu legen, z. B. indem der gemeinsame Heizakkumulator für diese Stufen über die Kammerspannungsbatterie an Erde gelegt wird. Durch entsprechende Wahl der Gittergegenspannung der III. Röhre wird dann erreicht, daß deren Kathode wiederum auf Erdpotential arbeiten kann. Selbst bei Kammerspannungen bis tausend Volt war bei Verwendung von Trockenbatterien dabei keine Verschlechterung des Störspiegels zu bemerken. Es muß nur die Gittergegenspannungsbatterie der III. Stufe abgeschirmt werden, da von ihr Influenzladungen durch Störspannungen nur über den Anodenwiderstand der zweiten Stufe abfließen können.

7. Das Röhrenelektrometer mit kleiner Zeitkonstante und Widerstands-Kapazitätskopplung.

a) Die Wahl der Kopplungselemente. So sehr auch das Röhrenelektrometer mit großer Zeitkonstante seine Vorzüge als Präzisionsmeßinstrument besitzt, so führt doch die Möglichkeit der Überlagerung

---

[1] Andere Anwendungen des Doppelröhrenelektrometers z. B. bei W. Jentschke: Physik. Z. **21**, 276 (1940. — J. Schintlmeister und E. Föyn: S.-B. Akad. Wiss. Wien, Abt. II a **144**, 409 (1935). — G. Stetter und W. Jentschke: Physik. Z. **39**, 441 (1935).

mehrerer Ladungsstöße zu Unzukömmlichkeiten. Bei einer größeren Häufigkeit von Stößen, etwa zwei bis drei in der Sekunde, wandert der Faden des Registrierinstruments allzuoft aus dem Gesichtsfelde, wenn die zeitliche Verteilung unregelmäßig ist. Außerdem ist das Röhrenelektrometer mit großer Zeitkonstante nicht mehr benutzbar, wenn neben den zu registrierenden Strahlen schwerer Teilchen noch eine durchdringende Strahlung (β- und γ-Strahlung) vorhanden ist. Jedes einzelne, die Ionisationskammer durchsetzende β-Teilchen erzeugt eine sehr kleine Ionenmenge, die für sich allein unter die Nachweisgrenze des Röhrenelektrometers fallen würde. Gelangen jedoch neue β-Teilchen in die Ionisationskammer, bevor die Ladung des früheren abgeflossen ist, so überlagern sich die einzelnen Ionisationswirkungen und geben, da die zeitliche Dichte der β-Strahlen gemäß Wahrscheinlichkeitsgesetzen schwankt, einen sehr unruhigen Störuntergrund, von dem sich gar bald die Ladungsstöße der einzelnen schweren Teilchen nicht mehr abheben. Ähnlich liegen die Verhältnisse, wenn durch besonderen Bau der Ionisationskammer die Ionisation einzelner α-Strahlen kompensiert werden soll und diese Kompensation nicht restlos durchführbar ist.[1]

Allen diesen Übelständen kann man nur begegnen durch saubere Trennung der einzelnen Stöße, also durch genügend kleine Zeitkonstanten. Wenn nun ohnedies nur kurzzeitige Spannungsstöße verstärkt werden sollen, ist es nicht empfehlenswert, mit einem Gleichspannungsverstärker zu arbeiten, sondern es ist besser, eine der üblichen „Niederfrequenz"-Verstärkerschaltungen zu wählen, bei denen die Anodenruhespannung vom Gitter der Folgeröhre ferngehalten wird. Man umgeht so die Einstellschwierigkeiten eines Gleichspannungsverstärkers und ist damit in der Zahl der Verstärkerstufen nicht beschränkt. Bei den meisten in der Literatur beschriebenen Röhrenelektrometern mit kleiner Zeitkonstante wird dabei die Widerstands-Kapazitätskopplung angewendet, deren Prinzipschaltung Abb. 102 darstellt. Es ist nun zunächst die Frage zu beantworten, wie groß sollen in einem gegebenen Fall Kopplungskondensatoren und Widerstände gewählt werden, damit die stoßweise Aufladung des Gitters der ersten Röhre wirklich proportional verstärkt wird und daß noch dazu der Ausschlag am Registrierinstrument möglichst unabhängig von der Zeitdauer des Spannungsstoßes, also unabhängig von der Aufladezeit wird? Wie aus den folgenden Ausführungen hervorgeht, wäre es völlig verfehlt, etwa folgendermaßen vorzugehen: Angenommen, die Zeitkonstante der ersten Stufe

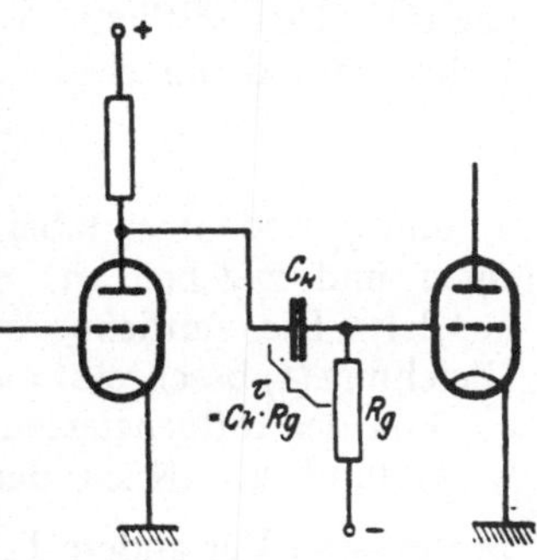

Abb. 102. Widerstands-Kapazitätsgekoppelte Verstärkerstufe. Kopplungskondensator C_k und Gitterableitwiderstand R_g geben miteinander multipliziert die Zeitkonstante τ des Gitterkreises.

[1] Differentialionisationskammer nach E. RUTHERFORD, F. A. B. WARD und C. E. WYNN-WILLIAMS: Proc. Roy. Soc., Lond. (A) **129**, 211 (1930). — Siehe auch J. SCHINTLMEISTER: S.-B. Akad. Wiss. Wien, Abt. IIa **147**, 161 (1938).

beträgt 10^{-4} Sekunden, dann setzen wir näherungsweise die Zeitdauer eines Spannungsimpulses (in der Elektrotechnik werden kurzdauernde Strom- oder Spannungsstöße abweichend von der Terminologie in der Physik als „Impulse" bezeichnet) dieser Zeit gleich und fassen den Impuls als Halbwelle einer Schwingung von $2 \cdot 10^4$ Hz auf. Den Verstärker berechnen wir dann so, daß er für Schwingungen dieser Frequenz annähernd „frequenzunabhängig" ist.[1]

Ein „Impulsverstärker" darf nicht in Analogie zu einem Verstärker für Schwingungen gesetzt werden, es ist vielmehr nötig, von Verstärkerstufe zu Verstärkerstufe die Formänderung des Spannungsimpulses zu verfolgen, wie dies G. ORTNER und G. STETTER[2] in ihren grundlegenden Arbeiten getan haben.

Um die Differentialgleichung für die Verstärkung eines Spannungsimpulses bei Widerstands-Kapazitätskopplung zu erhalten, überlegen wir folgendes: Bei rein OHMschem Außenwiderstand einer Verstärkerröhre ist der Spannungsverlauf an der Anode ein formgetreues Abbild des Spannungsverlaufes am Gitter der Röhre, nur daß eben die Spannungsänderungen um den Faktor der Spannungsverstärkung V_u vergrößert und dem Vorzeichen nach umgekehrt sind. Eine Spannungsänderung der Anode bedeutet, daß auch die Spannung an der einen Belegung des Kopplungskondensators C_k geändert wird. Dies hat zur Folge, daß auf der anderen Belegung des Kondensators eine Influenzladung entsteht, deren Größe gleich ist dem Produkt aus der Spannungsänderung der Anode mal der Kopplungskapazität. Die zeitliche Änderung der Ladung am Gitter der zweiten Röhre wird demnach durch die Gleichung beschrieben:

$$\frac{d\,q_2}{d\,t} = -\,\frac{d\,u_1}{d\,t}\,V_{u_1}C_{k_2}. \tag{I}$$

u_1 und q_2 bedeuten dabei Spannung und Ladung am Gitter. Die Indizes 1 und 2 geben an, ob es sich um die erste oder zweite Röhre handelt. Die zeitliche Änderung einer Ladung bedeutet einen Strom. Gleichung (I) beschreibt also den Ladestrom des Gitters der zweiten Röhre.

Von der influenzierten Ladung fließt nun ein Teil über den Gitterwiderstand ab. Nach dem OHMschen Gesetz beträgt der abfließende Strom $\frac{u_2}{R_{g_2}}$. Der andere Teil der Ladung verbleibt am Gitter und ändert dessen Spannung gemäß dessen Kapazität. Die zeitliche Veränderung der am Gitter sitzenden Ladung ist dabei $\frac{d\,u_2}{d\,t}\,C_{g_2}$. Die Kapazität des Gitters C_{g_2} setzt sich nun aus zwei Teilen zusammen. Nämlich aus der Kapazität des Kopplungskondensators C_{k_2} und der Kapazität des Steuergitters und der mit ihm verbundenen Leiterteile gegen die Um-

---

[1] Auch die Anwendung von Fourier-Reihen, dies haben E. A. JOHNSON und A. G. JOHNSON: Phys. Rev. 50, 170 (1936) durchgeführt, gibt kein richtiges Bild vom Verstärkungsvorgang kurzer Impulse.

[2] G. ORTNER und G. STETTER: S.-B. Akad. Wiss. Wien, Abt. II a 137, 667 (1928); 142, 485 (1933).

gebung, die wir mit C_{g_2}' bezeichnen wollen, es ist also $C_{g_2} = C_{k_2} + C_{g_2}'$. Die Summe der jeweilig in der kleinen Zeit dt abfließenden Ladung und der verbleibenden Ladung muß offensichtlich gleich sein der Ladung, die gemäß Gleichung (1) über den Kopplungskondensator C_{k_2} auf das Gitter der zweiten Röhre influenziert wird, so daß also gilt:

$$ -\frac{du_1}{dt} V_{u_1} C_{k_2} = \frac{u_2}{R_{g_2}} + \frac{du_2}{dt} (C_{k_2} + C_{g_2}'). \tag{2} $$

Diese Differentialgleichung ist nun nach u_2 aufzulösen, um den Spannungsverlauf am Gitter der zweiten Röhre zu finden. C_{g_2}' ist meist klein gegen den Kopplungskondensator C_{k_2} und soll daher gegen diesen weiterhin vernachlässigt werden. Dividieren wir noch durch C_{k_2} und setzen für das Produkt $C_{k_2} R_{g_2}$, das die Zeitkonstante des Gitterkreises der zweiten Röhre darstellt, das Zeichen τ_2, so erhält die Differentialgleichung das Aussehen:

$$ \frac{du_2}{dt} + \frac{u_2}{\tau_2} + V_{u_1} \frac{du_1}{dt} = 0. \tag{3} $$

Es liegt also eine Differentialgleichung der Form

$$ \frac{dy}{dx} + ay + f(x) = 0 \tag{4} $$

vor, deren allgemeine Lösung lautet:

$$ y = e^{-ax}\left(A - \int f(x)\, e^{ax}\, dx\right). \tag{5} $$

Für den Verlauf der Spannung u_1 am Gitter der ersten Röhre während der Dauer der Aufladung, also für die Zeit zwischen $t = 0$ und $t = T$, fanden wir [S. 109, Gleichung (9)]:

$$ u_1 = \frac{Q}{C_{g_1}} \cdot \frac{\tau_1}{T}\left(1 - e^{-\frac{t}{\tau_1}}\right), \tag{6} $$

wobei τ_1 die Zeitkonstante des Gitters der ersten Röhre bedeutet. Dies eingesetzt, gibt als Lösung der Differentialgleichung für den Spannungsverlauf am Gitter der zweiten Röhre für die Zeitdauer der Aufladung $(0 \leqq t \leqq T)$:

$$ u_2 = -\frac{Q V_{u_1}}{C_{g_1} T} \cdot \frac{\tau_1 \tau_2}{(\tau_2 - \tau_1)}\left(e^{-\frac{t}{\tau_2}} - e^{-\frac{t}{\tau_1}}\right). \tag{7} $$

Für die Zeit der Entladung, also für $t \geqq T$, erhielten wir [S. 109, Gleichung (16)]:

$$ u_1 = \frac{Q}{C_{g_1}} \cdot \frac{\tau_1}{T}\left(e^{\frac{T}{\tau_1}} - 1\right)e^{-\frac{t}{\tau_1}}. \tag{8} $$

Setzen wir nunmehr diesen Ausdruck in die Differentialgleichung ein, so erhält man als Lösung für den Spannungsverlauf am Gitter der zweiten Röhre für die Entladungszeit $t \geqq T$:

$$ u_2 = -\frac{Q V_{u_1}}{C_{g_1} T} \cdot \frac{\tau_1 \tau_2}{(\tau_2 - \tau_1)}\left[\left(e^{\frac{T}{\tau_1}} - 1\right)e^{-\frac{t}{\tau_1}} - \left(e^{\frac{T}{\tau_2}} - 1\right)e^{-\frac{t}{\tau_2}}\right]. \tag{9} $$

Die Integrationskonstante A der Gleichung (5) wurde dabei für die während der Aufladezeit geltenden Formel (7) aus der Bedingung bestimmt, daß zur Zeit $t = 0$ auch $u_2 = 0$ ist. Für die während der Entladungszeit $t > T$ gültigen Formel (9) wird die Integrationskonstante durch die Überlegung erhalten, daß die Spannung u_2 zur Zeit $t = T$ denselben Wert haben muß, der sich auch aus der für die Aufladezeit gültigen Formel errechnet, wenn man in dieser $t = T$ setzt.

Die Differentialgleichung (3) liefert auch den Spannungsverlauf am Gitter der dritten Röhre, wenn statt u_1 die Spannung u_2 gemäß den Gleichungen (7) und (9) eingesetzt, statt u_2 das Zeichen u_3 und τ_4 statt τ_2 geschrieben wird. Die Ausrechnung ergibt dann für die Aufladezeit $t < T$ den Ausdruck:

$$u_3 = \frac{Q\,V_{u_1}\,V_{u_2}}{C_{g_1}\,T} \cdot \frac{\tau_1\,\tau_2\,\tau_3}{(\tau_2 - \tau_1)} \left[\frac{(\tau_1 - \tau_2)}{(\tau_2 - \tau_3)(\tau_1 - \tau_3)}\, e^{-\frac{t}{\tau_3}} - \frac{e^{-\frac{t}{\tau_2}}}{(\tau_2 - \tau_3)} + \frac{e^{-\frac{t}{\tau_1}}}{(\tau_1 - \tau_3)} \right] \tag{10}$$

und für die Entladezeit $t > T$ den Ausdruck:

$$u_3 = \frac{Q\,V_{u_1}\,V_{u_2}}{C_{g_1}\cdot T} \cdot \frac{\tau_1\,\tau_2\,\tau_3}{(\tau_2 - \tau_1)} \left[\frac{(\tau_2 - \tau_1)\left(e^{\frac{T}{\tau_3}} - 1\right)}{(\tau_2 - \tau_3)(\tau_1 - \tau_3)}\, e^{-\frac{t}{\tau_3}} + \frac{\left(e^{\frac{T}{\tau_2}} - 1\right)}{(\tau_2 - \tau_3)}\, e^{-\frac{t}{\tau_2}} - \frac{\left(e^{\frac{T}{\tau_1}} - 1\right)}{(\tau_1 - \tau_3)}\, e^{-\frac{t}{\tau_1}} \right] \tag{11}$$

Diese Gleichungen vereinfachen sich, wenn die Zeitkonstante der dritten Stufe dieselbe ist wie die der zweiten, und zwar erhalten sie die Form:

Für die Aufladezeit $t < T$:

$$u_3 = \frac{Q\,V_{u_1}\,V_{u_2}}{C_{g_1}\,T} \cdot \frac{\tau_1\,\tau_2}{(\tau_2 - \tau_1)} \left[\frac{\tau_2}{\tau_2 - \tau_1}\left(e^{-\frac{t}{\tau_2}} - e^{-\frac{t}{\tau_1}}\right) - \frac{t}{\tau_2}\, e^{-\frac{t}{\tau_2}} \right] \tag{12}$$

und für die Entladezeit $t > T$:

$$u_3 = \frac{Q\,V_{u_1}\,V_{u_2}}{C_{g_1}\,T} \cdot \frac{\tau_1\,\tau_2}{(\tau_2 - \tau_1)} \left[\frac{\tau_2}{\tau_2 - \tau_1}\left(e^{\frac{T}{\tau_1}} - 1\right) e^{-\frac{t}{\tau_1}} - \frac{\tau_2}{\tau_2 - \tau_1}\left(e^{\frac{T}{\tau_2}} - 1\right) e^{-\frac{t}{\tau_2}} + \frac{t}{\tau_2}\left(e^{\frac{T}{\tau_2}} - 1\right) e^{-\frac{t}{\tau_2}} - \frac{T}{\tau_2}\, e^{-\frac{(t-T)}{\tau_2}} \right]. \tag{13}$$

In analoger Weise kann man fortfahren und durch Einsetzen dieser Ausdrücke in die Differentialgleichung (3) auch den Spannungsverlauf am Gitter einer vierten und fünften Stufe berechnen. Für die Erkenntnis der Vorgänge, die bei der Verstärkung eines Spannungsstoßes mit widerstands-kapazitätsgekoppelten Verstärkerröhren sich abspielen, reicht es jedoch aus, den Spannungsverlauf am Gitter der zweiten und dritten Stufe zu diskutieren.

Abb. 103 stellt den nach den Formeln errechneten Spannungsverlauf am Gitter der ersten, zweiten und dritten Stufe dar. Dabei wurden folgende Werte benutzt: Aufladezeit $T = 2 \cdot 10^{-4}$ Sekunden, Zeitkonstante $\tau_1 = 1 \cdot 10^{-3}$ Sekunden, $\tau_2 = 2 \cdot 10^{-3}$ Sekunden und $\tau_3 = 5 \cdot 10^{-4}$ Sekunden. Diese Werte wurden absichtlich nicht praktischen Bedürfnissen angeglichen, sondern so gewählt, daß die Abänderungen der ur

sprünglichen Kurvenform besonders deutlich hervortreten. Der Faktor
der Spannungsverstärkung jeder Stufe wurde gleich 1 und die Spannung,
die am ersten Gitter ohne Ableitung auftreten würde, gleich 100 gesetzt.

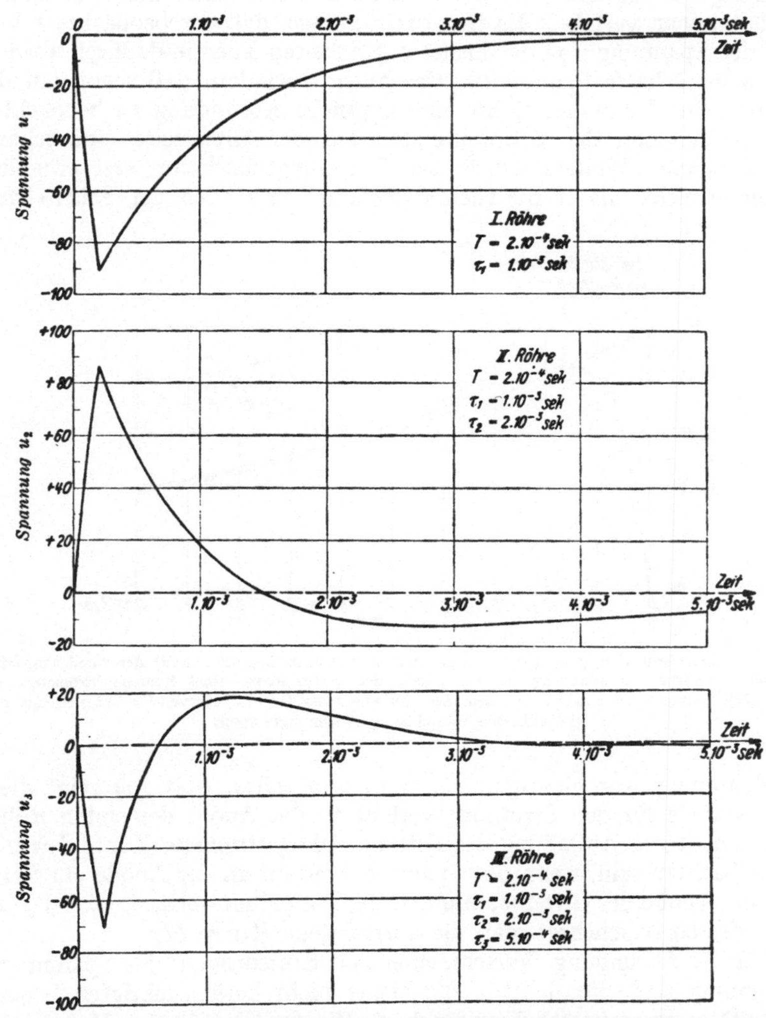

Abb. 103. Unter vereinfachenden Annahmen berechneter Verlauf der Spannung am Gitter der ersten, zweiten
und dritten Röhre eines Röhrenelektrometers mit kleiner Zeitkonstante und Widerstands-Kapazitätskopplung,
bei kurz dauernder Aufladung. T = Aufladezeit, τ_1, τ_2, τ_3 = Zeitkonstanten im Gitterkreis der ersten, zweiten
und dritten Röhre.

Ob dieser von G. ORTNER und G. STETTER berechnete Spannungsverlauf auch experimentell zu beobachten ist, wurde von W. JENTSCHKE,
J. SCHINTLMEISTER und F. HAWLICZEK[1] geprüft. Durch Schließen des

---

[1] Veröffentlicht in der 1. Auflage des vorliegenden Buches, S. 140.

Kontakts einer Quecksilberschaltröhre, später auch durch ein Thyratron-Kippgerät äußerst rasch auf das Gitter der Eingangsröhre influenzierte Ladungen, sowie auch die Ladungsstöße von α-Strahlen wurden in ihrer Wirkung auf die einzelnen Verstärkerstufen mit einem Kathodenstrahloszillographen verfolgt. Es trat dabei zutage, daß der beobachtete Verlauf der Spannung von der bisher entwickelten Theorie dadurch abwich, daß keine scharfe Spannungsspitze auftrat, sondern daß schon auf der Anodenseite der ersten Röhre eine deutliche Abrundung zu beobachten war, auch wenn der Spannungsstoß auf der Gitterseite eine scharfe Spitze zeigte. Weiters wurde das Spannungsmaximum erst erheblich später erreicht, als es die Theorie forderte, und auch der Scheitelwert

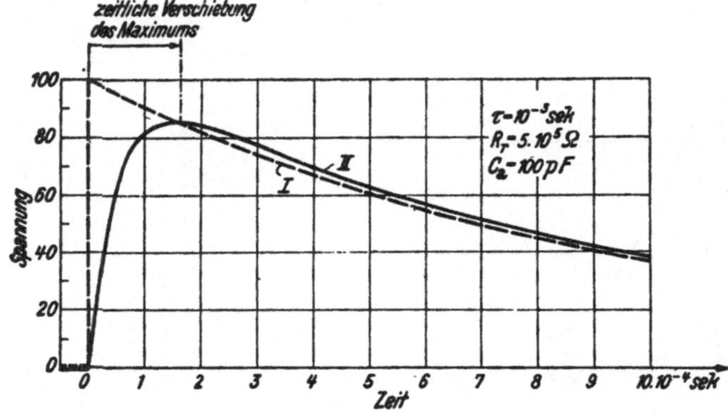

Abb. 104. Ohne Berücksichtigung (Kurve *I*) und mit Berücksichtigung (Kurve *II*) der Anodenkapazität berechneter Verlauf der Spannung an der Anode der ersten Röhre eines Röhrenelektrometers mit kleiner Zeitkonstante bei praktisch momentaner Aufladung des Gitters. Kurve *II* deckt sich mit dem beobachteten tatsächlichen Spannungsverlauf.

der Spannung war niedriger, als er es sein sollte. Abb. 104 zeigt diese Unterschiede für den Spannungsverlauf an der Anode der ersten Röhre bei momentaner Aufladung des Gitters. Die gestrichelte Kurve *I* würde zu beobachten sein, wenn der Spannungsverlauf an der Anode ein formgetreues Abbild der Gitterspannung wäre, also gelten würde $u_a = - V_u \cdot u_g$. Statt dessen beobachtet man die ausgezogene Kurve *II*.

Für die Abrundung, Verschiebung und Erniedrigung des Spannungsmaximums sind offensichtlich die bisher nicht berücksichtigten Schaltkapazitäten verantwortlich zu machen. Werden diese in eine Kopplungsstufe des Verstärkers gestrichelt eingezeichnet, so erhält man das in Abb. 105 dargestellte Schaltschema.

Da es sich nur um Änderungen der Spannung handelt, können wir uns die Röhre ersetzt denken durch einen OHMschen Widerstand von der Größe R_i des inneren Widerstandes der Röhre und einen Generator ohne inneren Widerstand in Reihe dazu, der die elektromotorische Kraft $- \dfrac{u_g}{D}$ liefert. Wir gelangen so zu dem Ersatzschema der Abb. 106.

Man sieht aus ihm sofort, daß der zeitliche Verlauf der Spannung u_a, das ist die Spannung, die tatsächlich an der Anode jeweils liegt, nicht übereinstimmen kann mit dem zeitlichen Verlauf der elektromotorischen Kraft. Über die Widerstände R_i und R_a werden nämlich Kapazitäten aufgeladen, der Spannungsanstieg von u_a erfolgt also allmählich.

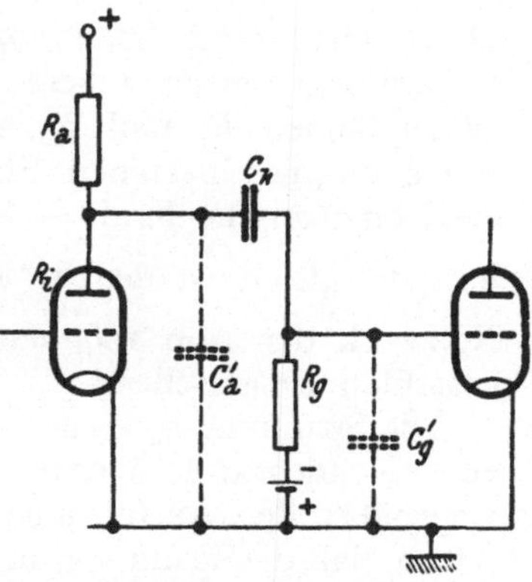

Abb. 105. Widerstands-kapazitätsgekoppelte Verstärkerstufe mit der Anoden- und Gitterkapazität C_a' und C_g'.

Ist der Gitterwiderstand R_g gleich Null, so ist C_g' kurzgeschlossen, die Kapazitäten C_a' und C_k liegen parallel und ergeben eine resultierende wirksame Anodenkapazität C_a, die gleich der Summe dieser Kapazitäten ist. Nehmen wir aber den anderen Fall, daß R_g unendlich groß ist, so sind die Kapazitäten C_k und C_g' hintereinandergeschaltet. Der Kopplungskondensator C_k ist wohl immer erheblich größer als die in Reihe geschaltete Gitterkapazität C_g'. Die resultierende wirksame Anodenkapazität C_a ist daher annähernd die Summe von C_g' und C_a'. Hat nun der Gitterwiderstand R_g eine bestimmte Größe, so wird man einen Wert für die wirksame Anodenkapazität C_a festsetzen können, der zwischen diesen beiden Grenzfällen liegt. Diese vereinfachende Betrachtungsweise läßt zwar den Einfluß des Zeitkonstantengliedes $C_g'R_g$ auf den Verlauf der Spannung u_a unberücksichtigt. Wegen der Kleinheit von C_g' ist jedoch diese Zeitkonstante sehr klein, und ihre Rückwirkung auf die Anoden-

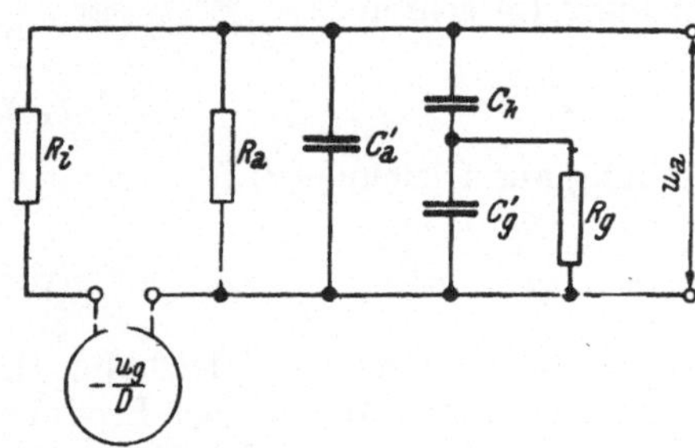

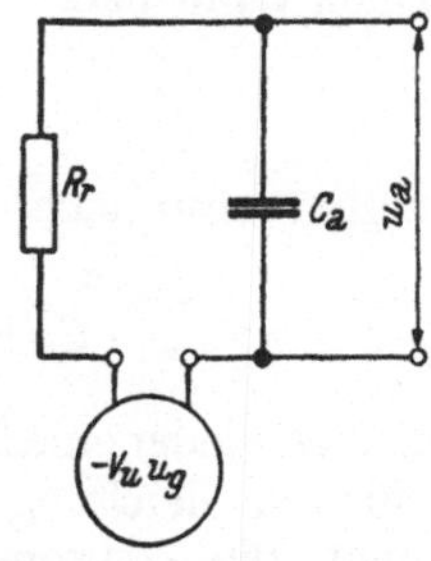

Abb. 106. Ersatzschema für die Schaltung der Abb. 105.   Abb. 107. Ersatzschema der Abb. 106 vereinfacht.

spannung u_a ist daher auch sehr gering, so daß man trotz der Vereinfachung ein praktisch völlig befriedigendes Ergebnis erhält.

Wie aus dem Ersatzschema der Abb. 106 hervorgeht, bilden die Widerstände R_i und R_a zusammen mit dem Generator $-\dfrac{u_g}{D}$ einen geschlossenen Stromkreis. Der Spannungsabfall am Widerstand R_a beträgt

$$-\frac{u_g}{D} \cdot \frac{R_a}{R_a + R_i} = -V_u \cdot u_g,$$

wie der Abb. 106 und den Formeln für den Verstärkungsvorgang auf S. 13 zu entnehmen ist. Genau so groß ist auch die Summe aus dem Spannungsabfall am Widerstand R_i und der elektromotorischen Kraft $-\frac{u_g}{D}$. Nach außen hin, also auf die Kapazitäten, wirkt diese Spannung $-V_u \cdot u_g$ wie die Leerlaufspannung eines Generators, dessen innerer Widerstand aus den parallelgeschalteten Widerständen R_i und R_a zusammengesetzt ist. Wir können also an Stelle des geschlossenen Stromkreises einen Generator setzen, dessen elektromotorische Kraft $-V_u \cdot u_g$ ist und der einen inneren Widerstand hat, der gleich ist dem resultierenden Widerstand $R_r = \frac{R_a \cdot R_i}{R_a + R_i}$. Das Netzwerk der Abb. 106 vereinfacht sich so zu dem in Abb. 107 dargestellten Ersatzschema.

Die Spannung u_a kann nunmehr nach den Formeln für die Aufladung eines Kondensators über einen OHMschen Widerstand berechnet werden. Gegenüber den Ausführungen auf S. 106 besteht allerdings der Unterschied, daß die Spannung, mit der aufgeladen wird, nicht konstant bleibt, sondern eine Funktion der Zeit ist, da $-V_u \cdot u_g$ zeitlich veränderlich ist. Mit den gleichen Überlegungen, die zu Gleichung (10) der S. 106 führten, findet man für die dem Kondensator C_a jeweils zufließende Ladung dq

$$dq = C_a \cdot du_a = \frac{-V_u \cdot u_g - u_a}{R_r}\, dt. \tag{14}$$

Für u_g hätten wir nun die Formeln (6) und (8) für die Aufladung und Entladung des Gitters der Röhre einzusetzen. Um die Betrachtungen zu vereinfachen, wollen wir annehmen, daß die Aufladung momentan erfolgt, und zwar mit einer negativen Ladung, und daß die Ladung nach einer einfachen Kondensatorentladung mit der Zeitkonstante τ abfließt. Wir können dann nach S. 105, Gleichung (9) schreiben:

$$-V_u \cdot u_g = U_0\, e^{-\frac{t}{\tau}} \tag{15}$$

und erhalten dann nach einer Umstellung aus Gleichung (14)

$$C_a R_r \frac{du_a}{dt} + u_a - U_0\, e^{-\frac{t}{\tau}} = 0. \tag{16}$$

Es ist dies wieder eine Differentialgleichung der Form von Gleichung (4), S. 149, für die Gleichung (5) die allgemeine Lösung angibt. Das Produkt $C_a R_r$ stellt die Zeitkonstante des Anodenkreises der Röhre dar. Wir wollen es mit dem Symbol τ_a bezeichnen. Die Lösung von Gleichung (16) lautet dann:

$$u_a = e^{-\frac{t}{\tau_a}}\left(A + \int \frac{U_0}{\tau_a}\, e^{t\left(\frac{1}{\tau_a} - \frac{1}{\tau}\right)t} \cdot dt\right) \tag{17}$$

oder nach Durchführung der Integration:

$$u_a = A'\, e^{-\frac{t}{\tau_a}} + U_0 \frac{\tau}{\tau - \tau_a}\, e^{-\frac{t}{\tau}}. \tag{18}$$

Die dabei auftretende Integrationskonstante ist mit der schon vorhandenen A zu der neuen Konstanten A' vereinigt worden. Um ihren

Wert zu erhalten, überlegen wir, daß zur Zeit $t = 0$ auch $u_a = 0$ ist. Damit gewinnen wir die Gleichung

$$A' = - U_0 \frac{\tau}{\tau - \tau_a}. \tag{19}$$

Die endgültige Lösung der Differentialgleichung (16) lautet somit:

$$u_a = U_0 \frac{\tau}{\tau - \tau_a} \left(e^{-\frac{t}{\tau}} - e^{-\frac{t}{\tau_a}} \right). \tag{20}$$

Sie liefert mit bestimmten Werten für τ und τ_a die in Abb. 104 wiedergegebene Kurve *II* für den Verlauf der Spannung an der Anode, der sich mit dem experimentell gefundenen Kurvenverlauf deckt, wenn C_a passend gewählt wird.

Um die Zeit t_{max} zu finden, um die das Spannungsmaximum verschoben ist, hat man bekanntlich $\frac{d u_a}{d t} = 0$ zu setzen. Dies ausgeführt, gibt:

$$\frac{d u_a}{dt} = 0 = U_0 \frac{\tau}{\tau - \tau_a} \left(-\frac{1}{\tau} e^{-\frac{t_{\mathrm{max}}}{\tau}} + \frac{1}{\tau_a} e^{-\frac{t_{\mathrm{max}}}{\tau_a}} \right). \tag{21}$$

Die Gleichung ist erfüllt, wenn der Klammerausdruck auf der rechten Seite Null wird, also wenn gilt

$$e^{t_{\mathrm{max}} \left(\frac{1}{\tau} - \frac{1}{\tau_a} \right)} = \frac{\tau_a}{\tau}. \tag{22}$$

Daraus findet man schließlich

$$t_{\mathrm{max}} = \frac{\log \mathrm{nat} \frac{\tau_a}{\tau}}{\frac{1}{\tau} - \frac{1}{\tau_a}}. \tag{23}$$

Um den Scheitelwert der Spannung zu berechnen, hat man mit dem Ausdruck für t_{max} in die Gleichung (20) zu gehen und erhält dann:

$$u_{a\,\mathrm{max}} = U_0 \frac{\tau^2}{(\tau - \tau_a)\,\tau_a} \cdot e^{\frac{1}{\tau_a - \tau}} (e^{\tau_a} - e^{\tau}). \tag{24}$$

An dieser Gleichung ist bemerkenswert, daß der Scheitelwert der Spannung proportional der Spannung U_0 ist und daß er von den Zeitkonstanten, insbesondere von τ, exponentiell abhängt. Je größer τ bei gleichgehaltener Anodenzeitkonstante τ_a gewählt wird, um so später tritt das Spannungsmaximum auf und um so höher wird es. Dies geht nicht bloß aus den Gleichungen (23) und (24), sondern auch aus rein qualitativen Überlegungen schon hervor. Man hat hier die Erklärung für die schon längst bekannte Tatsache, daß der Verstärkungsfaktor auch für sehr kurzzeitige Spannungsstöße abhängig ist von der Zeitkonstante der Kopplungselemente. Hält man τ fest und vergrößert dafür τ_a, so wird ebenfalls die zeitliche Verschiebung des Spannungsmaximums größer, die erreichte Scheitelspannung wird jedoch zum Unterschied vom vorhergehenden Fall kleiner.

Die Anodenzeitkonstante τ_a ist das Produkt aus C_a und R_r. Wie schon erwähnt, ist C_a abhängig von der Größe des Gitterwiderstandes R_g.

Es ergibt sich so die Aufklärung für den experimentell leicht festzustellenden Befund, daß es nicht gleichgültig ist, wie groß bei gegebener Zeitkonstante des Gitterkreises $C_k R_g$ die Werte für die Kapazität und den Widerstand gewählt werden. Die kleinste zeitliche Verschiebung und die größte Höhe des Spannungsmaximums erhält man, wenn R_g möglichst groß und C_k dafür entsprechend klein gewählt wird, denn dann hat auch C_a den kleinsten Wert. Allerdings ist darauf zu achten, daß die Kopplungskapazität C_k noch groß gegen die Kapazität $C_g{}'$ des Gitters bleibt.

Um den Spannungsverlauf am Gitter der zweiten Röhre zu finden, das sind also die Spannungsänderungen, die am Widerstand R_g der Abb. 106 auftreten, müßte man mit Gleichung (20) die Differentialgleichung (2) auswerten. Auf gleiche Weise wie die Gleichungen (10) und (11) gefunden wurden, kann man dann durch Wiederholung des Schrittes auch den Spannungsverlauf am Gitter der dritten Röhre berechnen. Man erhält damit aber nichts Neues, was über die Formeln von G. ORTNER und G. STETTER hinausgeht, denn die mit dem Kathodenstrahloszillographen aufgenommenen Spannungskurven stimmen — abgesehen von dem Anfangsteil — gut mit den berechneten Kurven überein, wie sie in Abb. 103 wiedergegeben sind. Der weiteren Diskussion wollen wir also wieder die ursprünglichen Formeln zugrunde legen.

Aus den Formeln (7) und (9) für den Spannungsverlauf am Gitter der zweiten Röhre ergibt sich, daß das Zeitintegral der Spannung $\int_0^\infty u_2 \cdot dt$ Null ist.

Dasselbe gilt auch für das Gitter der dritten Röhre. Das allein schon bedeutet, daß beim Widerstands-Kapazitätsverstärker, mag er nun wie immer dimensioniert sein, bei einem Spannungsstoß die Übertragung der Spannungsschwankungen am Gitter der ersten Röhre durchaus nicht formgetreu erfolgt. Bereits die Spannung am Gitter der zweiten Röhre nimmt bei einer bestimmten Zeit das entgegengesetzte Vorzeichen an, und zwar wird $u_2 = 0$ zur Zeit

$$t_0 = \frac{\tau_1 \tau_2}{\tau_2 - \tau_1} \, \log \text{nat} \, \frac{e^{\frac{T}{\tau_1}} - 1}{e^{\frac{T}{\tau_2}} - 1}. \tag{25}$$

Besonders deutlich zeigt sich die Verzerrung am Gitter der dritten Röhre, wo die Spannung sogar zweimal das Vorzeichen wechselt. Da das Zeitintegral der Spannung gleich Null ist, so wird auch das Stromintegral des Verstärkerausganges gleich Null. Das bedeutet also, daß z. B. ein ballistisches Instrument keinen Ausschlag gibt und zur Registrierung ein genügend rasch anzeigendes Gerät, also z. B. ein Schleifenoszillograph oder ein Kathodenstrahloszillograph, herangezogen werden muß. Dabei soll nun die Größe des Ausschlages der auf das Gitter der ersten Röhre aufgebrachten Elektrizitätsmenge proportional sein, d. h. es ist nun zu untersuchen, wie das Spannungsmaximum von den Kopplungselementen abhängt. Dessen Abhängigkeit von den Daten der ersten Stufe wurde bereits bei der Besprechung des Aufladevorganges in einer Ionisationskammer behandelt und in Abb. 83 (S. 110) dargestellt. Daraus und auch aus den Überlegungen, die zur Aufstellung der Differentialgleichung für den Spannungsverlauf führten, läßt sich rein qualitativ schließen, daß die Verstärkung proportional wird, wenn die Zeitkonstanten gegenüber der Zeit, die bis zur Erreichung des Spannungsmaximums verstreicht, genügend groß sind. Der Spannungsstoß setzt dann so rasch ein, daß während der Aufladezeit nur ein verschwindend kleiner Bruchteil der jeweils über die Kopplungskondensatoren der einzelnen Stufen influenzierten Ladungen über den Gitterwiderstand abfließt. Nun wird jedoch gerade Widerstands-Kapazitätskopplung gewählt, wenn durch möglichst kleine Zeitkonstanten eine Überlagerung der einzelnen Stöße verhindert werden soll. Sind nun in den späteren Stufen des Verstärkers größere Zeitkonstanten eingebaut, so muß, um die Stöße sauber zu trennen, bereits in den ersten Stufen des Verstärkers dafür gesorgt werden, daß das Zeitintegral der Spannung möglichst bald Null wird. Tritt dies ein, so werden über den Kopplungskondensator der Folgestufe während dieser Zeit in Summe ebensoviel positive wie negative Ladungen auf das Steuergitter influenziert, so daß dieses mithin nachher wieder seine ursprüngliche Spannung annimmt. Dafür ist aber nun gerade Voraussetzung, daß die Zeitkonstanten der letzten Verstärkerstufen genügend groß sind, so daß keine Ladung während des Influenzierungsvorganges abfließt. Es fragt sich also, wie erreicht man in den ersten Stufen des Verstärkers ein möglichst rasches Nullwerden des Spannungsintegrals?

Für diesen beabsichtigten Zweck kommt man mit der Verkürzung der Zeitkonstante in einer einzigen Stufe keinesfalls aus. Die Kurven der Abb. 103 und Gleichung (25) zeigen nämlich, daß in der zweiten Stufe die Spannung knapp nach Ablauf der Zeit τ_1 sich ins Negative begibt. Die Amplitude dieses negativen Ausschlages ist zwar klein, aber seine Dauer um so größer, da ja positiver und negativer Ausschlag flächengleich sind. Die Folge ist die Möglichkeit einer Überlagerung während einer verhältnismäßig langen Zeit. Dieser negative Ausschlag rührt davon her, daß während des großen positiven Ausschlages vom Gitter Ladung abfließt. Hat der positive Ausschlag aufgehört, so ist die Ladung des Gitters nicht Null, denn der abgeflossene Teil der positiven Ladung fehlt. Das Gitter ist daher um diesen Betrag negativ geladen. Entsprechend der Zeitkonstante des Gitterkreises wird die negative Ladung aufgefüllt, bis das Gitter sein Ruhepotential erreicht hat. Wird nunmehr auch die zweite Stufe mit einer kleinen Zeitkonstante versehen, so fließt zwar während des positiven Ausschlages mehr Ladung vom Gitter ab, der negative Ausschlag wird mithin entsprechend größer, aber die abgeflossene Ladung fließt auch rascher wieder zum Gitter zurück, wenn der positive Spannungsstoß aufgehört hat. Das Gesamtintegral der Spannung wird dann in verhältnismäßig kurzer Zeit annähernd Null. Dies wollen wir jedoch gerade erreichen. Ein möglichst rasches Nullwerden des Spannungsintegrals ist also nur durch kleine Zeitkonstanten in *zwei* aufeinanderfolgenden Verstärkerstufen erreichbar.

Wir haben jetzt noch zu überlegen, welchen Einfluß auf das

Spannungsmaximum kleine Zeitkonstanten in den beiden ersten Stufen haben. Das Problem wollen wir mit der Einschränkung behandeln, daß die Zeitkonstanten immerhin noch so groß bleiben, daß die Verzögerung in der Erreichung des Spannungsmaximums infolge der Anodenzeitkonstante τ_a keine Rolle spielt.

Das positive Spannungsmaximum $u_{\max\,+}$ in der zweiten Stufe muß innerhalb der Aufladezeit T liegen, wenn nicht überhaupt zur Zeit $t = T$ die Scheitelspannung auftritt, denn nach Beendigung der Aufladung kann ja der positive Ausschlag nur mehr abnehmen. Um die Größe von $u_{\max\,+}$ zu ermitteln, setzen wir in der üblichen Weise den Differentialquotienten von Gleichung (7) nach der Zeit t gleich Null. Die Rechnung ergibt

$$t_{\max\,+} = \frac{\tau_1 \tau_2}{(\tau_1 - \tau_2)} \, \log \text{nat} \, \frac{\tau_1}{\tau_2} \tag{26}$$

und daraus

$$u_{\max\,+} = -\frac{Q\,V_{u_1}}{C_{g_1}\,T} \cdot \frac{\tau_1 \tau_2}{(\tau_2 - \tau_1)} \left(e^{-\frac{t_{\max\,+}}{\tau_2}} - e^{-\frac{t_{\max\,+}}{\tau_1}} \right). \tag{27}$$

Bei der Ausrechnung ist zu beachten, daß Gleichung (27) nur bis zur Zeit $t = T$ gültig ist und für alle Fälle, bei denen sich $t_{\max\,+}$ größer als T ergibt, die Scheitelspannung tatsächlich bei T liegt.

Die Abhängigkeit von $u_{\max\,+}$ von der Zeitkonstante τ_2 ist für eine bestimmte Wahl der Daten der ersten Stufe in der oberen Kurve der Abb. 108 dargestellt. Wie man aus der graphischen Darstellung sieht, hat es wenig Sinn, τ_2 größer als τ_1 zu wählen, da der Gewinn an Vergrößerung der Scheitelspannung den Nachteil der größeren Zeitkonstante, größere Wahrscheinlichkeit von Überlagerungen, nicht mehr ausgleicht.

Eine zweite kleine Zeitkonstante müssen wir vor allem einführen, um den negativen Ausschlag abzukürzen. Dabei wird zwar das Maximum des negativen Ausschlages im Vergleich zu dem des positiven um so mehr erhöht, je kleiner die Zeitkonstante ist, aber daneben werden bei kleiner werdenden Zeitkonstanten auch die Amplituden kleiner, wie dies die obere Kurve der Abb. 108 veranschaulicht. Bei sehr kleinen Zeitkonstanten in der zweiten Stufe wird sich dieser Einfluß der Amplitudenverkleinerung immer mehr geltend machen und schließlich überwiegen, so daß also das negative Spannungsmaximum bei einem bestimmten Wert der Zeitkonstante τ_2 am größten wird. Dieser Wert gibt offensichtlich ein günstiges Kompromiß dafür, wenn durch eine immer kleiner werdende Zeitkonstante zwar der negative Ausschlag überhöht und zusammengedrängt, aber auch die Verstärkung immer mehr herabgesetzt wird.

Um das negative Spannungsmaximum zu berechnen, verfahren wir mit Gleichung (9), die den Spannungsverlauf am Gitter der zweiten Röhre für die Zeit $t > T$ beschreibt, in derselben Weise wie soeben mit Gleichung (7) und erhalten:

$$t_{\max\,-} = \frac{\tau_1 \tau_2}{\tau_2 - \tau_1} \, \log \text{nat} \, \frac{\left(e^{\frac{T}{\tau_1}} - 1 \right) \tau_2}{\left(e^{\frac{T}{\tau_2}} - 1 \right) \tau_1} \tag{28}$$

und damit

$$u_{\max-} = - \frac{Q\,V_{u_1}}{C_{g_1}\,T} \cdot$$
$$\cdot \frac{\tau_1\,\tau_2}{(\tau_2-\tau_1)}\left[\left(e^{\frac{T}{\tau_1}}-1\right)e^{-\frac{t_{\max-}}{\tau_1}} - \left(e^{\frac{T}{\tau_2}}-1\right)e^{-\frac{t_{\max-}}{\tau_2}}\right] \right\} \tag{29}$$

Die numerische Ausrechnung für unser Beispiel ergibt mit $T = 1\cdot 10^{-3}$ Sekunden und $\tau_1 = 5\cdot 10^{-2}$ Sekunden

für τ_2	die Werte von	
	$t_{\max-}$	$u_{\max-}$
$3\cdot 10^{-4}$ Sekunden	$35{,}4\cdot 10^{-4}$ Sekunden	$6\cdot 10^{-5}$ Volt
$1\cdot 10^{-3}$,,	$8{,}3\cdot 10^{-3}$,,	$17\cdot 10^{-5}$,,
$3\cdot 10^{-3}$,,	$18\cdot 10^{-3}$,,	$39\cdot 10^{-5}$,,
$1\cdot 10^{-2}$,,	$4\cdot 10^{-2}$,,	$87\cdot 10^{-5}$,,
$3\cdot 10^{-2}$,,	$6{,}7\cdot 10^{-2}$,,	$160\cdot 10^{-5}$,,
$1\cdot 10^{-1}$,,	$14\cdot 10^{-2}$,,	$130\cdot 10^{-5}$,,
$3\cdot 10^{-1}$,,	$22\cdot 10^{-2}$,,	$102\cdot 10^{-5}$,,

die zum Teil in der unteren Kurve der Abb. 108 eingetragen sind. Die Tabelle zeigt, daß das negative Spannungsmaximum am größten ist, wenn

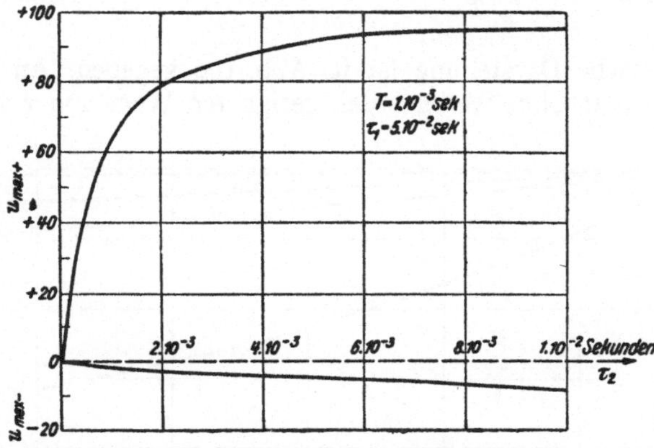

Abb. 108. Abhängigkeit der Größe des positiven und negativen Spannungsmaximums in der II. Verstärkerstufe von der Zeitkonstante τ dieser Stufe. Die Berechnung der Kurven erfolgte ohne Berücksichtigung der Anodenzeitkonstante.

die Zeitkonstante der zweiten Verstärkerstufe ungefähr gleich der in der ersten gewählt wird, also $\tau_1 = \tau_2$ ist.

Die Aufladezeit wird nun für verschiedene Strahlen niemals ganz gleich sein. Um jedoch tatsächlich die bei einmaliger Ionisation durch einen Strahl erzeugten Ionenmengen zu messen, muß gefordert werden, daß der Ausschlag möglichst unabhängig von der Aufladezeit wird. Für das Röhrenelektrometer mit großer Zeitkonstante ließ sich dies erreichen. Wir haben nun auch bei dem Röhrenelektrometer mit kleiner Zeitkonstante zu überlegen, welchen Einfluß bei verschiedenen Aufladezeiten die

Zeitkonstante, die für die erste und zweite Stufe also gleich gewählt wird, auf das positive und das negative Spannungsmaximum hat. Wird, um diese Abhängigkeit zu berechnen, in den Gleichungen (26) und (28) $\tau_1 = \tau_2 = \tau$ eingesetzt, so erhält man zunächst Ausdrücke von der Form $\frac{o}{o}$, die man in bekannter Weise behandelt. Die Durchrechnung ergibt schließlich:

$$t_{\max +} = \tau, \tag{30}$$

wenn τ kleiner als T ist, sonst gilt

$$t_{\max +} = T, \tag{31}$$

weiters erhält man

$$u_{\max +} = -\frac{Q\,V_{u_1}}{C_{g_1}\,T} \cdot t_{\max +} \cdot e^{-\frac{t_{\max +}}{\tau}} \tag{32}$$

Für das negative Spannungsmaximum gilt:

$$t_{\max -} = \tau\,\frac{\left(e^{\frac{T}{\tau}} - 1\right) + \frac{T}{\tau}\,e^{\frac{T}{\tau}}}{\left(e^{\frac{T}{\tau}} - 1\right)} \tag{33}$$

und

$$u_{\max -} = -\frac{Q\,V_{u_1}}{C_{g_1}\,T} \cdot e^{-\frac{t_{\max -}}{\tau}} \left[T\,e^{\frac{T}{\tau}} - \left(e^{\frac{T}{\tau}} - 1\right)t_{\max -}\right]. \tag{34}$$

Die graphische Darstellung ist in Abb. 109 gegeben. An Hand der Kurven kann man ohne weiteres den geeigneten Wert von τ auswählen.

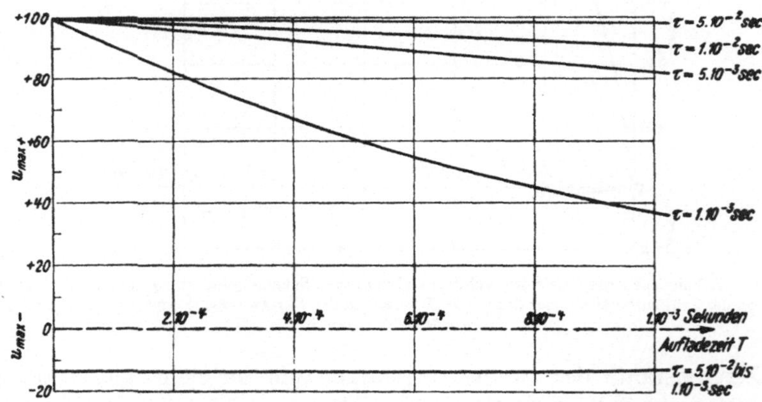

Abb. 109. Abhängigkeit der Größe des positiven und negativen Spannungsmaximums in der II. Verstärkerstufe von der Aufladezeit T. Die Zeitkonstante ist für die I. und II. Stufe dieselbe. Die Berechnung der Kurven erfolgte ohne Berücksichtigung der Anodenzeitkonstanten.

Man hat nur abzulesen, welche Änderung von $u_{\max}$ durch eine gegebene Schwankung von T hervorgerufen wird, und zu überlegen, welchen Fehler an Proportionalität man noch zulassen will. Im allgemeinen wird man trachten, die beiden kleinen Zeitkonstanten wenigstens 50mal größer zu nehmen als die Aufladezeit.

Die bisherigen Rechnungen wurden unter der Voraussetzung durchgeführt, daß die beiden kleinen Zeitkonstanten, die den zeitlichen Verlauf des Impulses im Verstärkerausgang bestimmen, in der ersten und zweiten Stufe des Verstärkers liegen. Nun wurde jedoch schon erwähnt (S. 123), daß das Rauschen des Gitterwiderstandes in der ersten Stufe nur bei sehr großen und sehr kleinen Werten des Widerstandes klein bleibt.[1] Man kann daher die Zeitkonstante in der ersten Stufe nicht beliebig wählen, zumal man auch eine möglichst kleine Kapazität des Steuergitters anstreben wird, um bei gegebener Aufladung eine möglichst große Spannungsänderung des Gitters zu erzielen. Man läßt daher das Steuergitter meist frei (siehe hiezu S. 124) und verlegt die kleinen Zeitkonstanten in die zweite und dritte Stufe des Verstärkers. An der Gültigkeit der soeben angestellten Betrachtungen wird dadurch nichts geändert. Sie sind bloß statt für die erste und zweite dann für die zweite und dritte Stufe anzuwenden. Die Berechnungen führen jedoch zu ungefähr denselben Ergebnissen.

b) **Die Konstruktion.** Bei dem Entwurf für die Konstruktion eines Röhrenelektrometers mit kleiner Zeitkonstante geht man zweckmäßig von dem geforderten Trennvermögen für einzelne Ionisationsstöße aus. Nehmen wir als Beispiel an, daß 10000 Ionisationsstöße in der Sekunde auftreten, also ein Stoß durchschnittlich in 10^{-4} Sekunden, so werden Überlagerungen nicht allzu häufig vorkommen, wenn die für das Auflösungsvermögen maßgebende Zeitkonstante des Verstärkers um etwa eine Zehnerpotenz kleiner ist, also 10^{-5} Sekunden beträgt. Sind die Stöße sehr klein, wie bei der Ionisation durch β- oder γ-Strahlen, so wird man auch mit einer etwas größeren Zeitkonstante auskommen, ohne daß die Nullinie des Registriergerätes allzusehr verschlechtert wird. Die Aufladezeit soll möglichst 50- bis 100mal kleiner sein als die kleinste Zeitkonstante des Verstärkers, damit streng proportionale Verstärkung der Scheitelspannung des Spannungsstoßes bei weitgehender Unabhängigkeit von der Aufladezeit gewährleistet wird. In unserem Beispiel würde dies eine Aufladezeit von rund 10^{-7} Sekunden erfordern. So kleine Aufladezeiten lassen sich praktisch nur durch Benutzung der großen Beweglichkeit der negativen Elektronionen in hochgereinigten elektropositiven Gasen erzielen (S. 112 ff.). Es wird dann die Nullinie nicht erheblich verschlechtert, wenn auch die durchdringende Strahlung von einigen hundert Milligramm Radium aus nächster Nähe auf die Ionisationskammer fällt.

Das Gitter der ersten Röhre hat bei zweckmäßig konstruierter Ionisationskammer eine Kapazität von ungefähr 10 bis 20 pF. Der Gitterwiderstand muß dabei entweder kleiner als 10^6 Ohm oder größer als 10^{10} Ohm sein, da im dazwischenliegenden Gebiet die thermische Bewegung der Elektronen eine allzu große Verschlechterung des Störpegels des Verstärkers verursacht (siehe Abb. 89, S. 123). Dies bedeutet, daß also Zeitkonstanten CR von 10^{-5} bis 10^{-1} Sekunden in der ersten Stufe nicht verwendet werden können. Das Gitter der ersten Röhre bleibt zweck-

---

[1] G. STETTER: S.-B. Akad. Wiss. Wien, Abt. IIa **142**, 481 (1933).

Schintlmeister, Elektronenröhre. 4. Aufl.

mäßig frei, wenn der Verstärker mit solchen Zeitkonstanten in den Folgestufen versehen ist. Für die Zeitkonstante ist bei freiem Gitter der innere
Gitterwiderstand der Röhre maßgebend, der bei handelsüblichen Rundfunkröhren ungefähr 10^8 Ohm beträgt (siehe Abb. 14, S. 19). Er steigt
bei starker Unterheizung und kleinen Anoden- und Schirmgitterspannungen
bis zu 10^{10} Ohm an. Die erste Stufe hat also bei freiem Gitter eine Zeitkonstante von 0,001 bis 0,1 Sekunden. Die für das Auflösungsvermögen
maßgebenden kleinen Zeitkonstanten werden dann in die zweite und
dritte Stufe gelegt. Die vierte Stufe und eventuell folgende bekommen
eine möglichst große Zeitkonstante, z. B. von 10^{-2} Sekunden (Kopplungskondensator 10 000 pF, Gitterwiderstand 1 Megohm), da bei solchen großen
Zeitkonstanten rasche Impulse praktisch formgetreu verstärkt werden.
Wenn sehr viele α-Strahlen, etwa 1000 in der Sekunde, die Ionisationskammer durchsetzen, verstellt sich der Arbeitspunkt der ersten Röhre, da die einzelnen Ladungen nicht mehr rasch genug abfließen. Treffen die positiven
Ionen auf das Gitter auf, so setzt der Gitterstrom ein, bei negativen Ladungen wird die Röhre gesperrt. Es kann dann nötig werden, auch der
ersten Stufe einen hinreichend kleinen Gitterwiderstand zu geben und
nicht mit freiem Gitter zu arbeiten.[1]

Es ist ohne weiteres klar, daß kein Interesse vorliegt, durch besondere
Maßnahmen extrem kleine Gitterströme oder einen besonders hohen
inneren Gitterwiderstand in der ersten Stufe zu erreichen, wenn
ohnedies in den folgenden Stufen kleine Zeitkonstanten eingebaut sind.
Die Verwendung von Elektrometerröhren ist daher bei einem Röhrenelektrometer mit kleiner Zeitkonstante nicht angebracht. Die erste
Röhre muß einzig und allein nach dem Gesichtspunkte ausgewählt werden,
einen möglichst niedrigen Störuntergrund für die nachzuweisende Elektrizitätsmenge zu liefern. Elektrometerröhren geben nun keineswegs einen
besonders günstigen Störpegel. Am besten bewähren sich ausgesuchte
Schirmgitterröhren (Hochfrequenzpentoden), da bei diesen die schäd-
liche Anodenrückwirkung, die eine scheinbare Kapazitätsvergrößerung
des Gitters zur Folge hat, sehr klein ist, doch sind auch Trioden verwendbar. Es ist günstig, die erste Röhre sehr stark zu unterheizen. Dies geht
zwar auf Kosten der Lebensdauer der Röhre, verringert jedoch den Störhintergrund. Zur Heizung der ersten Röhre ist ein eigener, reichlich
großer Akkumulator zu verwenden. Seine Kapazität soll mindestens 60
Amperestunden betragen. Die Betriebsspannungen der ersten Röhre sind
zweckmäßig möglichst niedrig zu halten. Die Schirmgitterspannung soll
nur etwa 20 Volt messen. Man vergegenwärtige sich dabei, daß ja die
erste Stufe keinesfalls zur Spannungsverstärkung als Selbstzweck
bestimmt ist. Sie hat nur die Aufgabe, Ladungsstöße mit winziger Leistung
in Spannungsstöße umzuwandeln, die eine zur Verstärkung ausreichende
elektrische Leistung abgeben können. Verstärken kann man nach Be-
lieben in den Folgestufen, wenn nur die erste Stufe einen genügend

---

[1] W. Jentschke, F. Prankl u. F. Hernegger; S.-B. Akad. Wiss. Wien,
Abt. II a, 151, 147 (1942).

niedrigen Störpegel liefert. Eigene Erfahrungen haben gezeigt, daß es ziemlich gleichgültig ist, aus welcher Röhrenserie die erste Röhre genommen wird oder aus welcher Fabrik sie stammt. Sehr beträchtlich sind jedoch die Unterschiede beim Ausprobieren von gleichen Röhren. Man probiert etwa fünf Röhren aus und wählt die mit dem ruhigsten Störuntergrund für die erste Stufe und bestückt mit den anderen die folgenden Stufen. Im übrigen sei ausdrücklich darauf hingewiesen, daß sich nach einer gewissen Brenndauer der Röhre der Störpegel oft erheblich verbessert. Man kann sich daher ein einigermaßen sicheres Urteil über die Brauchbarkeit fabrikneuer Röhren für die erste Stufe erst dann bilden, wenn der ganze Verstärker wenigstens 12 bis 24 Stunden in Betrieb gewesen ist.

Wie viele Verstärkerstufen nötig sind, um eine möglichst hohe Ladungsempfindlichkeit des Röhrenelektrometers herauszuholen, deren Grenze wie immer durch den Störpegel bestimmt wird, ist eine Frage, die durch die Frage nach der Empfindlichkeit des Registriergerätes beantwortet wird.

Das Registriergerät muß schnellanzeigend sein. Ein Saitengalvanometer, wie es etwa für das Röhrenelektrometer mit großer Zeitkonstante empfohlen wurde, ist hier unbrauchbar, da der schnell über das photographische Registrierpapier huschende Schatten der Saite nur bei sehr großer Papiergeschwindigkeit eine entwicklungsfähige Spur hinterläßt. Es muß ein Instrument gewählt werden, bei dem ein Lichtzeiger, nicht ein Schattenzeiger, die Aufzeichnung schreibt. Bewährt hat sich vor allem der Schleifenoszillograph, bei dem ein Schwingspiegel den Lichtstrahl ablenkt. Daneben wird auch noch vereinzelt die BRAUNsche Röhre (Kathodenstrahloszillograph) als Registriergerät herangezogen.[1] Der Kathodenstrahloszillograph wird durch Spannungen gesteuert. Die letzte Stufe des Verstärkers muß dann für Spannungsverstärkung geschaltet werden.

Im übrigen ist bei sehr kleinen Zeitkonstanten darauf zu achten, daß die Kathodenstrahlröhre eine genügende Schreibgeschwindigkeit entwickelt, damit die äußerst schnellen Spannungsstöße beobachtbar sind. Es erfordert dies unter Umständen Kathodenstrahlröhren mit ziemlich hohen Anodenspannungen.

Eine schematische Darstellung des Aufbaues einer Meßschleife der Firma Siemens & Halske für einen Schleifenoszillographen zeigt Abb. 110. Eine Schleife aus dünnem Metallband ist in einem kräftigen Magnetfeld ausgespannt. Durchfließt die Schleife ein Strom, so wird das eine Bändchen nach vorne und das andere nach rückwärts abgelenkt. Durch diese Ablenkung der Metallbänder führt das aufgekittete Spiegelchen eine kleine Drehbewegung aus, die zur Bewegung eines Lichtzeigers benutzt wird. Die Schleife selbst schwingt in Paraffinöl, damit

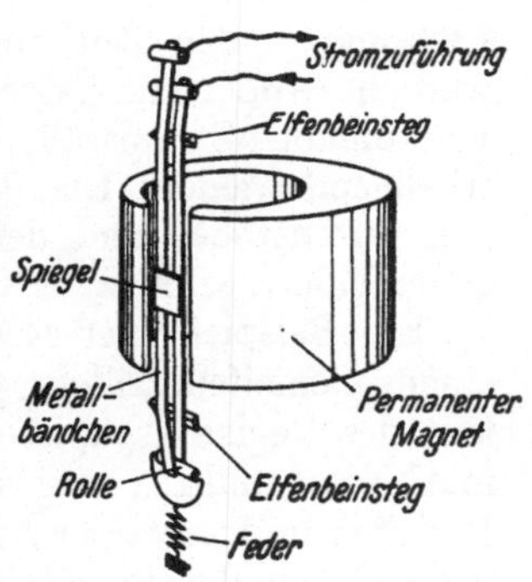

Abb. 110. Meßschleife eines Siemens-Schleifenoszillographen, schematische Darstellung.

[1] Z. B. F. KIRCHNER, H. NEUERT und O. LAAFF: Ann. Physik (5), **30**, 527 (1937); Physik. Z. **38**, 969 (1937). — W. MASING: Ann. Physik (5), **37**, 557 (1940).

Eigenschwingungen gedämpft werden. Die Eigenschwingungszahl bei
Luftdämpfung beträgt bei den üblichen Meßschleifen etwa 5000 Hz, bei
sogenannten Hochfrequenzschleifen rund 20 000 Hz. Ein Ausschlag des
Lichtzeigers um 1 mm bei 1 m Schirmabstand erfordert etwa 1 mA Stromänderung, jedoch bei den Hochfrequenzschleifen, die erheblich unempfindlicher sind, etwa 20 mA. Werden sehr kleine Zeitkonstanten im Verstärker
verwendet, etwa 10^{-5} bis 10^{-7} Sekunden, so ist die Hochfrequenzschleife zur
Registrierung des Ausschlages zu benutzen. Es sei hervorgehoben, daß
die Größe des Ausschlages auch bei verhältnismäßig langsam verlaufenden
Stromstößen (Zeitkonstante des Verstärkers etwa 10^{-2} Sekunden) abhängig von der Zeitdauer des Stromstoßes ist. Es darf daher nach einer

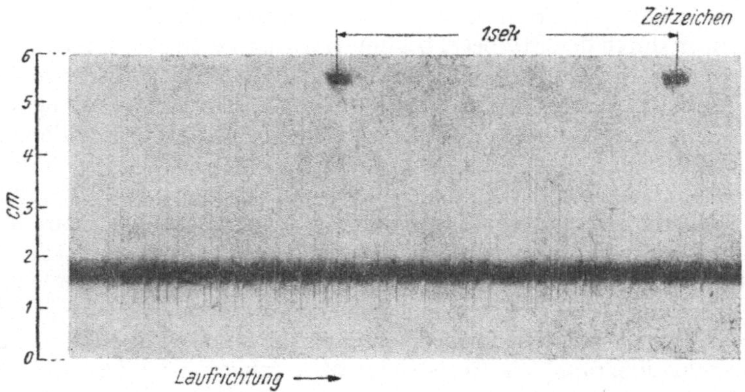

Abb. 111. Beispiel für die Registrierung von α-Strahlen mit einem Röhrenelektrometer mit kleiner Zeitkonstante und Schleifenoszillographen (Aufnahme von J. SCHINTLMEISTER).

Eichung an den Zeitkonstanten des Verstärkers nichts mehr geändert
werden. Anderseits jedoch gibt die Meßschleife auch noch äußerst rasch
verlaufende Stromstöße, allerdings mit verringerter Amplitude, be-
friedigend wieder. Die Proportionalität zwischen dem maximalen Wert
des Stromstoßes und dem Ausschlag bleibt auch bei größeren Ampli-
tudenfehlern sehr gut erhalten.

Ein Beispiel einer Registrierung der Ausschläge von α-Strahlen mit
einem Schleifenoszillographen zeigt Abb. 111. Die Ablaufgeschwindigkeit des Registrierpapieres war bei dieser Aufnahme zu niedrig, um die
in Abb. 103 und 104 dargestellte Form des Ausschlages erkennen zu lassen.
Positiver und negativer Ausschlag schrumpfen zu einem Strich zusammen,
dessen Länge dem Scheitelwert des positiven und negativen Ausschlages entspricht. Es wäre eine Verschwendung, das photographische Papier
rascher ablaufen zu lassen, als für eine Trennung der einzelnen Ausschläge nötig ist.

Bei besonders langsamem Ablauf des Registrierpapiers, z. B. wenn
nur zwei bis zehn Stöße in einer Stunde auftreten, ist es manchmal
störend, daß die Nullinie überstrahlt wird. Die Lichtintensität des
Strahles darf nun nicht herabgesetzt werden, da sonst die rasch ver-

laufenden Ausschläge nicht mehr entwicklungsfähig sind. Man hilft sich dann so, daß unmittelbar vor dem Eintritt in das photographische Registriergerät durch eine Blende die Lichtintensität des Strahles an der Stelle der Nullinie herabgesetzt wird, wie dies Abb. 112 veranschaulicht. Die Form des Blendenausschnittes richtet sich nach den besonderen Verhältnissen und auch nach der Größe der Zylinderlinse. Sie wird am besten an Hand von Probeaufnahmen durch Versuche festgelegt.

Um die Verstärkung so hoch zu treiben, daß die besprochenen Meßschleifen gerade den Störuntergrund der ersten Röhre

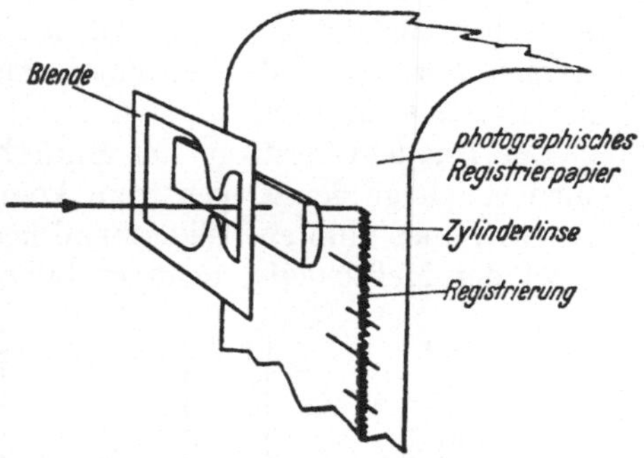

Abb. 112. Um die Schwärzung der Nullinie herabzusetzen, wird eine passend ausgeschnittene Blende vor die Zylinderlinse der Registriervorrichtung gegeben.

wiedergeben, sind vier Verstärkerstufen erforderlich. Die Wahl der ersten Röhre wurde bereits erörtert. Zweite und dritte Stufe sind mit Hochfrequenzpentoden zu bestücken, die eine möglichst hohe Spannungsverstärkung liefern (siehe S. 37). Die vierte Röhre muß eine Endröhre möglichst großer Steilheit sein, da ja die Meßschleife auf Stromänderungen anspricht. Der Widerstand der Meßschleifen beträgt etwa 1 Ohm, so daß also die Endröhre praktisch ohne äußeren Widerstand arbeitet (siehe S. 35). Wichtig ist, darauf zu achten, daß besonders bei größeren Ausschlägen die Röhren nicht übersteuert werden, wodurch die Proportionalität der Verstärkung natürlich verlorengeht. Diese Gefahr besteht besonders bei der vierten, aber auch schon bei der dritten Röhre, wenn der Arbeitspunkt nicht sorgfältig eingestellt wird. Es ist empfehlenswert, den Anodenruhestrom der dritten und vierten Röhre durch eingebaute kleine Meßinstrumente dauernd zu kontrollieren und dadurch die richtige Einstellung der Gittervorspannungen zu überwachen.

Im allgemeinen wird man immer die negativen Ionen zur Auffängerelektrode der Ionisationskammer treiben. Dann ist der Spannungsstoß an dem Gitter der ersten Röhre negativ, an der zweiten positiv, an der dritten wieder negativ und an der vierten positiv. Der Arbeitspunkt der vierten Stufe ist somit an das untere Ende der Kennlinie zu legen. Dies hat den sehr willkommenen Vorteil, daß der Anodenruhestrom der Endröhre klein wird, so daß die Spannungsquelle und auch die Röhre selbst nicht stark auf Leistung beansprucht wird. Die dritte Röhre ist so einzustellen, daß ihr Arbeitspunkt auf das obere Ende der Kennlinie zu liegen kommt. Da die Ströme bei Hochfrequenzpentoden in Widerstandskopplung ohnedies sehr klein sind, wird dadurch keine besondere Belastung der Anodenbatterie verursacht.

Für Demonstrationszwecke, etwa wenn die α-Strahlen in einem Lautsprecher hörbar gemacht werden sollen, ist es nützlich, die Gittervorspannung der vierten Stufe so weit negativ zu machen, daß der

Arbeitspunkt in den Knick der Kennlinie geschoben wird. Das Rauschen des Störuntergrundes wird dann völlig unterdrückt, und es fließt nur Strom in der Endröhre, wenn ein Strahl die Ionisationskammer durchsetzt. Für Meßzwecke ist eine solche Einstellung des Verstärkers natürlich völlig unbrauchbar, da sie immer einen gewissen Schwellenwert für die Ladungsstöße aufweist.

Der Anodenruhestrom der Endröhre muß in der Meßschleife durch einen gleich großen Gegenstrom kompensiert werden. Im Kreis dieses Gegenstromes muß ein Widerstand liegen, der groß ist gegen den Widerstand der Meßschleife, denn er bildet einen Nebenschluß zu ihr. Die

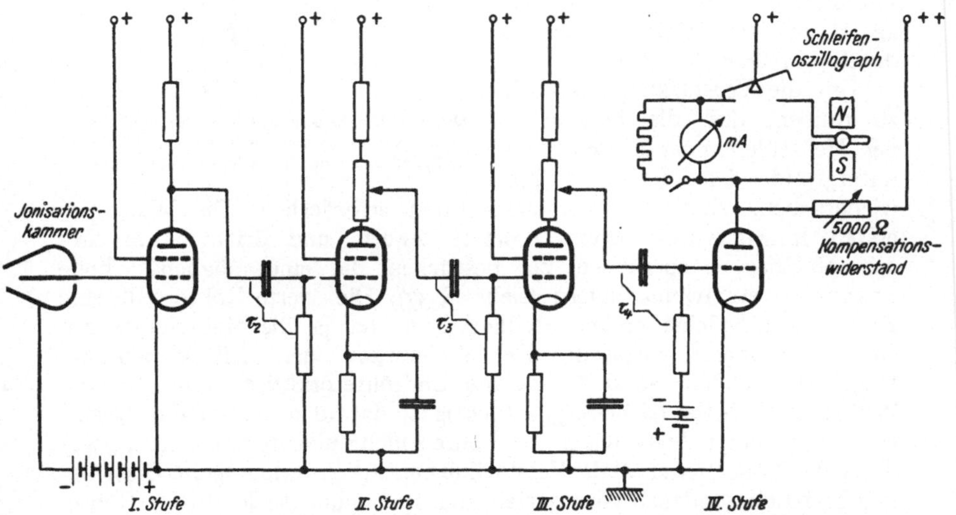

Abb. 113. Prinzipielles Schaltschema für ein Röhrenelektrometer mit kleiner Zeitkonstante.

richtige Einstellung der Kompensation wird durch ein Nullinstrument von etwa 5 mA Stromempfindlichkeit überwacht, dessen Empfindlichkeit durch Zuschalten eines Nebenschlusses auf etwa 100 mA herabgesetzt werden kann. Das Schaltschema der ganzen Anordnung bringt Abb. 113.

Um die Empfindlichkeit des Verstärkers regulieren zu können, sind in der zweiten und dritten Stufe Potentiometer als Anodenwiderstände vorgesehen, damit auch nur ein Teil der Anodenwechselspannung für das Gitter der nächsten Röhre abgegriffen werden kann. Das Potentiometer der II. Stufe wirkt dabei als Grobeinstellung, das der III. Stufe als Feineinstellung. Als Potentiometer sind gute handelsübliche Kohlepotentiometer geeignet. Durch Abgreifen an den Gitterwiderständen darf die Verstärkung nicht eingestellt werden, da dies zugleich auch eine Veränderung der Zeitkonstanten der Gitterkreise zur Folge hätte.

Die Heizung der Röhren erfolgt am besten nur durch Akkumulatoren oder es muß dazu Gleichstrom aus dem Stadtnetz oder eigens gleichgerichteter Wechselstrom besonders sorgfältig gesiebt und von jeder Welligkeit befreit werden. Ähnlich wie bei Rundfunkempfängern die

Röhren direkt aus dem Netz zu heizen, ist nicht möglich, da die Niederfrequenzverstärkung des Röhrenelektrometers zu hoch ist. Als Anodenspannungsquelle benutzt man am besten Trockenbatterien, doch liegen auch zufriedenstellende Erfahrungen mit Wechselstrom-Netzanschlußgeräten vor. Es ist dabei nur nötig, für jede Stufe ein weiteres Siebglied vorzusehen und überhaupt die Siebglieder rechnerisch durchzuarbeiten.[1] Störungen verursacht bei Wechselstrom-Netzanschlußgeräten das magnetische Feld des Netztransformators. Der Netztransformator ist daher möglichst weit entfernt von der ersten Stufe aufzustellen oder durch Siliziumeisenblech (Transformatorenblech) abzuschirmen.

Für die Vorspannung der Gitter der zweiten und dritten Stufe dient am besten ein Zwei- oder Vier-Volt-Akkumulator, der durch zwei Potentiometer überbrückt ist, von denen die Gittervorspannung abgenommen wird. Für die Endröhre wird eine Trockenbatterie als Gittervorspannung verwendet. Wird der Verstärker mit indirekt geheizten Röhren bestückt, die durch Akkumulatoren geheizt werden, so wird zweckmäßig der positive Pol des Heizakkumulators geerdet. Dann kann der Heizakkumulator durch Potentiometer überbrückt und von diesen die gegen Kathode negative Gittervorspannung abgenommen werden. Es ist schließlich auch möglich, wie in Abb. 113 dargestellt, den Spannungsabfall in einem zwischen Kathode und Erde gelegten Widerstand, der mithin von dem Emissionsstrom der Röhre durchflossen wird, zur Erzeugung der negativen Gittervorspannung heranzuziehen. Diese Schaltung ist bekanntlich bei Rundfunkempfängern üblich. Es ist dann nur darauf zu achten, daß ein sehr großer Kondensator, am besten ein Elektrolytkondensator, diesen Widerstand überbrückt, so daß die Zeitkonstante CR im Kathodenkreis mindestens 1000mal größer ist als die Zeitkonstante des Gitterkreises. Als Kathodenwiderstand wird dabei ein Drahtwiderstand genommen (Widerstandskordel auf einem isolierenden Träger aufgewickelt). Um den richtigen Arbeitspunkt der Röhre einzustellen, wird eine Abgreifschelle so lange verschoben, bis der gewünschte Anodenstrom fließt.

Es sei schließlich noch erwähnt, daß es' unerläßlich ist, jede Stufe des Verstärkers für sich, etwa durch vernietetes Aluminiumblech, abzuschirmen. Die Abschirmung muß alle Leiterteile umfassen, die nur über Widerstände mit Erde verbunden sind. Die Leitungen zwischen Anode und Gitter einschließlich der Anschlußverbindungen zu Anoden- und Gitterwiderständen sind möglichst kurz zu legen. Auch ist darauf zu achten, daß ihre Kapazität gegen das Abschirmblech nicht allzu groß ist, denn für Spannungsstöße von 10^{-4} Sekunden oder noch kürzerer Dauer hat diese Kapazität den an Hand der Abb. 104 bis 107 (S. 152 ff.) besprochenen ungünstigen Einfluß auf die Form des Spannungsstoßes. Außerdem setzt sie auch den Verstärkungsfaktor herab, da sie einen kapazitiven Nebenschluß darstellt.

c) Bestimmung der Ladungsempfindlichkeit. Auch bei einem Röhrenelektrometer mit kleiner Zeitkonstante kann in gleicher Weise wie bei

---

[1] Anleitung hierzu H. BARKHAUSEN: Lehrbuch der Elektronenröhren, 4. Aufl., Bd. II, S. 225. Leipzig: S. Hirzel, 1933.

einem mit großer Zeitkonstante durch influenzierte Ladungen die Ladungsempfindlichkeit bestimmt werden. Aus der Größe des Ausschlages kann dann die Zahl der Ionenpaare ermittelt werden, die ein Korpuskularstrahl, z. B. ein α-Strahl, in einer Ionisationskammer erzeugt. Sehr wichtig ist auch, daß auf diese Weise überprüft werden kann, ob die Ausschläge verhältnisgleich den influenzierten Ladungen anwachsen. Etwaige festgestellte kleinere Abweichungen von der Proportionalität können übrigens bei der Auswertung der Registrierstreifen nachträglich

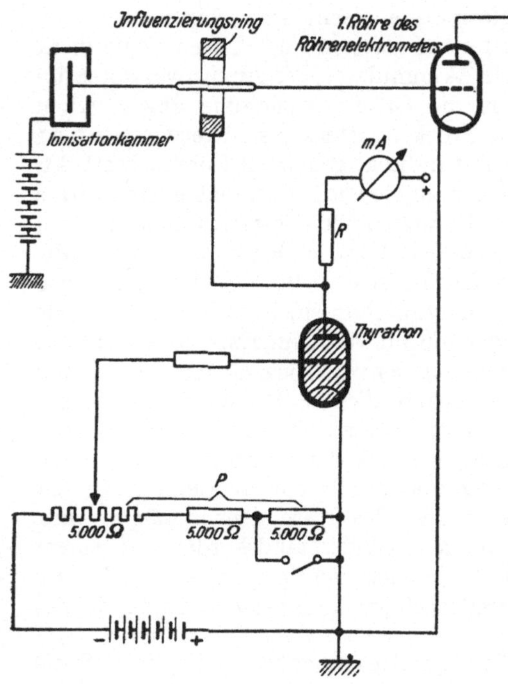

Abb. 114. Schaltung zur Herstellung von Eichimpulsen mittels eines Thyratrons

noch berücksichtigt werden, da sich jeder Ausschlag von einer festbleibenden Nulllinie weg erhebt, wie es Abb. 111 zeigt. Bei einem Röhrenelektrometer mit großer Zeitkonstante, bei dem die Lage der Nullinie von den Ausschlägen abhängt, wie aus Abb. 94, S. 134, zu ersehen ist, wäre eine solche nachträgliche Korrektur wegen mangelnder Proportionalität nicht durchführbar.

Um einen genügend raschen Ladungsstoß zu erzeugen, verwenden E. BALDINGER und P. HUBER[1] ein Thyratron (siehe S. 170 ff.) in der in Abb. 114 dargestellten Schaltung. Seine negative Gittervorspannung wird von einem Potentiometer P abgegriffen. Um das Thyratron zu zünden, wird durch einen Tasterdruck ein Teil des Potentiometerwiderstandes kurzgeschlossen und so die Gittervorspannung unter den Zündpunkt erniedrigt. Der Anodenstrom fließt durch einen Widerstand R bekannter Größe. Der Strom wird gemessen und daraus der Spannungsabfall am Widerstand gerechnet. Ist die Röhre gesperrt, so fließt kein Anodenstrom und der Spannungsabfall ist Null. Die Spannungsänderung am Widerstand tritt beim Zünden des Thyratrons plötzlich auf. Sie wird benutzt, um über eine Kapazität bekannter Größe die Eichladung auf das Steuergitter der Eingangsröhre des Röhrenelektrometers zu influenzieren. Ähnliche Schaltungen zur Erzeugung

---

[1] E. BALDINGER und P. HUBER: Helv. Physica Acta 12, 330 (1939). — P. HUBER: Helv. Physica Acta 14, 163 (1941).

eines raschen Ladungsstoßes wurden auch von anderen Autoren angegeben.[1] Zur Überprüfung der Proportionalität zwischen Ladung und Ausschlag haben sie sich auch sehr bewährt.

Die Genauigkeit solcher Ladungeichungen wurde erst in jüngster Zeit von W. JENTSCHKE, J. SCHINTLMEISTER und F. HAWLICZEK[2] untersucht. Um eine Präzisionsmessung zu erhalten, z. B. der Ionenmenge, die ein x-Strahl bekannter Reichweite erzeugt, wird man zunächst fordern wollen, daß der künstliche Ladungsstoß genau die gleiche Zeitdauer und womöglich noch die gleiche Form hat, wie die Aufladung der Auffängerelektrode einer Ionisationskammer. Nun wurde jedoch gezeigt (Abb. 104, S. 152), daß bei rascher Aufladung des Steuergitters der Eingangsröhre der Impuls durch die Schaltkapazitäten und Kopplungsglieder eine Abflachung und zeitliche Verzögerung erfährt. Die Scheitelspannung wird erst nach einer Zeit von einigen 10^{-4} Sekunden erreicht. Ist der Ladestoß auf das Eingangsgitter um ein bis zwei Zehnerpotenzen kürzer, so ist die Form und Zeitdauer des Ladestoßes ohne Einfluß auf die Form des Impulses, wie er schließlich zum Registriergerät gelangt. Die Scheitelspannung und damit der Ausschlag wird dann proportional der Ladung, wie aus Gleichung (24) auf S. 155 zu ersehen ist. Sollen bei Versuchen Ionenmengen genau gemessen werden, so wird man bestrebt sein, diese geforderte Kürze für die Aufladezeit der Ionen zu erreichen. Ist der Eichstoß mindestens ebenso kurz, er kann aber ohne irgendwelche Folgen noch kürzer sein, so sind alle Bedingungen erfüllt, die gestatten, eine genaue Bestimmung der Ladungsempfindlichkeit durchzuführen.

Am einfachsten und zuverlässigsten geschieht dies mit der Schaltung nach Abb. 96 (S. 139), nur wird dabei der Widerstand W_3 weggelassen. Es hat sich herausgestellt, daß zum Kurzschließen des Widerstandes W_2 am besten eine kleine Hochvakuum-Quecksilberschaltröhre genommen wird. Bei ihr sind an den Enden eines Glasröhrchens kleine Platinstifte eingeschmolzen. Liegt die Röhre waagerecht, so verbindet das Quecksilber die beiden Stifte leitend. Beim Neigen fließt es zum tieferen Ende und unterbricht dabei außerordentlich rasch die Verbindung. Bei den Widerständen ist vor allem darauf zu sehen, daß ihre Selbstinduktion und auch die Eigenkapazität genügend klein ist. Die Zeitkonstante des Stromanstieges sollte nicht größer als etwa 10^{-6} Sekunden sein. Die im Laboratorium üblicherweise verwendeten Präzisionswiderstandskästen und Dekaden-Kurbelwiderstände mit bifilarer Wicklung genügen dieser Bedingung.[3] Übrigens läßt sich die Brauchbarkeit von Widerständen bequem überprüfen. Man hält dazu das Verhältnis von W_1 zu W_2 fest, wählt aber die Widerstände selbst verschieden groß. Bleibt dabei die Ausschlagsgröße des influenzierten Ladungsstoßes gleich, so kann die Zeitkonstante der Widerstände keinen Einfluß darauf haben.

Die Kapazität des Influenzierungsringes wird mit der Schaltung gemessen, die in Abb. 97 (S. 140) dargestellt ist. Auch dabei muß wieder

---

[1] Siehe z. B. M. H. KANNER und H. H. BARSCHALL: Phys. Rev. 57, 372 (1940).

[2] Veröffentlicht in der 1. Auflage des vorliegenden Buches, S. 158.

[3] Siehe W. HOHLE und H. WOELKEN: AEG-Mitteilung, H. 9/10, 191 (1940).

besonders darauf geachtet werden, daß die Spannungsänderungen an beiden Kapazitäten genügend rasch erfolgen, sonst kompensieren sich die Ladungen nicht vollkommen.

Viermal wurden von W. JENTSCHKE, J. SCHINTLMEISTER und F. HAWLICZEK die Ionenmengen miteinander verglichen, die Polonium- und Uran-α-Strahlen in hochgereinigtem Stickstoff und Argon ergeben, wenn mit dem Röhrenelektrometer mit kleiner Zeitkonstante und dem mit großer die Messung durchgeführt wird. Die Unterschiede betrugen im Mittel $\pm 0{,}8\%$. Auch mit dem Röhrenelektrometer mit kleiner Zeitkonstante können also Ionenmengen genauer als auf 1% gemessen werden.

Kann die Aufladezeit der Ionen nicht genügend klein gemacht werden, z. B. wenn hochgereinigter Stickstoff, Wasserstoff oder ein Edelgas nicht verwendet werden können, so ist es nicht empfehlenswert, Korrekturen für den scheinbaren Verlust an Ladung zu berechnen. Es ist dann besser, α-Strahlen bekannter Reichweite, die bekannte Ionenmengen erzeugen, zu registrieren und damit die Ladungsempfindlichkeit des Röhrenelektrometers zu bestimmen. Zum Eichen können Polonium- oder Radium-C'-Präparate dienen oder auch dünnste, homogene Uranniederschläge, die durch kathodische Zerstäubung von Uranmetall oder Uranverbindungen und durch Elektrolyse von Uranylnitrat[1] herstellbar sind.

d) Mit Thyratron betriebene Meßzählwerke. In vielen Fällen kann man sich den mit einer photographischen Registrierung der Oszillogramme verbundenen Aufwand an Mühe und Material durch ein mechanisches Zählwerk mit einstellbarer Ansprechschwelle ersparen. Zum Betrieb von mechanischen Zählwerken haben sich gasgefüllte gittergesteuerte Entladungsröhren, sogenannte Stromtore oder Thyratrons, vielfach bewährt. Solche Thyratrons dienen vor allem zur Erzeugung von Sägezahnspannungen, die für die Zeitablenkung in Fernsehgeräten und bei vielen Messungen mit Kathodenstrahlröhren erforderlich sind.

Ein Thyratron besitzt ebenso wie eine übliche Verstärkerröhre eine indirekt geheizte Glühkathode, ein Steuergitter und eine Anode, der Kolben ist jedoch nicht evakuiert, sondern mit Gas von sehr niedrigem Druck, meist mit Argon oder Helium, gefüllt. Wird die Gittervorspannung festgehalten und die Anodenspannung dabei ständig gesteigert, so zündet die Röhre bei Erreichen eines bestimmten Wertes der Anodenspannung und es setzt eine Gasentladung ein. Der Unterschied gegen eine gewöhnliche Gasentladungsröhre liegt vor allem darin, daß die Zündspannung abhängig ist von der Vorspannung des Steuergitters. Diese Abhängigkeit ist in Abb. 115 für eine bestimmte Röhre dargestellt. Durchgriff und Lage des Steuergitters in der Röhre ist so gewählt, daß schon bei verhältnismäßig niedrigen Anodenspannungen das Thyratron bei negativen Gittervorspannungen zündet. Dies hat den großen Vorteil, daß die von der Kathode ausgehenden Glühelektronen nicht auf das Steuergitter zufliegen können, das heißt, in nichtgezündetem Zustand fließt

---

[1] Eine gute Arbeitsvorschrift hierzu gibt R. SCHIEDT: S.-B. Akad. Wiss. Wien, Abt. II a **144**, 191 (1935).

praktisch kein Gitterstrom. (Der Restgitterstrom hat die Größe von ungefähr 10^{-7} A.) Das Auslösen der Zündung durch kurzzeitige Erniedrigung einer hohen negativen Gittervorspannung erfordert daher ebensowenig einen Leistungsaufwand wie die Steuerung des Anodenstromes einer Hochvakuum-Röhre bei negativem Steuergitter.

Hat das Thyratron einmal gezündet, so zeigt die Entladung alle typischen Eigenschaften einer Gasentladung. Der Anodenstrom ist sehr groß, da das Gas in der Entladungsstrecke ionisiert wird und die Ionen den Ladungstransport übernehmen. Der Spannungsabfall an der Entladungsstrecke ist sehr niedrig. Es ist daher erforderlich, in den Anodenkreis einen Widerstand zu legen, der den Anodenstrom auf ein zulässiges Maß, etwa 0,3 bis 0,7 A, begrenzt. Noch größere Anodenströme führen zu einer vorzeitigen Zerstörung der Röhre. Die Größe des Begrenzungswiderstandes (einige 100 bis etwa 1000 Ohm) ergibt sich nach dem OHMschen Gesetz aus

$$R = \frac{\text{Speise- weniger Brennspannung}}{\text{zulässiger Anodenstrom}}$$

Die Entladung erlöscht bei Erniedrigen der Anodenspannung erst dann, wenn die Brennspannung unterschritten wird. Diese liegt wegen der Glühkathode besonders niedrig, etwa bei 20 Volt Anodenspannung. Eine Steigerung oder Verringerung der Steuergittervorspannung hat auf den Anodenstrom der einmal gezündeten Röhre überhaupt

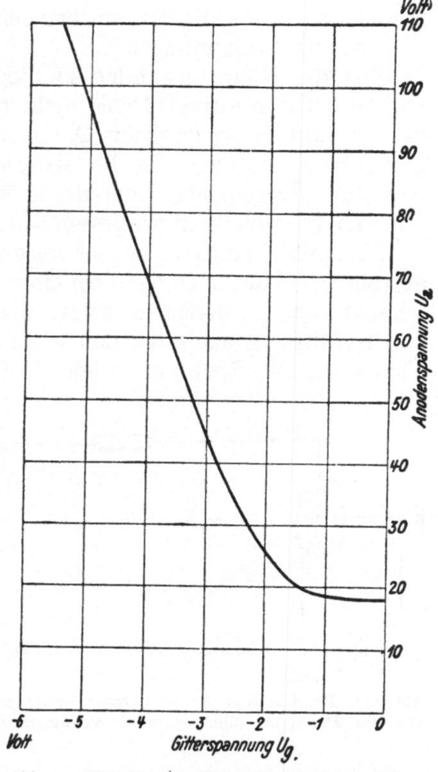

Abb. 115. Zündungskennlinie einer Gastriode (Thyratron) der Type AEG, S 0,3/0,2.

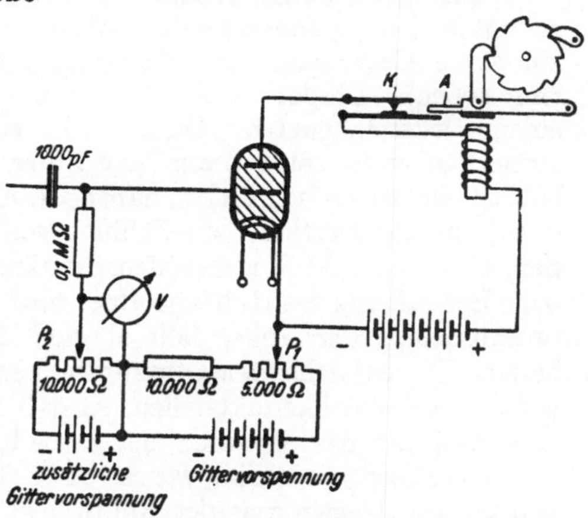

Abb. 116. Schaltschema für ein thyratronbetriebenes Meßzählwerk.

keinen Einfluß mehr. Es ist also insbesondere auch nicht mehr möglich, mit dem Steuergitter die Entladung zum Verlöschen zu bringen, es sei denn, man legt eine sehr hohe negative Spannung an.

Hat die Röhre gezündet, so fliegen die in der Entladung reichlich vorhandenen positiven Ionen nicht bloß zur Kathode, sondern auch zu dem negativen Steuergitter. Damit der Gitterstrom auf etwa 1 mA begrenzt wird, muß auch in die Gitterleitung ein Widerstand gelegt werden. Auf die Begrenzungswiderstände darf besonders beim Durchmessen von Thyratrons nicht vergessen werden!

Der große Anodenstrom, der viel größer ist als in jeder Rundfunkempfängerröhre, und der noch dazu bei einer bestimmten gleichbleibenden Gittervorspannung plötzlich einsetzt, macht das Thyratron sehr geeignet zur Betätigung eines mechanischen Zählwerkes im Anschluß an einen Verstärker für Spannungsstöße. Eine Schaltung hierfür ist in Abb. 116

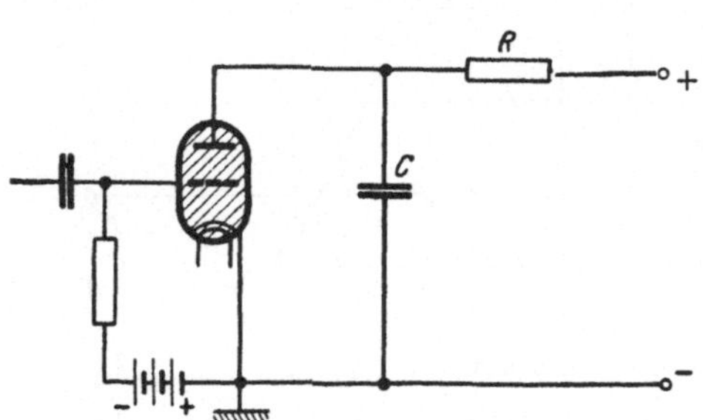

Abb. 117. Prinzipschema für das Löschen eines gezündeten Thyratrons durch einen Kippschwingkreis.

dargestellt. Bei dieser Schaltung ist außer einer Gittervorspannung zum Einstellen des Zündpunktes noch eine einstellbare zusätzliche Gittervorspannung vorgesehen. Diese ist für das Messen der Größe der Spannungsstöße erforderlich. Zunächst wird die zusätzliche Gittervorspannung, die vom Potentiometer P_2 abgegriffen wird, auf Null gestellt. Das Potentiometer P_1 wird hierauf so lange verstellt, bis das Thyratron gerade nicht zündet. Sodann wird eine gewünschte zusätzliche Gittergegenspannung angelegt. Die zu zählenden Spannungsstöße müssen dann die am Voltmeter abzulesende Gegenspannung übersteigen, wenn sie das Thyratron zünden sollen. Zündet das Thyratron, so erregt der Anodenstrom einen Elektromagneten. Dieser zieht einen Anker an und der Zählermechanismus springt um eine Ziffer weiter. Damit nun die Entladung wiederum verlöscht, haben N. A. DE BRUYNE und H. C. WEBSTER,[1] die das Thyratron zur Zählung von Spannungsstößen eingeführt haben, einen Kontakt K im Anodenstromkreis vorgesehen, der vom Anker A nach Beendigung des Hubes geöffnet wird. Der Anodenstrom wird dadurch unterbrochen, der Anker fällt ab und die Anordnung ist wieder zählbereit. Die entstehenden Öffnungsfunken verbrennen und verschmelzen jedoch bald die Kontaktstellen, so daß heute meist eine Kippschwingschaltung für das Abreißen der Entladung verwendet wird. Abb. 117 zeigt das Prinzipschaltbild, wie es von R. JÄGER und J. KLUGE[2] angegeben wurde. Im Anodenkreis der Röhre liegt ein Widerstand R. Die Röhre selbst ist überbrückt durch einen Kondensator. Beim Anlegen der Anoden-

---

[1] N. A. DE BRUYNE und H. C. WEBSTER: Proc. Cambr. philos. Soc. 27, 113 (1931).
[2] R. JÄGER und J. KLUGE: Z. Instrumentenkde. 52, 229 (1932).

spannung wird nun zunächst der Kondensator über den Widerstand R aufgeladen. Die negative Gittervorspannung, die ursprünglich so hoch sei, daß kein Durchschlag eintritt, werde nun durch einen positiven Spannungsstoß kurzzeitig erniedrigt. Die Röhre zündet dann und der Kondensator entlädt sich über die Entladungsstrecke. Die Anodenspannung sinkt dabei rasch ab und unterschreitet sehr bald die Brennspannung, vorausgesetzt, daß der Widerstand R genügend hoch ist. Beim Unterschreiten der Brennspannung erlischt die Entladung. Nunmehr wird der Kondensator wieder aufgeladen, bis an ihm die volle Anodenspannung liegt. Da der kurze positive Spannungsstoß auf das Gitter dabei schon längst wieder abgeklungen ist und das Gitter seine volle

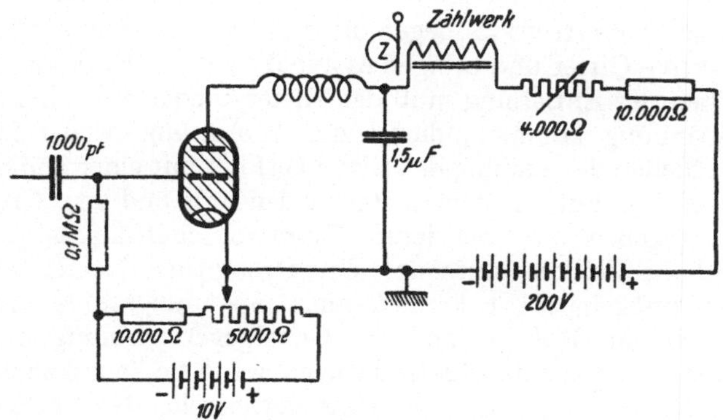

Abb. 118. Praktische Durchführung der Schaltung nach Abb. 117.

negative Vorspannung hat, kommt es zu keinem neuerlichen Durchschlag. Eine Selbstinduktion im Entladekreis begünstigt das Abreißen der Entladung, da sie im Verein mit dem Kondensator einen Schwingungskreis bildet, so daß die Anodenspannung kurzzeitig sogar negativ werden kann. Das mechanische Zählwerk selbst wird zweckmäßig im Aufladekreis des Kondensators eingeschaltet.

Die praktische Ausführung der Abreißschaltung ergibt sich also nach Abb. 118. Beim Einstellen des Gerätes wird zunächst die Gittervorspannung am Thyratron so weit erniedrigt, daß die ansteigende Anodenspannung knapp vor Erreichen ihres Endwertes die Röhre zünden kann. Es tritt dann eine regelrechte Kippschwingung auf, deren Frequenz von der Zeitkonstante CR im Anodenkreis und natürlich auch von der angelegten Betriebsspannung abhängt. Es gilt:

$$f = \frac{1}{CR \cdot \ln \dfrac{U_a}{U_a - U_z}}.$$

Hierin ist U_a die Anodenbetriebsspannung, U_z die Zündspannung des Thyratrons und f die Frequenz. Für eine angenäherte Berechnung der Kippfrequenz ist die Formel brauchbar:

$$f = \frac{I_a}{C U_a}.$$

Dabei bezeichnet I_a den mittleren Aufladestrom des Kondensators. Der Anodenwiderstand und damit der mittlere Aufladestrom des Kondensators wird so lange verstellt, bis das Zählwerk bei der sich einstellenden Frequenz der Kippschwingungen gerade noch gut mitkommt. Diese Frequenz entspricht dann zugleich dem Auflösungsvermögen der Anordnung für zwei rasch aufeinanderfolgende Impulse. Durch Abstoppen der stetigen Zählungen kann es bestimmt werden. Bei statistisch verteilten Spannungsstößen ist dann leicht die nötige Korrektur für nicht getrennt gezählte, nahe aufeinanderfolgende Stöße ermittelbar.[1] Wird nun die Gittervorspannung nur um weniges negativer gemacht, so setzen die Kippschwingungen aus, die Anordnung ist dann für die Zählung von Spannungsstößen bereit.

Zündet das Thyratron, so fliegen die positiven Ionen in der Entladung auf das negative Gitter und bringen es annähernd auf Kathodenpotential. Nach Löschen der Entladung muß das Gitter wieder auf seine ursprüngliche Vorspannung kommen, damit die Anordnung wieder zündbereit ist. Das Abfließen der Ladung des Gitters erfolgt mit einer Zeitkonstante, die durch das Produkt aus dem Gitterkondensator und dem Gitterableitwiderstand gegeben ist. Bei jeder Thyratronschaltung ist darauf zu achten, daß die Zeitkonstante des Thyratrongitters kleiner ist als das Auflösungsvermögen, sonst können auch Spannungsstöße mit kleiner Amplitude, die im Ruhezustand die Gittergegenspannung nicht übersteigen, das Thyratron zum Zünden bringen, wenn sie knapp nach Löschen einer vorhergehenden Entladung auftreten. Das Gitterpotential muß, um diesen Fehler bei der Messung der Amplituden zu verhindern, bereits das Ruhepotential angenommen haben, wenn die Anordnung wieder zählbereit ist.

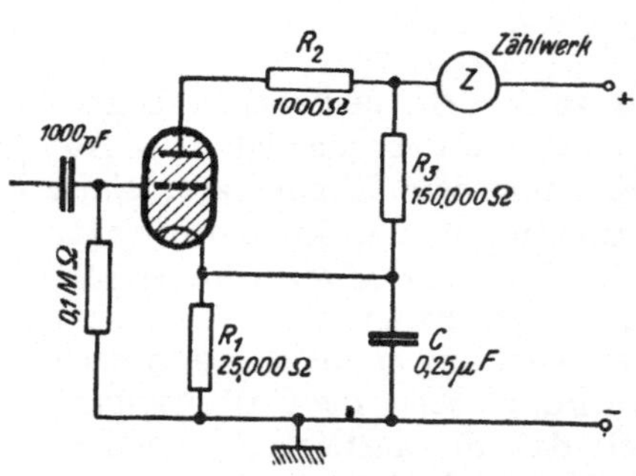

Abb. 119. Schaltung für das Löschen eines Thyratrons durch Änderung seines Kathodenpotentials.

Eine Schaltung, dem Wesen nach ähnlich der von R. Jäger und J. Kluge, hat W. H. Pickering[2] angegeben. Sie ist in Abb. 119 dargestellt. Zündet die Röhre, so fällt die Spannung an ihr sehr stark ab und der Kondensator C wird praktisch mit voller Anodenspannung aufgeladen. Das hat nun zur Folge, daß die Kathode sehr hoch positiv gegen das Steuergitter wird, wodurch die Entladung zum Erlöschen kommt. Die Schaltung macht dabei von dem Umstande Gebrauch, daß bei sehr stark negativem Gitter und bei kleinem Anodenstrom das Gitter seine Steuer-

---

[1] H. Volz: Z. f. Physik **93**, 539 (1935). Die Arbeit enthält eine sehr praktische Tabelle. — Siehe auch W. Kohlhörster und E. Weber: Physik. Z. **42**, 13 (1941).
[2] W. H. Pickering: Rev. sci. Instr. **9**, 180 (1938).

fähigkeit wieder gewinnt und die Entladung mit ihm gelöscht werden kann. Nach Verlöschen der Entladung entlädt sich der Kondensator über den Widerstand R_1 und die Anordnung kehrt in den Ausgangszustand zurück. Die Zeitkonstante $C\,R_1$ bestimmt die Zählfrequenz. Der Widerstand R_2 dient zur Regelung der maximalen Stromstärke bei der Aufladung des Kondensators. Mit dem Widerstand R_3 wird die Gittervorspannung des Thyratrons eingestellt, da er das Kathoden-

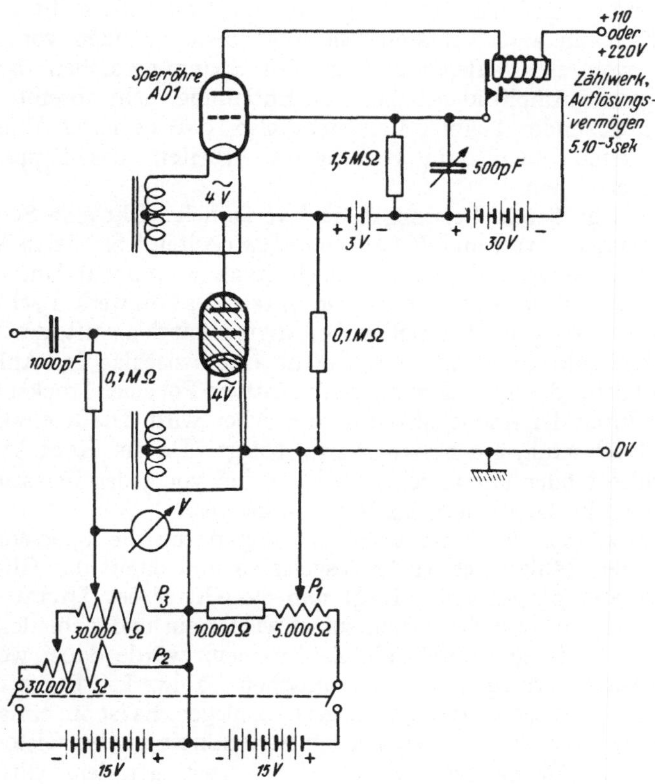

Abb. 120. Löschen einer Thyratron-Entladung durch eine Sperröhre.

ruhepotential festlegt. Die Kathode ändert bei jedem Zündvorgang sehr stark ihre Spannung, sie muß also durch eine eigene isolierte Heizwicklung des Netztransformators, die mit der Kathode ihre Spannung ändert, oder durch einen isoliert aufgestellten Akkumulator geheizt werden. Ein Nachteil dieser Schaltung ist, daß sie die Lebensdauer des Thyratrons herabsetzt. Offenbar schadet es der Röhre, wenn die Entladung durch hohe negative Gittervorspannungen gelöscht wird. Ob sich die Schaltung im übrigen bewährt, ist mir nicht bekanntgeworden.

Schnell anzeigende Zählwerke haben einen immerhin nicht vernachlässigbar kleinen Leistungsbedarf. Das heißt, der Kondensator darf nicht zu klein gewählt werden, soll das Zählwerk nach Zündung des Thyratrons ansprechen. Auch die Frequenz ist durch die Ansprechzeit des Zählwerkes vorgegeben. Je höher sie liegt und je größer der Kondensator ist, um so kleiner muß aber der Anodenwiderstand gewählt werden. Ist der Anodenwiderstand nun zu klein, so sinkt trotz der Selbstinduktion die Anodenspannung unter Umständen nicht mehr unter die Brennspannung und die Entladung im Thyratron wird nicht mehr gelöscht. Es kann auch bei kleineren Anodenwiderständen vorkommen, daß bei zwei rasch aufeinanderfolgenden Spannungsstößen, besonders wenn sie große Amplituden haben, die Entladung nicht abreißt und das Thyratron gezündet bleibt. Man sieht also, daß es unter Umständen Schwierigkeiten macht, ein verläßliches Arbeiten des Kippschwingkreises zu erreichen.

Auch bei größerem Leistungsbedarf verläßlich wirkt eine Schaltung, die J. SCHINTLMEISTER und W. CZULIUS entwickelten.[1] Sie ist in Abb. 120 dargestellt. Ihr Grundgedanke ist, eine Hochvakuumröhre als Unterbrecher für den Anodenstrom zu benutzen. Der Anker des Zählwerkes schlägt am Ende des Hubes gegen einen isoliert befestigten Anschlagstift, der zugleich auch zur Einstellung des Ankerweges dient. Über Anschlag und Anker wird dabei das Gitter der Sperröhre an den negativen Pol einer Trockenbatterie gelegt, wodurch der Anodenstrom unterbrochen wird. Die Kontaktstellen sind mit Edelmetall, am besten Platin, belegt. Da der Kontakt keinen Strom schließt oder unterbricht, bleibt er frei von jeder Belastung und arbeitet auch im langdauernden Betriebe klaglos.

Im Augenblick der Stromunterbrechung durch die Sperröhre wird der Anker des Zählwerkes wieder losgelassen und damit das Gitter von der Sperrspannung getrennt. Liegt nun das Gitter des Thyratrons auf Zündpotential, so setzt der Strom sofort wieder ein und zieht den Anker neuerlich an. Die so entstehende Zählfrequenz würde dabei weit über dem Auflösungsvermögen des mechanischen Zählwerkes liegen. Es ist daher nötig, die Sperrspannung verzögert anzulegen. Es ist am einfachsten, diese Verzögerung durch einen Zeitkonstantenkreis in der Gitterleitung vorzunehmen. Dieser besteht aus einem zwischen dem Gitter und einer Vorspannungsbatterie der Sperröhre gelegten Widerstand und einem parallelgeschalteten Drehkondensator. Die Zeitkonstante kann mittels des Drehkondensators dem Auflösungsvermögen des mechanischen Teiles angepaßt werden. Er wird dazu solange verstellt, bis das Zählwerk gerade noch jede Zündung des Thyratrons mitzählen kann. Dann ist das maximale Auflösungsvermögen erreicht. Für die Heizung der Sperröhre ist eine eigene Heizwicklung des Netztransformators erforderlich. Diese Heizwicklung sowie die für die Vorspannung und die Sperrspannung nötige, übrigens gemeinsame Batterie, haben eine gewisse Kapazität gegen Erde, die über die Sperröhre und

---

[1] J. SCHINTLMEISTER und W. CZULIUS: Physik. Z. **41**, 269 (1940).

nach erfolgter Löschung des Thyratrons durch dessen Dunkelstrom geladen und entladen wird. Um das Ruhepotential genügend rasch zu erreichen, wird dem Thyratron ein so kleiner Widerstand parallelgeschaltet, daß die Zeitkonstante CR unter dem Auflösungsvermögen des Zählwerkes zu liegen kommt.

Zur Feineinstellung des Zündpunktes und der Gittergegenspannung sind zweckmäßig die in Abb. 120 angegebenen Widerstandswerte der Potentiometer zu wählen. Der Zündpunkt ist auf einige hundertstel Volt genau definiert. Er bleibt, konstante Anodenspannung vorausgesetzt, durch Tage hindurch auf 0,1 Volt konstant. Diese Spannung soll nun einer Ladung von etwa 500 bis 1000 Elementarquanten entsprechen. Dann wird mit einem thyratronbetriebenen Meßzählwerk, bei dem also durch eine genau einstellbare Gittergegenspannung nur Stöße einer bestimmten einstellbaren Mindestgröße gezählt werden, etwa dieselbe Genauigkeit in der Angabe der primär erzeugten Ionenmengen erreicht, wie durch Ausmessen der Ausschläge auf einem photographischen Registrierpapier. Es sind dazu mit den üblichen Rundfunkröhren drei Verstärkerstufen des Röhrenelektrometers erforderlich, d. h. also, das Thyratron wird zweckmäßig an Stelle der Endröhre für die Betätigung des Schleifenoszillographen gesetzt. Es ist nun in vielen Fällen vorteilhaft, Thyratron-Meßzählwerk und Oszillograph zugleich an den Verstärker anzuschließen. Auch wird man mit Vorteil oft zwei parallelgeschaltete Thyratron-Meßzählwerke verwenden. Liegen an diesen verschiedene Gittergegenspannungen, so gibt die Differenz der Zählungen die Zahl von Ausschlägen an, die zwischen den zwei eingestellten Werten dieser Gegenspannungen liegen. Es ist dann möglich, durch stufenweise Änderung dieser Gegenspannungen, wobei ihre Differenz immer gleich bleibt, eine differentielle Kurve der Ausschlagsgrößen aufzunehmen. Sind die Spannungsstöße zeitlich ungleichmäßig verteilt, wie etwa bei der Messung von radioaktiven Strahlen, so wird die differentielle Ausschlagsgrößenkurve erheblich genauer als eine nur mit einem Zählwerk aufgenommene integrale Kurve, da die statistischen Schwankungen in der Teilchenzahl nicht von so großem Einfluß sind.

Es ist nun nicht möglich, ohne weiteres den Spannungsstoß nach der dritten Stufe des Verstärkers, etwa mit drei Kopplungskondensatoren, zur Oszillographen-Endröhre und zu den zwei Thyratrons zu leiten. Zündet nämlich ein Thyratron, so erhält dessen Gitter eine kräftige Änderung seines Potentials, es läuft also von dem Kopplungskondensator ein Spannungsstoß weg zu dem Gitter des anderen Thyratrons und der Endröhre. Diese Spannungsstöße müssen jedoch abgeriegelt werden. Der beste Weg dazu ist, eine eigene Vorröhre für jedes Registriergerät vorzusehen, also drei parallelgeschaltete dritte Stufen zu verwenden[1], wie dies die Abb. 121 darstellt.

Der Spannungsstoß auf das Gitter des Thyratrons muß positiv sein, soll es zünden. Der Ladungsstoß auf das Gitter der Eingangsröhre muß dann

---

[1] E. FISCHER-COLBRIE: S.-B. Akad. Wiss. Wien II a **145**, 283 (1936).

negatives Vorzeichen haben. In der zweiten Stufe ist der Stoß positiv, in der dritten wieder negativ und die Anode der dritten Stufe führt einen positiven Stoß, der dann zum Thyratron gelangt, der Spannungsstoß hat dann also das richtige Vorzeichen.

Manchmal liegt auch die Aufgabe vor, diejenigen Stöße zu zählen, bei denen zwei unabhängige Thyratrons gleichzeitig zünden, z. B. wenn zwei unabhängige Röhrenelektrome-

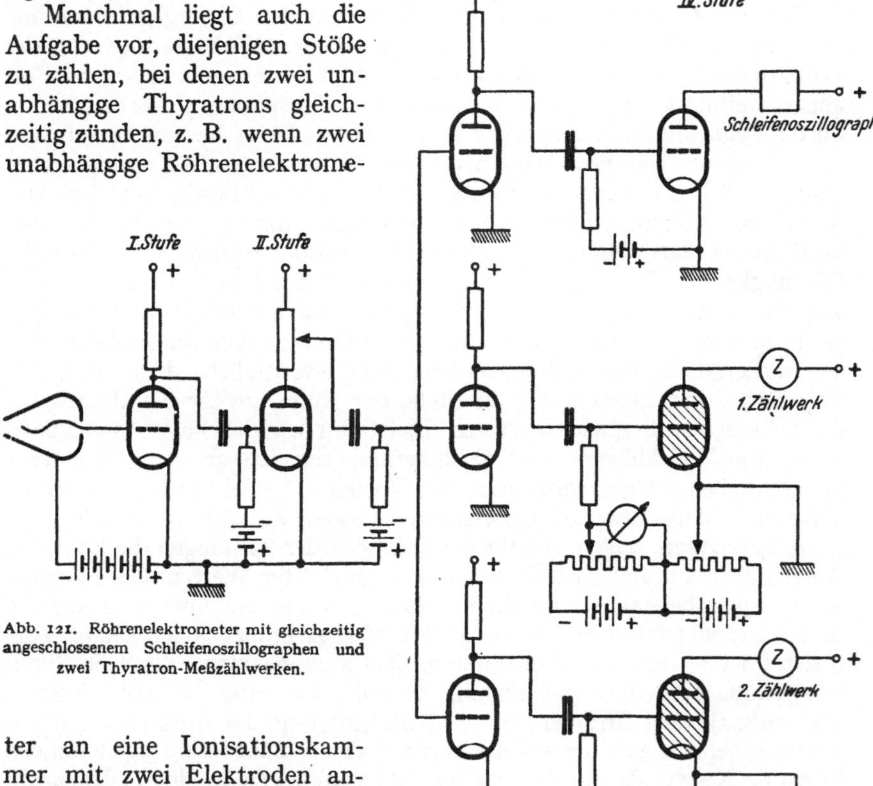

Abb. 121. Röhrenelektrometer mit gleichzeitig angeschlossenem Schleifenoszillographen und zwei Thyratron-Meßzählwerken.

ter an eine Ionisationskammer mit zwei Elektroden angeschlossen werden. Solche Koinzidenzen können mit einer Schaltung nach Abb. 122 gezählt werden. Der negative Spannungsstoß wird von den Anoden der Thyratrons über die Kondensatoren C_1 und C_1' zu einer Endröhre geleitet. Im Anodenkreis der Endröhre liegt ein mechanisches Zählwerk. Die Vorspannung der Röhre ist so niedrig, daß der Anker des Zählwerkes im betriebsbereiten Zustand angezogen ist und auch bei Zünden bloß eines Thyratrons nicht abfällt. Zünden jedoch beide Thyratrons, so wird die Vorspannung so weit negativ, daß nunmehr der Anodenstrom kurzzeitig unterbrochen wird, der Anker fällt ab, schaltet dabei die Zählvorrichtung um einen Zahn weiter und wird sogleich wieder angezogen. Die Einstellung der Vorspannung ist ohne Schwierigkeit möglich, weil die Thyratrons Spannungsstöße von gleichbleibender Größe liefern. Diese sind allerdings so groß, daß nur ein Teil dem Gitter der Endröhre aufgedrückt werden kann. Es ist also eine Spannungsteilerschaltung in die Gitterleitung aufzunehmen, die aus den Widerständen W_1, W_1' und dem Widerstand W_2, von dem ein Teil veränderlich ist, besteht. Diese Widerstände sind auch notwendig, um eine Rückzündung des einen Thyratrons beim Zünden des anderen zu verhindern. Diese Rückzündung kommt folgendermaßen zustande: Zündet nur eines der Thyratrons, so wird dessen Anode negativ und ein negativer Spannungsstoß läuft über beide Kondensatoren zur Anode des anderen Thyratrons. Die Außenwiderstände und Kapazitäten im Anodenkreis sind verhältnismäßig niedrig, so daß die Anode wieder rasch das Ruhepotential erhält. Erlöscht nun das gezündete Thyratron

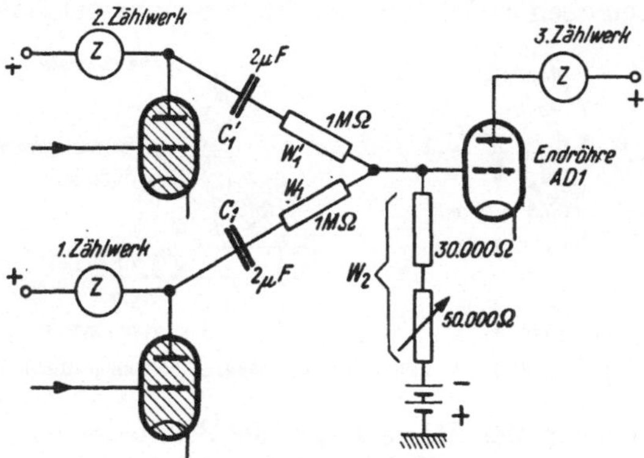

Abb. 122. Koinzidenzschaltung von Thyratrons.

so wird die Spannung an dessen Anode plötzlich wieder positiv und nun durchläuft ein positiver Spannungsstoß beide Kondensatoren und erhöht kurzzeitig die Anodenspannung des zweiten Thyratrons, das dabei zündet. Die Spannungsteilerschaltung durch die Widerstände W_1, W_1' und W_2 setzt nun die Höhe des positiven Spannungsstoßes so weit herab, daß die Anodenspannung nie so hoch werden kann, daß Zündung eintritt.

Als mechanische Zählwerke werden vielfach sogenannte Telephongesprächszähler benutzt. Mit diesen läßt sich eine stetige Zählfrequenz von etwa 10, in einzelnen Fällen bis zu 30 Zählungen in der Sekunde erreichen, so daß das Auflösungsvermögen für zwei rasch aufeinanderfolgende Spannungsstöße 0,1 bis 0,03 Sekunden wird. Diese Zähler sind also nur für verhältnismäßig kleine Stoßhäufigkeiten brauchbar. Auch das Schnellzählwerk der Firma AEG in Berlin zählt nur 30mal in der Sekunde, ist allerdings äußerst robust konstruiert.[1]

Soweit mir bekannt, haben das größte Auflösungsvermögen Zählwerke, die nach den Angaben von A. FLAMMERSFELD[2] gebaut sind. Es läßt

[1] Registriergeräte für Zähler haben entwickelt W. KOHLHÖRSTER und K. LANGE: Physik. Z. 42, 341 (1941) und 43, 123 (1942).

[2] A. FLAMMERSFELD: Naturwiss. 24, 522 (1936). Ein Zählwerk mit ähnlich hohem Auflösungsvermögen, von dem ich aber nicht glaube, daß es betriebssicher

sich mit diesen nach eigenen Erfahrungen eine stetige Zählfrequenz von 200 Zählungen in der Sekunde, entsprechend einem Auflösungsvermögen von $5 \cdot 10^{-3}$ Sekunden ohne Schwierigkeiten erreichen. Abb. 123 veranschaulicht halbschematisch die Konstruktion. Ein polarisierter Elektromagnet bewegt eine kleine Blattfeder, die bei jeder Bewegung einen Zahn des Steigrades eines Uhrwerkes freigibt. Um möglichst großes Auflösungsvermögen zu erreichen, muß die Blattfeder mit dem Anker eine hohe Eigenfrequenz besitzen. Das Steigrad muß weiters ein sehr kleines Trägheitsmoment haben, damit es von der zur Verfügung stehenden Federkraft möglichst schnell bewegt werden kann. Die Blattfeder aus Stahlblech, 0,15 mm dick, ist bei 4 mm Breite nur 11 mm lang. Der Anker besteht aus einem aufgenieteten kleinen Eisenplättchen aus 0,4 mm dickem Blech. Mit Justierschrauben oben und unten wird die Bewegung des Ankers begrenzt.

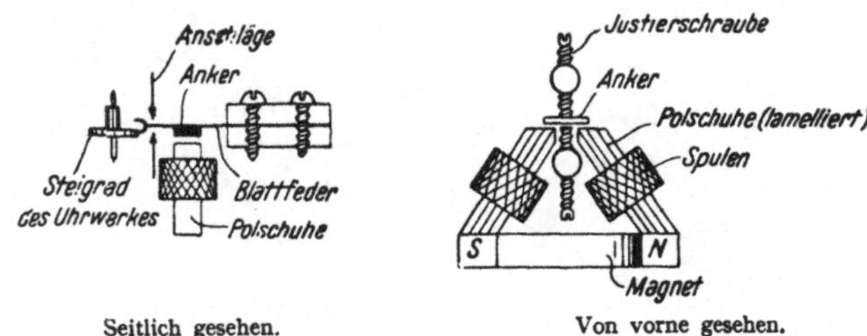

Seitlich gesehen.   Von vorne gesehen.

Abb. 123. Zählwerk nach A. FLAMMERSFELD (halbschematisch).

Zum Durchschleußen der Zähne trägt die Blattfeder vorne eine kleine Gabel mit zwei versetzten Zinken. In der Ruhestellung schlägt einer der Zähne des Steigrades gegen die untere Zinke. Geht durch den Stromstoß die Gabel nach unten, so wird dieser Zahn freigelassen, aber nur, um alsbald gegen die obere Zinke der Gabel zu schlagen. Erst wenn die Feder nach dem Aufhören des Stromstoßes wieder nach oben gegangen ist, gibt diese Zinke den Zahn frei. Der nächste Zahn des Steigrades schlägt dann gegen die untere Zinke. Es ist also bei jedem Stromstoß das Steigrad genau um einen Zahn weiter gegangen.

Das Steigrad ist sehr klein gehalten. Es besitzt bei etwa 6 mm Durchmesser zehn Zähne auf einer kurzen Achse und wiegt ungefähr 0,15 g. Zum Antrieb dient das Werk einer mittleren Wand- oder Tischuhr mit einem Federhaus von etwa 5 cm Durchmesser. Das Federhaus und die nächsten drei Zahnräder werden dem Werk entnommen, das vierte Zahnrad, von dem das Steigrad angetrieben wird, kann nicht mehr dem Werk entnommen werden und ist so zu bemessen, daß es ein kleines Trägheitsmoment hat.

Der Elektromagnet besteht aus einem kleinen permanenten Hufeisenmagneten, an dem Polschuhe aus lamelliertem Eisen angesetzt sind. Diese tragen die beiden Spulen, Kopfhörer-Telephonspulen mit je 1000 Ohm Widerstand.

---

arbeitet, hat H. V. NEHER in Rev. sci. Instr. 10, 29 (1939) angegeben. Ein Zählwerk mit einem Auflösungsvermögen von $1{,}8 \cdot 10^{-3}$ Sekunden, das als Uhrwerk mit Ankerhemmung gebaut ist, beschrieb neuerdings P. KIPFER in Helv. Phys. Acta 15, 423 (1942).

Einen Weg um bei Zählungen ein größeres Auflösungsvermögen zu erreichen, als es mit mechanischen Zählwerken überhaupt erzielbar ist, hat C. E. Wynn-Williams[1] angegeben. Er benutzte ursprüng-
lich eine Reihe von Thyratrons,
von denen eines ständig brennt
und dabei das nächste zündfertig macht. Ein Spannungsstoß,
der gleichzeitig sämtlichen Thyratrons zugeführt wird, zündet
dann nur dieses Thyratron, das
bisher brennende wird gelöscht
und das nächste zündfertig gemacht. Es ist klar, daß der Zünd-
und Löschvorgang rascher durchgeführt werden kann als die Wei-
terschaltung eines Zahnes eines
Steigrades. Die Thyratrons, z. B.
fünf oder auch zehn an der Zahl,
werden zu einem Ring geschlossen, so daß die Spannungsstöße
reihum immer wieder Thyratrons
zünden können. Von einem bestimmten Thyratron wird entweder ein mechanisches Zählwerk betätigt, das dann nur die
Zahl der Umläufe zu zählen hat,
oder es wird statt des Zählwerkes
ein neuer Ring angeschlossen. Die
Zahl der Spannungsstöße, die
nicht mehr zu einem vollen Um-
lauf im Ring ausreichte, wird
aus der Nummer des brennenden Thyratrons abgelesen. Die
Schaltung, die diesen Gedan-
kengang durchzuführen gestattet, ist in Abb. 124 wiedergegeben. Die Thyratrons P, Q, R
und S bilden einen Ring. Sie
sind so hoch negativ vorge-
spannt, daß die Spannungsstöße
normalerweise keine Röhre zünden. Durch kurzzeitiges Erden

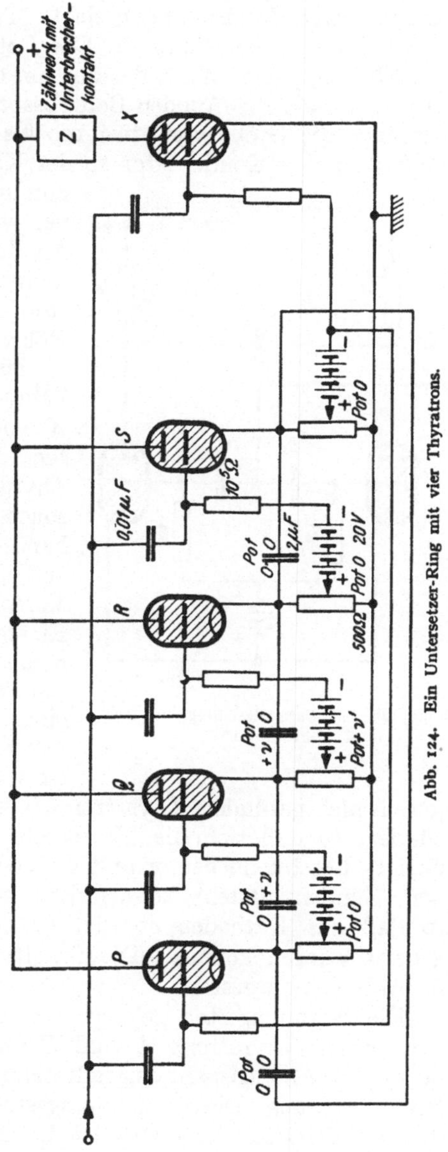

Abb. 124. Ein Untersetzer-Ring mit vier Thyratrons.

eines der Gitter wird nun ein Thyratron, z. B. Q, gezündet. Es fließt
dann ein kräftiger Strom im Kathodenwiderstand, in diesem entsteht

---

[1] C. E. Wynn-Williams: Proc. Roy. Soc., Lond. (A) 132, 295 (1931); 136, 312 (1932).

dadurch ein Spannungsabfall, und da die Vorspannungsbatterie des Gitters der nächsten Röhre R an diesen Kathodenwiderstand angeschlossen ist, wird das Potential der Folgeröhre so weit erniedrigt, daß es nunmehr knapp unter Zündspannung liegt. Trifft nun ein Spannungsstoß ein, so zündet nur die Röhre R. Das Potential der Kathode springt dabei von Null zu einem Wert, der nur um die Brennspannung (rund 20 Volt) kleiner ist als die Anoden-Betriebsspannung. Der Potentialsprung hat demnach die Größe von etwa 100 bis 150 Volt. Dieser Spannungsstoß läuft über den Kondensator zu der Kathode der gezündeten Röhre, die nun um diesen Betrag plötzlich positiver wird. Da zwischen Kathode und Anode ohnedies nur die Brennspannung lag, so bewirkt dieser Spannungsstoß Löschen der bisher brennenden Röhre Q.

Zum Anschluß des mechanischen Zählwerkes muß ein eigenes Thyratron X vorgesehen werden, da ein Einschalten in die Anodenleitung eines der Thyratrons das Löschen stört. Auch sonst ist die Schaltung unbequem zu handhaben. Jedes Thyratron benötigt eine eigene Heizung und eine eigene Vorspannungsbatterie und auch die Einstellung der Gittervorspannung ist nicht leicht. Alle diese Schwierigkeiten werden jedoch behoben, wenn man einen Ring von nur zwei Thyratrons benutzt. Die Schaltung vereinfacht sich dann erheblich, denn es kann ja nur das jeweils nichtgezündete Thyratron bei einem Spannungsstoß auf die Gitter zünden, so daß sich die „Vorbereitung" des nächsten Thyratrons erübrigt. Löschkondensator und Widerstand, an dem der Spannungsabfall beim Zünden entsteht, können dann in die Anodenleitung gelegt werden, so daß das Kathodenpotential festliegt, die Röhren also gemeinsam geheizt werden können. Die Schaltung eines solchen Zweierringes ist in Abb. 125 dargestellt.

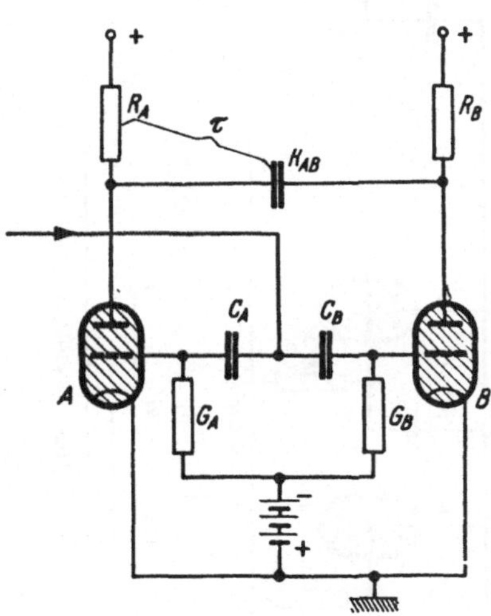

Abb. 125. Ein Untersetzer-Ring mit zwei Thyratrons.

Ein Spannungsstoß gelangt über die Kondensatoren C_A und C_B zu den beiden Thyratrons A und B und zündet das jeweils nichtbrennende. Die Anodenspannung fällt dann von der Betriebsspannung auf die Brennspannung. Dieser Spannungsstoß von etwa 180 Volt gelangt über den Kondensator K_{AB} zur Anode der brennenden Röhre, an der die Brennspannung liegt. Ihr Anodenpotential wird daher unter Null gedrückt, so daß die bisher brennende Röhre erlischt und beim nächsten Stoß auf das Gitter zünden kann.

Mehrere solcher Aggregate können nun in einer Kaskade hintereinandergeschaltet werden, wie dies Abb. 126 veranschaulicht. In dieser

Abbildung sind auch praktisch erprobte Werte für die einzelnen Bauteile eingetragen.

Jede einzelne Stufe der Kaskade halbiert die Zahl der einlangenden Stöße. Bei der ersten Stufe ist es also jeder zweite, bei der zweiten Stufe jeder $2 \cdot 2 = 4$. der überhaupt einlaufenden Stöße, und in der dritten Stufe jeder $2 \cdot 2 \cdot 2 = 8$. Stoß, der weitergegeben wird. Das Auflösungsvermögen des Untersetzers steigt demnach mit jeder neuen Stufe um eine Zweierpotenz. Ein solcher „Zweierpotenz-Untersetzer" erreicht übrigens auch mit der kleinsten Zahl von Röhren das größte Untersetzungsverhältnis und wäre auch schon deshalb Untersetzern z. B. mit Zehnerringen überlegen.

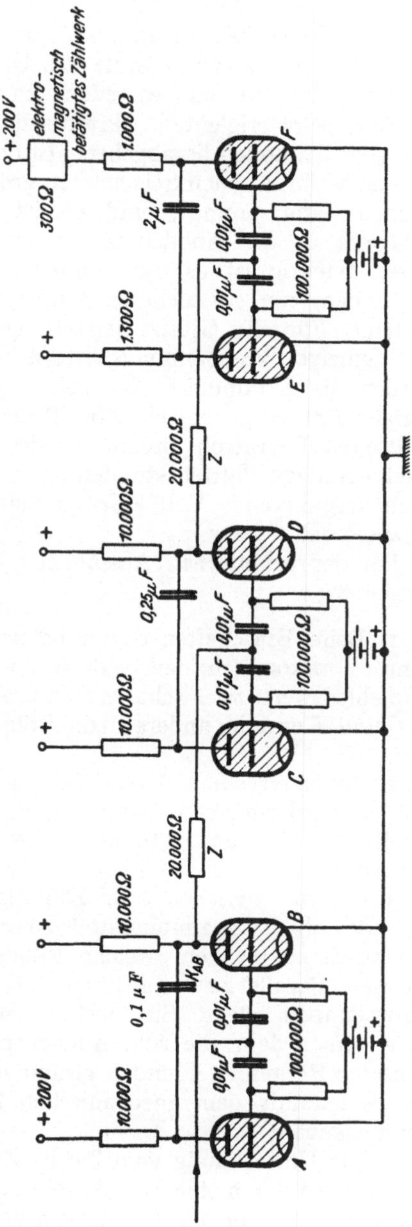

Die Kaskade arbeitet folgendermaßen: Brennt A und zündet B, so tritt an der Anode von B ein negativer Spannungsstoß auf, der zwar A löscht, auf das Aggregat C—D jedoch wegen seines Vorzeichens ohne Wirkung ist. Brennt jedoch B und zündet die Röhre A, so wird über den Kondensator K_{AB} die Röhre B gelöscht. Dies hat ein Ansteigen der Anodenspannung dieser Röhre zur Folge, der positive Spannungsstoß läuft nun zu den Gittern der Röhren C und D und bewirkt dort, daß die nichtbrennende Röhre zündet. Der Widerstand Z ist nötig, um Rückwirkungen des Aggregats C–D auf die Röhren A—B und von E—F auf C—D zu verhindern. Er bildet zusammen mit dem Gitterkondensator und dem Gitterwiderstand einen Spannungsteiler für die Spannungsstöße. Die Größe des Widerstandes Z ist sorgfältig einzustellen, damit die folgende Stufe sicher zündet, ohne daß die vorhergehende Stufe mit beeinflußt wird.

Der Kopplungskondensator K_{AB} gibt im Verein mit dem Anoden-

Abb. 126. Dreistufiger Untersetzer mit Zweier-Ringen.

widerstand eine Zeitkonstante τ, die das Auflösungsvermögen begrenzt. Besonders in der ersten Stufe des Untersetzers muß daher τ möglichst klein sein. Wählt man es jedoch zu klein, so macht das Löschen der Röhren Schwierigkeiten. Praktisch kann man daher nicht unter $\tau = 10^{-3}$ Sekunden herabgehen. In den folgenden Stufen kann die Zeitkonstante im Anodenkreis immer größer gewählt werden. Die Röhren löschen dann prompt, und es ist auch möglich, das mechanische Zählwerk in den Anodenkreis einer der Röhren der letzten Stufe zu legen. Wichtig ist es, die Anodenwiderstände im Betriebe genau abzugleichen, um ein sicheres Zünden der einzelnen Stufen zu gewährleisten.[1] Für die Gittervorspannungen verwendet man natürlich nur eine einzige Vorspannungsbatterie. Mit getrennten Potentiometern werden die Zündpunkte der beiden ersten Röhren eingestellt, für die übrigen Röhren genügt ein Abgriff direkt an der Batterie. Da jeweils die Hälfte der Thyratrons brennt, werden sie im Betriebe stark beansprucht. Nach etwa 200 Betriebsstunden ist es notwendig, die Anodenwiderstände nachzuregulieren.[1] Von Zeit zu Zeit ist es erforderlich, neue Röhren einzusetzen.

Bei der praktischen Ausführung des Untersetzers ist auf folgendes zu achten:

1. Beim Einschalten der Anodenspannung zugleich für alle Röhren kann es vorkommen, daß beide Röhren einer Stufe zünden. Es ist daher empfehlenswert, zwei Schalter vorzusehen, von denen einer an die Röhren A, C und E und der andere an die Röhren B, D und F die Anodenspannung legt.

2. Um zu erreichen, daß zu Beginn der Zählung die Röhren A, C und E zünden, wird ein Drehschalter benutzt, bei dem nacheinander die Gitter der Röhren A, C und E (in dieser Reihenfolge!) kurzzeitig an Erde gelegt werden.

3. Um die zwischen zwei Zählungen des mechanischen Zählwerkes liegende Zahl der Spannungsstöße zu ermitteln, ist es notwendig, irgendwie ersichtlich zu machen, welche Röhren nach Beendigung der Zählung brennen. Parallel zu den Röhren A, C und E werden daher kleine Signalglimmlampen gelegt. Sie leuchten, wenn diese Röhren nicht brennen, da an ihnen dann die volle Anodenspannung liegt, und sie sind dunkel, wenn die Röhren A, C und E gezündet haben. Die Glimmlampen werden am besten mit dem mechanischen Zählwerk auf einem Tableau zusammengebaut.

4. Die Umrechnung vom Zweier-Zahlensystem in das Zehner-Zahlensystem wird durch eine Tabelle sehr erleichtert. In ihr sind die Kombinationen der Zündungen der Röhren B, D und F, bei denen also die zugeordneten Signalglimmlampen leuchten, und der abgelesenen Stellung des Zählwerkes zusammengefaßt. Für einen dreistufigen Untersetzer hat eine solche Tabelle folgendes Aussehen:

---

[1] Briefliche Mitteilung von Dr. W. STUPP (Köln).

Es brennen die Röhren:	— — —	B — —	— D —	B D —	— — F	B — F	— D F	B D F
Zählerstellung	Zahl der Stöße = Zählerstellung mal 8 + …							
	+ 0	+ 1	+ 2	+ 3	+ 4	+ 5	+ 6	+ 7
	Zahl der Stöße:							
0	0	1	2	3	4	5	6	7
1	8	9	10	11	12	13	14	15
2	16	17	18	19	20	21	usw.	

Nach Erscheinen der Arbeiten von C. E. Wynn-Williams wurden verschiedene andere Untersetzer veröffentlicht. Es bleibe jedoch dahingestellt, ob diese Neukonstruktionen auch immer einen Fortschritt bedeuteten. Meist dienen sie nur zur Feststellung der Zahl von Impulsen, die an sich groß sind, deren Größe aber nicht weiter interessiert, hauptsächlich zur Zählung der Entladungsstöße von Zählrohren, z. B. bei Untersuchungen über γ- oder Höhenstrahlen.

P. Ohlin[1] baute einen Dreierring-Untersetzer, bei dem in Reihe mit jedem Thyratron eine Pentode liegt. Erwähnt sei der Untersetzer von D. W. Kerst,[2] der mit zwei Thyratrons jeden zehnten Spannungsstoß zählt. Das eine Thyratron entlädt bei jeder Zündung einen Kondensator um einen gewissen Betrag. Nach zehn Zündungen ist die Spannung am Kondensator so weit gesunken, daß nunmehr das zweite Thyratron zündet, das dabei den Kondensator wieder auflädt. Damit die Spannungsstöße alle gleichmäßig werden, ist ein drittes Thyratron als Vorstufe nötig. Ähnliche Untersetzer, nur für noch größere Untersetzungsverhältnisse (1 : 100) haben H. Teichmann[3] und P. Weiss[4] gebaut.

Das Thyratron arbeitet nicht völlig trägheitsfrei. Am Transport der Elektrizität sind nämlich nicht bloß Elektronen beteiligt, sondern auch die trägen positiven Ionen. Von deren Geschwindigkeit hängt es ab, wieviel Zeit vergeht, bis die Stromstärke der Entladung den vollen Wert erreicht hat und wie lange noch Ionen nach der Unterbrechung des Stromes im Entladungsraum vorhanden sind. Thyratrons, die besonders kurze Verzögerungszeiten aufweisen sollen, enthalten als Gasfüllung Helium. Wegen der geringen Masse haben die Heliumionen eine vergleichsweise große Geschwindigkeit, so daß der Aufbau der Entladung und das Löschen merklich kleinere Zeiten erfordert als z. B. bei Füllung mit Argon. Dieses Edelgas hat allerdings wiederum den Vorteil, daß besonders kleine Spannungen aufgewendet werden müssen, um die Gasentladung zu zünden.

Auch Thyratrons, die mit Helium gefüllt sind, trennen Spannungsstöße nicht mehr, die innerhalb 10^{-3} bis 10^{-4} Sekunden liegen. Um ein

---

[1] P. Ohlin: Philos. Mag. (7), **29**, 285 (1940) und Phys. Z. **39**, 567 (1938).
[2] D. W. Kerst: Rev. sci. Instr. **9**, 131 (1938).
[3] H. Teichmann: Physik. Z. **35**, 299 (1934).
[4] P. Weiss: Physik. Z. **40**, 34 (1939).

größeres Trennvermögen zu erreichen, hat K. E. FORSMANN[1] einen Zweier-potenzuntersetzer mit zwei Hochvakuumröhren statt der Thyratrons entwickelt. Er erzielt damit Trennzeiten bis zu einigen 10^{-5} Sekunden. Die beiden Hochvakuumröhren sind als stark rückgekoppelte Gleich-spannungsverstärker geschaltet.[2] Ein solcher Gleichspannungsverstärker ist nur in zwei Lagen stabil, bei denen einmal die eine, das andere Mal die andere der Röhren vollen Anodenstrom führt oder gesperrt ist. Der Spannungsstoß, der gezählt werden soll, bewirkt, daß der Verstärker von der einen Lage in die andere kippt.

Andere Untersetzer, bei denen ebenfalls Hochvakuumröhren statt der Thyratrons Verwendung finden, haben W. B. LEWIS[3] sowie E. C. STEVENSON und I. A. GETTING[4] angegeben.

Ob der Kippunkt bei den Untersetzern mit Hochvakuumröhren längere Zeit hindurch ebenso konstant bleibt wie der Zündpunkt von Thyratrons, ist nicht bekannt. Nur unter dieser Voraussetzung jedoch wären auch diese Geräte als Meßzählwerke für ein Röhrenelektrometer brauchbar.

---

[1] K. E. FORSMANN: Physik. Z. **39**, 410 (1938). — Siehe auch E. WEBER: Physik. Z. **41**, 242, 338 (1940).

[2] Siehe auch A. RUARK: Physic. Rev. **53**, 316 (1938).

[3] W. B. LEWIS: Proc. Cambr. Philos. Soc. **33**, 549 (1937).

[4] E. C. STEVENSON und I. A. GETTING: Rev. sci. Instr. **8**, 414 (1937).

Sachverzeichnis.